中国网络生态的韧性建设与长效治理

郭海威　著

中国国际广播出版社

本书系中国社会科学院2024年度重大经济社会调查项目“中国网络民意和舆情指数调查（2024—2026）”（项目编号：2024ZDDC006）阶段性成果。

序

在数字化、社交化、智能化浪潮方兴未艾的当下，网络生态建设与治理已成为全球各国不可回避的重要议题。互联网既是信息流通的渠道，也是社会政治、经济活动、文化认同等多方力量交织的场域。在这里，传统与现代、国内与国际、个体与集体的多元价值观交织碰撞，活力与风险并存。中国拥有全球最大规模的互联网用户群体，复杂性和多元性是中国网络生态的典型特征，构建一个健康、安全、充满生机的网络生态环境，对于推进中国式现代化的积极意义不言而喻。

随着人工智能、大数据、云计算等新兴技术迭代演进与广泛应用，网络生态治理进入全新阶段。智能算法、个性推荐等技术在改善信息获取体验的同时，也带来了舆论操控、信息泡沫、虚假信息泛滥等隐忧。通过精准的用户画像和行为分析，网络平台能够基于用户偏好推荐内容，增强用户黏性与活跃度。然而，这种信息过滤和精准匹配易衍生信息茧房和孤岛效应，加剧社会分化与思想观念的对立。因此，如何规范技术使用，防止其滥用成为舆论操控工具，同时保护网民的知情权与选择权，是当前和今后一段时期网络生态治理的重点。

技术在作为网络生态治理对象的同时，亦是良好网络生态建设的催化剂。技术善用视野下，其在赋能跨文化传播和文明互鉴中的作用日益凸显。中国正处于由大到强的转型阶段，在此过程中，科技创新成为综合国力和国家竞争力的重要体现，也被越来越多地运用至对外讲好中国故事、传播好中国声音中。依托科技赋能，跨媒介、跨语境传播效能持续提升，为中华民族现代文明走向世界开辟出新的路径，有效提升了中国在国际舆论场的话语权。

网络生态建设与治理不仅停留在技术层面或硬件设施的搭建上，更多的是在思想、文化与价值观层面进行引领和塑造。在此背景下，关注网络空间中的意识形态问题显得尤为重要。全球化背景下，网络空间的开放性使得各种思想、思潮得以跨越国界传播，在促成知识与技术共享过程中，亦容易引发文化冲突与价值观念的交锋对峙。尤其在社交媒体上，任何一则消息、一个观点都可能在短时间内引发广泛关注和讨论。如何培育公众正确的价值取向，保持社会的思想清朗，防范不良思潮的扩散与误导，需要引起各方关注。

网络生态建设与治理关涉多项要素、多重关系。一方面，网络生态建设与治理离不开公众参与和社会各界努力。在网络空间中，公众不仅是信息接收者，亦是生产者和传播者，如何在网络环境中保护其言论自由和隐私权，同时避免虚假信息和网络暴力，如何提升公民数字素养和信息辨识能力，都是网络空间治理的重要内容。另一方面，网络生态建设与治理需要国际合作和规则共建。当前网络治理逐渐呈现出跨国性与全球性特征，如何在全球化背景下构建一套既符合各国利益，又能切实保障网络安全与用户权益的国际规则，是全球网络治理面对的共同挑战。尤其是在数据主权、跨境数据流动等问题上，如何平衡好国家安全与国际合作、保障隐私权和信息安全，成为全球网络治理中的一个热点议题。

本书正是着眼于中国网络生态的复杂性与多样性，从理论和实践两条路径出发，系统阐释了中国网络生态建设与治理的进展、困境，并结合中国互联网发展实际，提出了网络生态韧性建设与长效治理的可行路径。本书各章节均聚焦于当前网络空间中的关键议题，从网络文化环境、媒体融合、意识形态到国际传播体系构建，较为全面地阐述了网络生态建设与治理的战略性意义。本书内容逻辑严谨，论证扎实，所建构的网络生态建设与治理分析框架体现出作者对网络空间治理、主流价值传播及社会共识建构的独特思考，希望能够为社会各界关注和探讨网络生态议题时提供参考。

胡正荣

二〇二四年十二月九日

目　录

第一章

中国网络生态建设基础底座与价值延伸

以数字技术应用为支撑，互联网应用愈发广泛、深入地渗透至社会生产生活的各个角落，重塑和变革人们的价值观念与行为方式。数字技术作为中国网络生态建设高质量推进的鲜明表征，在推动打造优质网络内容生态过程中释放出诸多红利，也为网络内容创作者等相关主体的成长与发展带来机遇。探讨中国网络生态建设与治理，有必要厘清其基础底座与价值延伸，从而确保网络生态建设与治理始终处于主流价值框架之内。

第一节　以党的创新理论为网络生态建设把脉定向

中国共产党成立一百多年来，初心不改，使命不移，团结带领中国人民取得举世瞩目的伟大成就，为开启全面建设社会主义现代化国家新征程奠定了坚实基础。在推进中国式现代化进程中，我国制度优势不断凸显，以构建人类命运共同体的崇高理念向世界展示与贡献中国精神、中国力量、中国方案、中国效率，赢得多国尤其是“全球南方”国家的广泛认同。但与此同时，奋进路上依然充满难关与挑战，能否把握新趋势、适应新变化、解决新问题，以新发展理念取得新发展成效，是摆在中国共产党面前的一项重要议题。

党的二十届三中全会提出，健全网络综合治理体系。百年变局形势下，面对全球网络互联互通，我国网络生态建设面临诸多机遇和挑战。站在全面深化改革、推进中国式现代化的新起点，我们有必要也必须要学精悟透用好党的创新理论，在党的创新理论学习中传承优良传统与作风，习得新知、汲取力量，为健全网络综合治理体系提供不竭动力。

一、深刻理解党的创新理论的重要意涵

2021 年 7 月 1 日，习近平总书记在庆祝中国共产党成立 100 周年大会的讲话中指出："我们党的一百年，是矢志践行初心使命的一百年，是筚路蓝缕奠基立业的一百年，是创造辉煌开辟未来的一百年。"在过去的一百多年中，中国共产党带领中国人民接续奋斗，克服重重苦难，将中华民族的伟大复兴不断推向前进，取得举世瞩目的发展成就，为人类社会进步做出卓越贡献。当前时期，国内经济社会发展任重而道远，国际局势与环境依旧严峻复杂，我国正处于"两个大局"相互交织、"两个一百年"奋斗目标交汇重合的重要节点，在推进网络空间良好生态建设过程中，学习好、领悟好、总结好党的创新理论，传承好、发扬好、运用好党的宝贵经验，正当其时，十分必要。

坚持党的领导是推进中华民族伟大复兴历史伟业的核心动力。中国共产党领导是中国特色社会主义最本质的特征，是中国特色社会主义制度的最大优势，是党和国家的根本所在、命脉所在，是全国各族人民的利益所系、命运所系。坚持党的领导，即意味着坚持正确政治方向和价值导向，确保中华民族伟大复兴始终在正确合理的框架之内，牢固坚守底线。百年征程中，中国共产党团结带领中国人民迎击惊涛骇浪，历经新民主主义革命、社会主义革命和建设、改革开放，并成功实现第一个百年奋斗目标。党的领导使中华民族在伟大复兴征程中始终能够锚定目标、把握主动，并充分发挥集中力量办大事的制度优势，有效调集各类要素资源，形成有机协同，推动开辟伟大道路、建立伟大功业、铸就伟大精神。随着新的历史时期到来，建设有中国特色社会主义事业将迎来难得的历史机遇、时代机遇和全球机遇，同时也将面临更趋复杂严峻的困难挑战，能否坚持党的领

导以及领导能力的高低，直接关系和决定着中国特色社会主义现代化建设新征程的成效乃至成败。在此形势下，要在党的创新理论学习中更加深刻认识党的领导的重要性和必要性，以史为鉴、以史明志，坚持和凸显党在中华民族伟大复兴征程中的主导地位，从顶层设计布局到具体规划实施，不断强化党的组织领导，为应对新时代背景下的新问题、新挑战提供有力支持。在党的领导下，网络空间中各类要素资源的集聚效应将更加显著、高效，网络空间发展与治理的整体效能将取得更大提升，为全面推进中华民族伟大复兴新征程提供强劲动力。

以人民为中心是中国共产党执政能力建设的根本原则。2021 年 7 月 1 日，习近平总书记在庆祝中国共产党成立 100 周年大会的讲话中指出："人民是历史的创造者，是真正的英雄。"在中国共产党的百年发展历程中，其始终把人民放在最重要地位，以人民为中心，既是中国共产党执政的根本立场，也是其开展一切工作的出发点和着力点。历史充分证明，江山就是人民，人民就是江山，人心向背关系党的生死存亡。新时代背景下，中国共产党亦始终坚持以人民为中心，本着对社会负责、对人民负责的态度，不断着力提高人民群众的物质文化生活水平，将满足人民群众对美好生活的向往作为工作目标，切实增强人民群众的获得感、幸福感、安全感。习近平总书记多次强调，为人民而生，因人民而兴，始终同人民在一起，为人民利益而奋斗，是我们党立党兴党强党的根本出发点和落脚点。这一重要论述为新征程上党的执政能力建设进一步指明了方向，提供了遵循。面对新冠疫情，中国共产党始终把人民群众生命安全和身体健康放在第一位，这充分彰显了中国共产党的人民立场，无疑是对"以人民为中心"这一原则和理念的最好注解。站在全面深化改革、推进中国式现代化的重要时间节点，统筹国内国际两个大局，党的执政能力建设对于党的工作全局的重要性更加凸显，面对新时期新阶段网络生态建设的新趋势新需求，以人民为中心仍将是党的执政能力建设的根本原则，也是检验新时期网络生态建设成效的最高标准。

守正创新是中国共产党永葆生机活力的重要法宝。回望百年发展历程，中国共产党在风霜暴雨、大浪淘沙中屹立不倒，不断攻坚克难，建立伟大功业，党的创造力、凝聚力、战斗力逐渐增强。之所以取得诸多进展，一个重要原因就在于，党在发展过程中坚持守正创新，根据不同时期、不同阶段、不同环境，围绕党的自我建设大力创新，探索更加高效的工作机制，并始终坚持党史学习教育，以壮士断腕、刮骨疗毒的决心与勇气进行自我革命，继而不断实现自我净化、自我完善、自我革新、自我提升。一方面，中国共产党不断总结已有经验教训，基于前期工作开展过程中所遇到的问题、困境，着力探索推进理论创新、机制模式创新，进一步提升党的判断力、领悟力、执行力；另一方面，面向未来，立足新发展格局，基于对今后一段时期和较长时期的发展态势的研判，着力进行前瞻性探索，尝试将新理念、新方法、新手段运用到队伍建设和治国理政中去，有效提升理论、政策等的适用性、针对性、前瞻性。坚持守正创新，为党永葆生机活力提供了有力保障，助力党的队伍建设、理论建设、机制建设不断践行新理念新思路，从而进一步磨砺品格、锤炼意志，在传承红色基因的同时，凝聚起奋勇向前的新的磅礴伟力。

二、准确认识党的创新理论的现实观照

百年大党风华正茂，百年征程初心如磐。中国共产党的百年历程，既是坚定信仰信念、勇往直前的辉煌奋斗史，也是守正创新和自我革命的艰辛成长史。立足全面深化改革的关键时点，党的创新理论学习不仅要做到明理、增信、崇德、力行，亦要做到因时制宜、因地制宜、因势制宜，其关键就在于要对当前党和国家发展所面临的内外部环境、挑战与机遇有清晰认识，找准所处历史方位，坚持求新求变，探索符合新时期中国国情的

一套行动方案。

于党内而言，要在党的创新理论学习中坚持自我革命全面从严治党。随着中国特色社会主义进入新发展阶段，网络空间中各类思潮复杂交织，中国共产党所面临的风险挑战愈发突出，发展形势更趋严峻。在一百多年的奋斗历程中，中国共产党带领中国人民开展伟大斗争，始终坚持和兼顾“两个面向”，一是面向党内建设，二是瞄准外部复杂环境。勇于开展自我革命是中国共产党历久弥新的政治品格，也是其不断取得伟大成就的重要优势。党的十八大以来，以习近平同志为核心的党中央励精图治、精诚团结，带领中国人民攻坚克难、锐意进取，推动党和国家事业不断取得新的历史性成就、发生历史性变革，中国特色社会主义进入新时代。但与此同时，我们需要深刻认识到，党所面临的“四大考验”“四种危险”仍将长期存在，且将日趋复杂严峻，这既是全面实现从严治党向纵深推进急需破解的痛点、难点、堵点，也是在新发展格局下提高党的建设水平的切入点、着力点和关键点。中国共产党的发展壮大历程充满艰辛曲折，正是不断开展自我批评、自我斗争、自我革命，才不断从一个胜利走向另一个胜利。新发展格局下，要坚持在党的创新理论学习中汲取经验，坚持弘扬斗争精神、开展自我革命，锤炼鲜明的政治品格和过硬的斗争本领，使党永葆生机。

于国内而言，要在党的创新理论学习中扎实推进改革发展稳定工作。当前来看，我国整体发展形势持续向上向好。但与此同时，国内经济、社会、意识形态、党的建设等领域仍然面临重大风险挑战，面对艰巨繁重的改革发展稳定任务，应时刻保持高度警惕，以史为镜，鉴往而知来，想过去、看今朝，从百年风华中启迪新知，不断强化风险意识，弘扬艰苦奋斗和伟大斗争精神，增强本领意志，为应对和化解风险挑战做好准备。在经济领域，抓紧布局战略性新兴产业、未来产业，积极稳就业、促消费，提振经济发展信心；在科技领域，加快解决科技体制改革任务落实不平衡不到位问题，加快重大改革推进步伐，增进相关领域改革协同，着力破除深层次制度障碍；在意识形态领域，总结党的舆论宣传和斗争经验，针对当前各种社会思潮交融交织、不良社会思潮沉渣泛起制定应对策略，化解主流价值形态被冲击和消解的风险。基于以上复杂形势，落实到网络生态建设与治理议题，必须要对党的创新理论学精悟透用好，以“我将无我，不负人民”的勇气魄力，切实增强为党分忧、为国奉献、为民造福的责任感、使命感，坚持弘扬越是艰险越向前冲的斗争精神，同网络空间中重大风险挑战正面交锋，奋力开启中国式现代化建设新征程。

于国际而言，要在党的创新理论学习中有效应对云谲波诡的复杂形势。当今世界正处于百年未有之大变局，全球问题纷繁复杂，千头万绪，网络空间中意识形态斗争更是造成全球性的巨大影响，国际社会的问题矛盾愈发凸显，不稳定、不确定因素激增，世界和平发展面临巨大风险挑战。面对经济下行压力，全球治理博弈愈演愈烈，单边主义、逆全球化在国际社会不断呈抬头之势，多边治理面临重重阻碍，世界和平与发展受到巨大阻力，美西方国家所挑起的贸易、科技、金融、文化、意识形态等领域的争端、冲突继续向更深层次、更广领域蔓延。民粹主义、极端主义、反智主义出现国际化趋势，社交媒体应用则更进一步加深了情绪传染，使得全球暴力循环更易形成。新一轮科技革命和产业变革催生了新的国际格局，科技竞争更趋白炽化，尤其是大国在科技领域竞争加剧，“技术冷战”不断升温。地缘政治不稳定因素仍然存在，并呈现增多和复杂化趋势，中东地区形势再度紧张，朝鲜半岛局势依然严峻，美西方国家在南海问题、台湾问题、涉疆问题上动作频频，地缘政治军事对抗风险加大。面对如此复杂的国际形势，要应对好来自国际网络空间的风险与挑战，必须学会用好党的成功经验，在党的创新理论学习中不断增强“四个意识”、坚定“四个自信”、做到“两个维护”，为健康有序的网络生态建设提供坚实的政治定力。

三、充分把握网络生态未来的发展大势

我国仍处于并将长期处于社会主义初级阶段，人民日益增长的美好生活需要和不平衡不充分的发展之间的矛盾也将在今后较长时期内是社会主要矛盾，这就决定了坚持和发展中国特色社会主义是一项长期且艰巨的历史任务，必须进行具有许多新的历史特点的伟大斗争、伟大实践。在艰苦卓绝的百年探索中，中国共产党积累了扎实可靠的成功经验，党员队伍的政治判断力、政治领悟力、政治执行力不断提高，为推进中国式现代化提供了坚实基础。立足新发展阶段，新发展格局中充满更多不确定性，经济社会发展和国家治理也迎来更多可能。

要强化理论武装，把握发展规律。要深刻认识党的创新理论学习的重要性，高度重视理论武装的重要意义，扎实深入推进党的创新理论学习教育，确保全党在政治上保持清醒镇定、在行动上保持团结一致，切实增强开展伟大实践和伟大斗争的紧迫感、责任感、使命感，为全面深化改革、推进中国式现代化提供强大思想理论支撑。要学懂弄通党的历史经验和创新理论，认真研读、真正掌握习近平新时代中国特色社会主义思想的核心要义、精神实质、丰富内涵、实践要求，把握好内在逻辑联系，坚持学习、思考、实践、领悟相结合。要在学思用贯通、知信行统一的基础上，增进用理论武装指导实践的高度自觉。进入新发展阶段，包括网络生态建设在内的党和国家事业所面临的环境都发生了深刻变化，要贯彻好新发展理念、构建好新发展格局，就需要把握好新发展阶段的发展特点、发展规律，并用好这一规律，不断提升实践本领。要在党的创新理论学习中，把握好党的理论发展与创新的建设性转变，充分认识到当前网络生态建设的复杂性、多元性，以党的创新理论为引领，在网络生态领域开展建设性、创新性伟大实践，坚定不移贯彻好新发展理念，统筹推进“五位一体”总体布局和

“四个全面”战略布局，有效应对网络空间中的重大挑战、抵御重大风险、克服重大阻力、解决重大矛盾，将中国式现代化不断推向前进。

要围绕重点领域，锐意攻坚克难。2017 年 10 月 18 日，习近平总书记在中国共产党第十九次全国代表大会上的报告中提出：“今天，我们比历史上任何时期都更接近、更有信心和能力实现中华民族伟大复兴的目标，同时必须准备付出更为艰巨、更为艰苦的努力。”面向全面深化改革和推进中国式现代化的使命任务，聚焦网络生态建设与治理，开展党的创新理论学习教育的重要性更加突出，务必要围绕网络空间重点议题锐意进取、攻坚克难，集中力量赢取新的伟大胜利。围绕意识形态安全，创新传播方式传播手段传播策略，有勇有谋开展意识形态斗争，不断巩固壮大意识形态阵地，确保主流意识形态的主导地位，强化主流价值引领。与此同时，要将党的创新理论学习同现实实践相结合，不断扩大斗争面向，巩固拓展阵地。一方面要扩大斗争领域，面对不断增多的风险挑战和愈发复杂的国际形势，要坚持做到广泛覆盖和精准出击，逢山开道、遇水架桥，从多维度出发加大攻坚力度；另一方面要创新斗争方式，从党的斗争经验中汲取力量，结合新形势新要求，创新思路方法，灵活转变斗争方式手段，推动实现斗争的高效性。

要保持昂扬精神，形成长效机制。网络空间阶段性的发展任务有期限，但是新时代的伟大实践永远在路上。习近平总书记多次指出，党面临的执政考验、改革开放考验、市场经济考验、外部环境考验具有长期性和复杂性。在一定时期内完成发展任务和使命，并不意味着可以高枕无忧、一劳永逸。新时代中国特色社会主义事业发展过程中，新的风险挑战将始终伴随左右，新时代伟大实践在短期内没有绝对胜利，应时刻保持警惕、做好准备。围绕网络生态建设与治理，一是要形成常态化的学习与斗争的工作机制，要建立健全开展伟大实践和伟大斗争的制度体系建设，力争形成全员参与、全领域覆盖的全时性、无死角工作制度，将网络空间中“运动战”转换成“持久战”，将专项计划行动常态化，定期总结工作成效，及时补足薄弱点和欠缺点。要确保对风险挑战的监测预警、对发展形势趋势的把握，并制订切实可行的解决方案，确保来之能战、战必能胜。二是要时刻保持艰苦奋斗的顽强意志和风险意识，胸怀“两个大局”，始终具有进行伟大实践、开展伟大斗争的紧迫感使命感，在学懂弄通党的创新理论的同时，注重日常实践，迎难而上，在最困难、最具挑战性的环境中磨砺意志、增强本领，为开启新的征程做好精神准备和能力准备。

四、矢志开辟网络生态建设时代新局

习近平总书记多次指出，我们党一步步走过来，很重要的一条就是不断总结经验、提高本领，不断提高应对风险、迎接挑战、化险为夷的能力水平。面对新形势下的新挑战、新任务、新目标，切实提升党的工作的执行力、领导力显得更为迫切。一方面，在新的历史时期，新发展阶段、新发展理念、新发展格局对党的领导能力水平提出了更高要求；另一方面，当前，我国正面临前所未有的风险挑战，不确定不稳定因素增加。对此，习近平总书记在 2021 年 2 月 20 日的党史学习教育动员大会上强调：“要更好应对前进道路上各种可以预见和难以预见的风险挑战，我们必须从历史中获得启迪，从历史经验中提炼出克敌制胜的法宝。”

一是善于学习反思，汲取发展经验。人类社会的发展历程总是充满困难挑战，人类历史就是一个困难挑战不断出现、又不断被解决的循环往复的斗争史、发展史，在开展斗争与实践和总结经验的过程中，获得新发现、新发明、新创造，从而推动人类社会走向前进。党的百年发展历程同样是一部艰辛的奋斗史、成长史，遍布荆棘，处处激流险滩。面对网络生态建设的新形势新挑战新任务，要发扬好革命精神、保持艰苦奋斗的昂扬精神，就必须系统总结党的各项伟大实践和伟大斗争的经验教训，深刻认识其历史意义与时代意义。善于学习反思，从既往发展史中汲取经验，对于推动伟大实践和伟大斗争走向更高质量、取得更大成就意义重大而深远。开展党的创新理论学习教育不是简单的喊口号、走过场和运动战，而是要结合具体形势统筹推进，不断丰富党的理论体系。要坚持与时俱进，推动党的创新理论学习教育走向常态化、长效化、全员化和全面化，形成常用常新的学习和发展机制；要坚持问题导向，在抓好工作落实的同时，注重问题整改与模式优化，不断丰富实践经验；要将相关政策制定与新发展理念有机融合，把党的创新理论贯穿于伟大实践和伟大斗争的准备、预判、开展等全过程，用理论指导实践，用实践反哺理论。

二是加强协同联动，凝聚时代伟力。聚焦网络生态治理，开展新时代的伟大实践和伟大斗争，要在以往党团结带领人民的方式基础上，激发多元主体积极主动参与网络生态建设与治理的潜能，凝聚起团结奋进的时代伟力，充分调动多元主体的主动性、创造性和创新性，围绕奋进新征程形成有效的协同联动。随着社会发展进步，社会分工趋向精细化、垂直化、专业化，在新形势下，新发展理念、新发展格局也涉及多领域、多主体，要在新征程上赢得伟大胜利、建立伟大功业，单独依靠某一方是难以实现的。尤其在网络空间中，应注重协调多方主体共同参与，发挥各自优势，精诚团结，形成合力。在一次次凝聚力量并付诸实践的过程中，民族精神也将得到进一步弘扬，激发更加广泛的民族自豪感和自尊心，更好凝聚起社会共识，为新的伟大实践和伟大斗争汇聚起更磅礴的精神力量。

三是创新方式方法，提升能力本领。开展党的创新理论学习教育，不是局限于过往的成功经验，而是要结合新的发展阶段，合理选择新的方式方法。当前，中华民族伟大复兴的战略全局与世界百年未有之大变局复杂交织，网络生态建设与治理所面临的环境、对象、任务、目标都在发生深刻变化，要赢得新的伟大胜利，就需要在经验总结与借鉴的基础上，调整思路，创新方式方法，提升效能。要因地制宜，针对国际国内、不同区域、不同领域的网络生态发展布局，应注重同所在环境具体形势相结合，创新性地变革方式方法；要因时制宜，党的伟大实践和伟大斗争具有过程性、演进性特征，在具体执行过程中，应注重结合发展所处阶段适时进行策略调整，并充分利用所在时期的有利条件，以新概念、新方法、新渠道将规划方案付诸实践，助力取得更大胜利；要因事制宜，一把钥匙开一把锁，不同事物所呈现出的动态性、特殊性、复杂性等特点不同，在网络生态建设与治理具体实践过程中，应注重根据不同事宜，选择恰当的方式方法，避免一刀切的粗暴做法，如围绕网络空间中的观点表达与情绪释放，针对不同问题，应采用差异化的处理方案，从而有效达到教育或警示的目的。

第二节　基于网上红色场馆建设巩固壮大主流舆论

当今，中国特色社会主义进入了新时代，我国红色场馆的宣传教育工作面对新形势、新任务和新挑战，必须开拓新的方向，迈上新的台阶。“过不了互联网这一关，就过不了长期执政这一关”是党的十八大以来在推动互联网健康发展过程的实践中得出的新认识。互联网为宣传教育工作提供了新载体、新平台和新方式。在新媒体应用发展迅速的今天，红色场馆有需要也有必要守正创新，充分运用新手段、新策略，在做好传统阵地教育的同时，开拓好网络宣传阵地，讲好中国共产党故事，讲好中国式现代化故事。新时代加强网上红色场馆建设，打造网络舆论高地，筑牢意识形态阵地，是等不了、慢不得、丢不起的重要任务。

一、充分认识网上红色场馆建设的重要意义

习近平总书记在 2018 年 4 月 21 日召开的全国网络安全和信息化工作会议中强调“要加强网上正面宣传，旗帜鲜明坚持正确政治方向、舆论导

向、价值取向”。全媒体环境下，掌握了新媒体应用，就拥有了网络阵地的话语权。红色场馆不仅承载着中国人民对革命先烈的怀念敬仰，更是起到传承中国红色文化、传播中国主流声音的重要作用，必须加快在新传播格局下占领舆论制高点，牢牢掌握话语权，更好起到意识形态的引导作用。

（一）巩固意识形态阵地抢占网上舆论阵地的重要抓手

国际国内形势日益复杂，互联网日益成为意识形态斗争的主阵地、主战场，能否牢牢把握和抓住网络空间话语主导权关系到能否筑牢思想防线、应对网络安全风险和网络议题设置能力，直接关系到意识形态安全和国家安全。当前，国内舆论场愈发频繁出现多元观念，思潮交锋、碰撞，舆论安全受到威胁。红色场馆在当前复杂舆论环境中必须加强网上舆论阵地建设，争取掌握舆论主导权，进而更有效地引导社会舆论走向，巩固壮大舆论阵地。依托红色场馆拥有的历史地位和广泛影响力，网上红色场馆建设将为舆论阵地建设提供更大助力。有利于加强社会主义核心价值观的输送，挤压非马克思主义意识形态的生存空间；有利于对互联网场域中的舆论引导，同时亦将不断加大对不良社会思潮的反驳力度；有利于有效防范社会舆论领域重大风险的发生，助力舆论生态向上向好发展；有利于赢得网络空间话语权，进而占据文化思想领域制高点，从而拓展和巩固党的舆论阵地。

（二）加强爱国主义教育和社会主义核心价值观的重要保障

党的十八大以来，习近平总书记多次深刻论述并强调要培育和践行社会主义核心价值观，必须大力弘扬爱国主义精神。在互联网时代，网络无疑是爱国主义教育和社会主义核心价值观呈现与传播的重要载体。加快推进红色场馆新媒体建设有利于在网络空间中维护和强化主流思想舆论，有利于保障和巩固爱国主义和社会主义核心价值观在网络空间的主导地位，从而凝聚民心，维护国家长治久安。依托新媒体平台，红色场馆将把握时代主题，找到更多着力点，在全体人民尤其是青少年群体中开展深入、持久的爱国主义教育，激发全体人民爱党爱国爱社会主义的巨大热情，凝聚奋进新时代，为实现中华民族伟大复兴的中国梦不懈奋斗，具有非常重要的现实意义和深远的历史意义。

（三）传播红色文化传承红色基因的有效渠道

习近平总书记多次强调，要发扬红色资源优势，深入进行党史军史和优良传统教育，把红色基因一代代传下去。这一重要论述为我们用好红色资源、发扬好红色传统、传承好红色基因指明了方向，并提供了基本遵循。当前，面对复杂的舆论环境，红色文化传播面临着重大挑战，历史虚无主义等错误思潮时有出现，试图解构党史军史国史，社会主流价值观面临的被消解风险仍未减弱，需要引起高度重视。红色场馆作为红色文化圣地，蕴含着鲜明的红色品质与强大的红色力量，既有力体现着革命先烈的崇高政治理想和价值追求，也表现出极强的精神鼓舞力量。当前我国正处于实现中华民族伟大复兴的关键时期，红色场馆的网上建设将为弘扬和传播红色文化提供更多机遇，有助于扩展红色文化的传播和影响范围，为社会大众提供更加丰富的红色精神食粮。大量具有说服力、感染力和可读性的爱国主义教育素材，借助互联网应用快捷方便的推送，将使得爱国主义教育从刻板的学习体验、说教式的理论引导，变为对大众潜移默化的情感感化，进而变为理性认同，将显著增强爱国主义教育的效果。

（四）提升综合管理水平更好为人民服务的重要途径

在当前形势下，新媒体不断向便捷化、交互化、智能化等方向演进，新媒体平台所涵盖的业务范围愈发广泛、服务职能更加多元，且整体更加高效。红色场馆开展网上建设，一方面将有助于提高面向群众的服务水平。

通过线上预约、线上导览等功能的开发将进一步优化参观体验，同时提升宣教效果，并将显著扩大宣教覆盖面，让红色文化、共产党人品质更能入眼入脑入心。另一方面，将有助于提高管理水平。新媒体平台能够涵盖大多数工作事务，原来很多由工作人员完成的事务将被新媒体的功能所替代，管理水平将向更加精细化方向发展，各部门工作职责更加清晰，使得职工能更加专注于自身工作任务，工作效率将大大提升。线上平台及矩阵建设在为红色场馆提升综合服务水平提供助力的同时，也需意识到，新媒体平台更多地是从工具层面使红色场馆工作更加简单便捷高效，综合服务水平的提升还涉及人才队伍、体制机制等多重变量。因此，要整合各种资源，平衡配套，形成合力，在网上红色场馆中统筹布局、同步推进，从而实现效益最大化。

二、准确把握红色场馆宣传教育工作的现有基础

目前，互联网迭代升级使得传播格局及舆论生态都发生巨大变化，尤其是网络空间更是成为意识形态斗争的主战场、主阵地和最前沿，机遇与挑战并存。只有认真总结分析红色场馆开展网上建设的已有基础，才能积极应对传播环境变革，在新时代发扬好革命精神、弘扬好红色文化。

（一）特有资源优势显著

首先，红色场馆是中国人民以及世界各国人民学习了解中国革命艰辛奋斗和社会主义建设历史的重要桥梁，更是传承中华革命文化的重要纽带。红色场馆承载和保护着珍贵的历史与精神财富，对认同中国共产党执政成就和中国道路、理论、制度、文化的中国人民和世界各国人民具有强大的凝聚力、感召力和影响力。开展网上红色场馆建设，红色场馆所具有的先天政治优势将直接带来广泛的关注度，对于切实增强红色宣传教育传播力、

引导力具有重要现实意义。

其次，红色场馆具有丰富的宣传教育经验。如毛主席纪念堂建成四十多年来，始终从筑牢党的意识形态阵地的高度开展宣传教育工作。特别是党的十八大以来，按照习近平总书记“充分利用爱国主义教育基地来增强人民的爱国主义情怀和意识”的要求，毛主席纪念堂宣传教育工作坚持“请进来”和“走出去”并重，依托自身优势，挖掘红色资源，紧跟时代主题，丰富宣教手段，拓展宣教内容，使宣教工作效果不断取得质的提升。推出一系列主题鲜明、内容丰富的主题宣讲，开展丰富多彩的面向青少年的主题教育活动，成为第一批“北京市青少年教育基地”和首都高校新生入学德育教育课堂，坚持送宣讲进基层活动，取得了良好社会效果。在积极培育和践行社会主义核心价值观的过程中，全国爱国主义教育示范基地的作用得到了发挥。毛主席纪念堂多年来的宣传教育工作不仅积累了丰富的组织管理经验，也锤炼了一支专业过硬的宣教人才队伍。

最后，红色场馆拥有便捷的资源渠道。如毛主席纪念堂是中办机关密切联系群众的重要窗口，更是展现中央机关精神风貌的窗口。通过多年来的工作积累，毛主席纪念堂目前已与中央党史和文献研究院、韶山管理局、中国传媒大学等众多研究机构、文博馆院、智库单位及相关行业协会等建立起了良好的合作关系，并从中取得强有力的智力支持与政策支撑，在对相关一手资料内容的获取上具有突出优势。与此同时，作为中央办公厅直属机关，毛主席纪念堂管理局能够充分将厅内外资源为我所用，服务于纪念堂的各项工作。在各类资源渠道的有效加持下，毛主席纪念堂管理局相关工作的操作性不断增强、理论性不断提升，守正创新成效愈发凸显，这无疑为毛主席纪念堂今后的新媒体建设提供了良好的后备支撑。

（二）面临困难与挑战

一是宣教传播效果有限。通过对多家红色场馆的实际调研发现，当前红色场馆的宣教工作主要通过面对面讲解进行，虽然宣讲内容权威、讲述生动，但是从传播角度看，由于接纳空间有限、传播速度慢、受众参与少，影响范围局限于现场人员。尤其是正能量的、关于意识形态的内容，对一般群众在短时间内大量灌输，往往因形式刻板教条缺乏吸引力，导致传播效果不够理想。在有限的时间里，想要针对不同的受众开展差异化教育十分困难，大多只能是简单地介绍照片、文字和实物，往往因为赶时间，讲解流于表面，使观众能够接收的信息量有限，讲解中不得不放弃大部分内容，从而影响了宣传教育的深度和效果。另外，虽然宣教工作人员做了大量让红色文化“走出去”的工作，但仍多局限于线下，没有产生更广泛、更持久的影响力。

二是宣教内容生产力有限。虽然各红色场馆每年会撰写主题宣讲稿，并取得良好的社会口碑和效果，但是对于相关党史、国史、军史等方面的研究基础仍显得薄弱。高质量的内容生产需要有专业的研究队伍，多数红色场馆宣教工作队伍自身的内容产出能力有限，较少能够提供原创性的内容和文化产品。一方面是由于研究队伍建设较为薄弱，难以提供持续性、创新性的内容；另一方面是由于宣教工作队伍对新媒体的了解和把握存在不足，互联网意识有待增强，导致在风格创新、话语创新等内容的创新挖掘上有所欠缺。内容生产力受限，特色内容供给、创新频次较低。

三是宣教与新媒体的融合有限。调研发现，一些红色场馆在新媒体融合方面一直落后较多，一是起步较晚，甚至有些红色场馆没有自己的独立网站，也没有开通微信、微博、客户端、短视频等新媒体平台。二是水平不高，如有的红色场馆网站上只有简单的几个页面，除了特殊情况需要更新场馆开放等相关信息，长期不更新，也没有互动。相比新媒体融合水平较高的政务新媒体和表现突出的纪念馆博物馆类新媒体，部分红色场馆较为简单的网上内容和信息，难以起到宣传和传播信息的作用，这与红色场馆所处地位不相符，也与我国新媒体快速发展的要求不符。

（三）建设网上红色场馆是时代要求

开展网上红色场馆建设是加强意识形态阵地建设的必然要求。党的十九大要求我们坚定文化自信，牢牢掌握意识形态工作领导权，加强舆论阵地建设，传播红色文化，传承红色基因。长期以来，社会上存在的颠倒主流价值观、抹黑党史军史革命史以及其他一些历史虚无主义和戏说历史等诸多现象都是通过互联网进行传播的，互联网已成为意识形态斗争的主战场、主阵地。新媒体发展、融媒体建设业已成为国家战略需要，承担着做大做强主流舆论，巩固全国人民思想基础的重要使命。利用网上红色场馆建设进行红色文化传播是巩固和筑牢意识形态阵地的重要手段，红色场馆有条件更有必要通过传播渠道、方式、内容、体制机制等的创新，主动发声、主动作为，开拓更加高效的宣传教育传播途径，助力扩大主流价值影响力版图，让党的声音传得更开、传得更广、传得更深入。

开展网上红色场馆建设是适应新媒体环境扩大影响力的必然趋势。当前媒体环境下，新媒体日益成为信息传播的主要方式。根据第 54 次《中国互联网络发展状况统计报告》显示，截至 2024 年 6 月，全国网民规模近 11 亿，互联网普及率达到 78%，其中手机网民规模达到 10.96 亿。在此形势下，红色场馆亦应把握并利用好这一重要机遇，积极参与新媒体建设，直面人民群众、巩固传统阵地、占领开辟新阵地。只有紧紧抓住网络空间话语权、扩大自身传播力、影响力，才能更好履行党中央赋予我们的职责，强化价值引领作用，提升红色场馆作为爱国主义教育基地、党性教育基地、国防教育基地和研学旅行基地等的感召力、凝聚力和影响力。

开展网上红色场馆建设是红色场馆更好发挥作用的必然途径。新时代背景下，借助新媒体，红色文化传播将呈现出载体多元化、内容丰富化、范围扩大化，以及高度交互性与参与性等特征，这对于提升红色场馆内容传播力度、突出传播特色、增强传播效果等具有显著优势。爱国主义教育和社会主义核心价值观教育最重要的受众是青少年，正是符合红色场馆的主要目标受众群体，这一群体也更习惯网络信息快速获取的方式。因此，积极适应新媒体的传播模式，将红色场馆的教育资源，以短平快的信息、视频等形式传播出去，有助于更迅速、更广泛地传播爱国主义教育、传统文化教育和革命传统教育内容。

开展网上红色场馆建设是红色场馆实现跨越式发展的必然选择。由于红色场馆自身性质，一直以来对“面对面”的宣传教育比较重视，网络建设工作开展普遍较晚，水平不高。当前时期，我国新媒体发展得如火如荼，各种新型技术手段被广泛应用于新媒体传播过程中，信息传播格局不断发生翻天覆地的大变化，新媒体的自我演化进程仍处于不断加速状态。随着诸多新技术和新模式的出现，尤其是5G时代的来临，以短视频为代表的多样表达形式，以VR、AR以及人工智能技术为支撑的各种新媒体产品，将为宣传教育资源的传播提供更多可能性。及时开展新媒体建设是红色场馆追赶新时代，实现创新式、跨越式发展的良好机遇。在新媒体的帮助下，以更广泛、更快捷、更易引起共鸣的沟通方式，使红色文化被更多的人接收，克服传统宣传教育和意识形态工作给人的古板印象和单一形式。而红色场馆的宣传教育工作，也只有超越传统说教、理论灌输，更加关注目标人群需求，学会主动引领舆论，敢于善于发声，才能更贴近于现实，不落伍于时代。

三、精准定位网上红色场馆建设的基本方向

党的十八大以来，我国新媒体领域以国家各项体制机制改革创新为依托，适时调整发展思路逻辑，不断取得重要突破。这些成就的取得不只在于因势而谋、应势而动、顺势而为，更在于我党在开展新媒体工作过程中的原则坚守。网上红色场馆建设是网络意识形态阵地建设的重要组成部分，

应牢固坚持以下几项基本原则，确保新媒体建设在发展过程中始终朝着正确方向前进。

（一）牢牢把握正确政治方向，增强主流话语体系引导力与影响力

红色场馆要做好网上建设，必须提高政治站位，坚持正确的政治方向，增强“四个意识”，坚定“四个自信”，做到“两个维护”，坚持党对意识形态阵地建设与管理的集中统一领导，坚持党性和人民性相统一的工作导向。要认真学习领会习近平总书记关于学习和弘扬红色文化等一系列重要指示批示和重要讲话精神，加深对红色场馆意识形态阵地的认识，以习近平新时代中国特色社会主义思想统领全局，指导网上红色场馆建设与发展实践。尤其当前中国特色社会主义发展进入新时代，主流价值传播面临更多挑战，网上红色场馆建设应勇于担当、积极作为，时刻牢记所承载的重要职责和使命，从党和国家的工作全局出发，紧紧围绕党中央、全心服务群众，为新时代党和国家建设提供坚强舆论支撑。更要充分利用新媒体创新传播手段与传播方式，增强政治觉悟和敏锐性，增加特色内容供给，切实增强红色文化的精神感召力和凝聚力，提升对社会舆论的思想引导力和影响力。

（二）积极占领意识形态阵地，提升网上风险识别与应对能力

红色场馆的网上建设不仅承担着信息传播的功能，还担负着确保舆论安全、巩固意识形态阵地以及对外宣传的多重重要使命，应充分发挥自身优势，积极传播和培育主流意识形态，建立有效的意识形态安全风险识别预警机制，提升应急能力水平，为意识形态安全提供有力保障。

一方面，网上红色场馆建设必须把控舆论和政策风险。作为宣传党的历史、党的优良传统和中华民族传统文化的权威部门，网上红色场馆发布的内容对舆论热点和导向影响很大，必须对所传播内容要有准确的把握、

严谨的表达。而新媒体活泼多变的特点，给两者间的融合带来难度，言辞稍有不当可能就会导致民众的错误或过度解读，不仅起不到正面引导的作用，还会带来负面舆论影响。

另一方面，网上红色场馆建设必须把握好网上意识形态与网上舆情关系。注意区分网上意识形态与社会思潮、社会心理关系，提升对网上意识形态内容的辨识能力，区分政治原则问题、思想认识问题、学术观点问题，避免出现辨识处置不当导致社会事件泛意识形态化。强化对意识形态争论的区分能力，准确把握网上意识形态论争的类型特征，针对不同领域、不同类型的意识形态论争进行差异化评估应对，旗帜鲜明反对和抵制各种错误观点，掌握网上意识形态论争主导权，提升网上意识形态掌控力。

（三）大力加强理论研究创新，深化红色文化理论阐释和体系建构

一是深化红色文化的理论体系建设，进一步加强宣传阐释的理论高度。组织哲学社会科学各路大军，以及高端智库的中共党史军史研究专家，对相关红色文化进行理论阐释与体系构建，深入解读红色文化，突出理论逻辑、实践逻辑与时代逻辑，在网上意识形态领域树信仰、立坐标、划红线，进一步增强政治共识、思想共识、理论共识和社会共识。二是主导构建网上传播矩阵，进一步增强宣传阐释的理论厚度。积极同“国家队”“省级队”展开合作，不断拓展红色文化传播阵地，构建网上引导传播矩阵，要主动出击，积极发声，正本清源、解疑释惑，夯民心、聚共识，形成对当前社会多元化社会思潮的引导力、对杂音噪声的抑制力，提升人民群众的获得感认同度，增强党的凝聚力向心力。三是利用新媒体创新发展“微传播”，进一步增强宣传阐释的理论温度。把握网络传播规律，使红色文化形象化，利用同期声、网言网语等表现手段，贴近生活、贴近实际，让广大网民一听就明白、一看就清楚、一聊就认同，使传播效果最大化。

（四）走好网上群众路线，增强人民群众的网上获得感

红色场馆要做好网上建设，必须要走好网上群众路线。习近平总书记在2016年网络案例和信息化工作座谈会上指出“网信事业要发展，必须贯彻以人民为中心的发展思想”。红色场馆应发挥自身优势，围绕所特有的红色资源，加强网上红色文化内容建设，丰富网民的精神家园，为网上意识形态建设提供动力活力。要注重加强网上有关内容的有效供给，不断增强网上内容的传播力、感染力和影响力；在重大节日、重要节点上，加强网上议题设置，组织权威专家消除意识形态事件“标签化”，有效防止极端历史思潮撕裂历史共识、文化共识与社会共识；积极主动疏导网上涉及党史军史国史有关的舆论“堰塞湖”，防止网上异化史观泛滥；参与推进党史国史军史文献数据化建设，并推动与搜索引擎的深度合作，实现权威内容的前置性、易检索性与可获得性；积极探索5G时代AI、AR、VR等技术在网上红色文化知识生产、传播和获取等方面的应用和创新，使其成为弘扬社会主义核心价值观的重要载体。积极引导和发扬广大网民的爱国责任感，与此同时，顺应移动化传播趋势，建设基于新媒体平台的便民利民惠民服务矩阵，形成聚合式、立体化的综合信息服务模式，提升红色场馆整体服务效能。

（五）充分遵循传播规律，有效利用新方法提升宣教服务水平

当前，全媒体不断发展，出现了全程媒体、全息媒体、全员媒体、全效媒体，信息传播全链路重构，呈现出新的规律特征，传播主体、内容、渠道、方式、效果等都较传统媒体时代或传统互联网时代发生了巨大变化。互联网拥有传播的成本低、范围广、效率高等特点，加上受到技术迭代升级所带来的积极影响，人工智能、大数据、5G、8K等技术被运用到新媒体传播过程中，信息传播形态愈发多样，传播渠道愈发多元。红色场馆在

开展网上建设时，应准确把握并深入理解这些变化，充分遵循并有效运用新媒体传播规律，以新型技术为支撑，以内容建设为根本，有效利用新应用、新渠道、新平台创新传播方式，坚持技术驱动、内容为王、资源整合等互联网思维理念；积极推动多形态制作、多介质推送、全媒体传播，打造一批“现象级”融媒体传播精品；围绕网民关心的重大历史问题、社会热点问题、思想认识问题，从价值引领者角度出发，组织专家及时发声、有效互动，回应热点难点，澄清模糊认识；坚持攻防并举，旗帜鲜明地在网上进行深度辨析引导和思想舆论斗争，掌握网上宣传教育的话语权与主导权。

（六）牢固树立全局意识，守正创新以资源联动优化传播效果

红色场馆要做好网上建设工作，必须要增强全局意识、全球视野，坚持管理与建设并举，发挥资源联动效用。一是要抓好顶层设计，制订整体规划，梳理完善内部管理体系，提升干部队伍素质，为新媒体建设提供强有力的系统保障。二是要加强同意识形态主管部门、文博馆院、高校智库、专业研究机构等部门的联系与沟通，争取强有力支持的同时，形成“大宣教”的合力，并促进以新媒体平台为基础的在爱国主义、革命传统教育和社会主义核心价值观教育中的多元功能的发挥。三是探索将宣教内容体系化，在深挖独特资源、创新内容生产传播方式的同时，实现知识系统、价值系统与信仰系统的传播统一，能够融入“网络新生代”群体，融入新媒体素养教育、国民教育、社区教育之中，让新时代爱国主义教育被更多人了解和学习，有效强化红色场馆的意识形态阵地作用。四是加强国际传播交流，重视海外战略布局。通过红色场馆这一载体，传播中国声音、提升中国形象、增强国际影响力，在全球范围内助力构筑中国文化传播体系，加快文化输出，放大中国声量，积极参与和回应国际传播，增强中国文化的全球影响力。

四、扎实推进网上红色场馆建设的关键举措

根据我国网上红色场馆建设现有的基础和起步较晚、经验不足等问题，推进网上红色场馆建设，应当坚持精准定位、精品标准、循序渐进、稳步推进，搞好顶层设计和整体规划，着力做好平台建设、内容建设和队伍建设。

（一）打造一流平台，丰富服务职能领域

一是明确定位优化输出。要打造适合红色场馆特点的新媒体综合平台，首先要在平台发展方向上进行整体定位。要力争创建“参观服务 + 内容传播 + 综合管理”功能一体化的信息管理平台，实现对外宣传和对内管理有机结合，打造线上红色教育基地。其次要针对宣传目标人群，解析出他们的兴趣及情感需求信息，有针对性地精细化设定包括新媒体账号名称、栏目规划、菜单设置、内容调性及细分渠道等内容，从而优化内容输出。

二是精准触网重点突出。为了适应新媒体的挑战，有较多机构组织已经全面触网。通过调研发现，专业性较强的博物馆如长沙博物馆、陈云纪念馆，在新媒体建设中尝试开发了自己的 App，但是投入与成效不成正比，相反，微信的传播效果是最好的。因此，红色场馆新媒体平台的打造应考虑以精准触网取代全面触网，有所侧重地打造新媒体旗舰产品。

三是搭建一流网络服务平台。内容选择要有针对性，以参观接待发布为基础，充分发挥服务的主要作用属性，同时将红色资源内容转化为通俗易懂接地气的形式，让人易于接受，并强化反馈数据的解读和分析，通过建立观众的大数据，更精准地提供服务。栏目设置要精致，力求简洁、实用，充分贴近人民群众最本质的需求，体现准确权威、实时高效的特点。另外，根据红色场馆自身的特色设置线上导览、群众服务、内容资讯，利

用语音导览、AR/VR 实景导览让公众不到实地也可在线缅怀和参观学习。此外，在线预约功能不可或缺，既能缓解公众寒冬酷暑排队等候的问题，也能减轻安保工作的压力。

（二）挖掘红色资源，树立独特传播品牌

在红色资源的内容对接上，离不开全方位的创新。一是表达风格的创新。在保持传统宣教内容权威严谨语言风格的同时，也要学会用网络语言的表达方式，以直观通俗的风格给用户带来更亲切的感受。二是内容挖掘的创新。新媒体用户多是利用碎片化时间，因此内容上需要抽取最核心、最有代表性、最吸引人的内容，这就需要在内容挖掘上开创新的思路。三是表现形式的创新。要设法把静态的展品资料变得更加鲜活，深度挖掘展品背后的故事，用短视频、短文、H5、直播等形式进行转化，给用户带来更丰富的体验。

在红色资源的深度挖掘上，离不开多维度的融合。一是多主体参与。新媒体建设的成功在于平台搭建之后由多主体参与其中才能够维持可持续发展，无论是宣教工作、安保工作、参观服务工作，还是平台运营维护，都应在坚持内部把关的基础上，鼓励多方力量参与，包括公众、志愿者、革命先烈后人、知名作家、学者等，同时设立“公众监察员”，对于站位有问题、有偏差的内容进行监督管理。二是多角度讲述。领袖和革命先烈的形象是立体的，需要在政治性与趣味性之间寻求平衡，将政治叙事与文化叙事相结合，不仅要讲述光辉风范和丰功伟绩，更要通过很多成长、生活中的细节，让公众进一步感受到领袖和革命先烈作为人的温度、人格的魅力，更能够引起同情共感，体会到对党的忠诚、对群众的热爱，将这种文化生活的叙事引导至政治高度，从而达到宣传教育的目的。三是多形式表达。可以采用短视频、直播、纪录片、图片、GIF 动图等多种方式来进行讲述，通过形式创新吸引公众的关注与阅读兴趣。可以对历史影像资料进

行编辑，引入人工智能技术，使得公众可以与领袖和革命先烈直接对话提问，聆听领袖和革命先烈的声音，让历史活起来。根据参观群众不同的兴趣和需求，设计组合不同的内容和沟通方式，通过个性化的线上定制，创造个性化体验，发挥红色场馆的大数据价值。

（三）重视队伍建设，创新人才培养模式

首先，多渠道引进人才。网上红色场馆建设是一次史料与新技术的结合与碰撞的过程，对人才提出了更高的要求，需要党史、宣传、新媒体等多专业的人才共同经营才能够完成好新媒体建设。要创新用人模式，根据项目期限长短和专业程度高低灵活选择不同的用人模式，如通过招考招录、内部选拔等方式，与社会第三方机构合作，进行项目外包或合同聘用，还可以引入高校实习生等多种渠道，逐步搭建起自己的人才梯队。

其次，全方位加强内部培训。对现有工作人员定期进行新媒体专业知识培训，要形成常态化培训机制，定期选派干部职工参加新媒体专业知识培训和新媒体行业经验交流，到新媒体工作经验丰富的单位调研访问、实习挂职、借调锻炼，定期举办专题讲座，邀请学界、业界专家授课辅导，鼓励工作人员进行第二专业的辅修，提升工作人员的专业技能。对人才的培养主要有两个维度：从短期来看，可以使其更好地适应时代要求，实现岗位转型；从长期来看，培养内部队伍的互联网思维，能够推进新媒体建设的稳步发展，人才队伍建设成熟的时候甚至可以实现人才的对外输出。

最后，制定完善激励机制。鼓励干部职工积极参与网上红色场馆建设，比如为新媒体建设献计献策，积极参与内容生产和平台维护。完善的激励机制可以调动员工的积极性，新媒体平台的建设仅仅靠采编人员的维护会使得运营效果大打折扣，也使得内容的输出因为人手限制而单调，只有建立完善的激励机制，才能吸引、鼓励干部职工积极参与网上红色场馆的建设和维护，如可根据文章、视频、图片等的采用率、阅读量、互动留言数

量、收藏、转发等数据来为干部职工提供适当奖励。

（四）整合多方力量，强化协同增进参与

加强红色场馆内部及兄弟单位联动。一是加强红色场馆内部各部门整合，如宣教部门、对外传播部门、研究部门的内容成果共享，健全协调联动机制。二是加强与相关兄弟单位的交流合作，获得优质资源，保障和提升内容输出专业性、权威性。

加强与同主题纪念馆的合作。促进红色文化的研究传播，精心选择主题，在关键节点共同进行内容策划、活动主办和话题传播，起到连锁效应，扩大影响范围。如湖南雷锋纪念馆与抚顺市雷锋纪念馆进行联展，在特定纪念日共同进行共同的主题文章发布。在上海市，为了推进协作机制和合作平台的建立，于 2018 年 9 月成立了“上海红色文化宣传教育联盟”，中共一大纪念馆、中共二大会址纪念馆、中共四大纪念馆、陈云纪念馆都是首批加入该联盟的单位，有效实现资源共享、优势互补，促进了红色文化的研究和宣传。

加强与传统媒体及新媒体的合作。通过传统的电视、报纸、广播等媒体加强宣传，同时加强与腾讯新闻、今日头条、抖音、快手等新兴媒体的合作，拓宽传播渠道，提升宣传效果。如长沙博物馆借助电台、直播平台扩大影响力，陈云纪念馆、中共一大纪念馆、侵华日军南京大屠杀遇难同胞纪念馆都注重借助外部平台扩大影响力。

（五）加强理论研究，完善内容造血功能

加强理论研究队伍的建设。调研发现，部分红色场馆现有的研究人员人数较少，专业性不足，亟须引进党史、政治学等专业的研究型人才，开展长期专业的研究。陈云纪念馆在研究团队的打造方面有很好的借鉴意义，其“编研部”拥有一支专业化研究人才队伍，主要工作涵盖了陈云生平思

想和地方史研究、展陈设计、编辑出版等部分。

加强理论选题策划能力建设。红色场馆要根据自身特色以及时代的需要进行选题策划，积极整合资源，与党校、党史文献研究院、中国社会科学院、高等院校等科研院所加强合作，定期举办学术研讨会，在促进交流的同时强化自身研究能力，向外塑造自身品牌，向社会推送具有学术意义、政治意义、文化意义的研究内容，有理有据地引领意识形态的发展，占据舆论高地。

加强理论成果输出、转化的建设。网上红色场馆建设要注重科研成果的发表，包括创办内刊、书籍、论文等，扩大影响力。同时注重科研成果的转化，将学术表达转化为日常表达，针对不同的读者群进行不同内容的推送，将研究成果上升到一定的理论高度，为公众提供可读性、趣味性强的传播内容。

（六）构建立体传播，多维推进统筹布局

线上与线下联动。网上红色场馆建设要注重线上内容与线下活动的联动，线上宣传与线下体验相互结合，为公众提供全方位的参展服务。红色场馆可以通过新媒体平台为线下的主题活动、讲座、研讨会、爱国主义教育活动、宣教活动、志愿活动等进行宣传报道，也为参加线下活动的公众提供一定的福利活动，如为积极参加线下活动人员提供线上积分，通过积分兑换礼品或者参观机会等。

现实与虚拟联动。网上红色场馆建设应注重现实的参观与虚拟影像结合，利用新技术为公众提供不同的感官体验。很多博物馆、纪念馆都引进了先进技术丰富观众的体验，例如陈云纪念馆通过 VR 技术让大家体验竹林散步、聆听鸟叫，并可以亲自挖竹笋，还会在挖出来的竹笋上看到不同的格言或讲话。另外，还可以让大家体会巧夺金沙江的场面等，使爱国主义教育通过更生动形象的方式展开。以此为借鉴，其他红色场馆可以通过

前沿技术，将现实与虚拟结合，让大家能够近距离接触历史，走近伟人，例如可以通过 AR/VR/XR、人工智能等技术让观众与领袖和革命先烈面对面交流，体验历史场景等。

产品与服务联动。在服务好参观群众的同时，也要注重文创产品的开发，这些产品既是宣传教育的得力工具，也是打造自身品牌的有力手段。具体产品包括论坛、书籍、刊物、文章等。如果文创产品能够实用、价格划算、有创意，参观群众会很乐意购买留作纪念，参观后对文创产品的使用又会起到二次宣传的作用。

国内与国外联动。要加强与外交部、中联部等外事部门联系，加强国际交流合作，加强全球网络舆论场建设。增进同世界知名纪念堂馆的交流合作过程，积极利用各种机会、各种场合进行宣介，积极宣传中国红色文化对世界的贡献和影响，讲好党的故事、讲好中国故事。此外，也可以利用国外媒体进行宣传，当国内热门话题被国外报道后，积极回应并参与其中，以引导国际舆论。

五、积极应对网上红色场馆建设可能面临的风险与挑战

红色场馆由于具有特殊地位和意义，一旦深度进入互联网世界，在扩大影响的同时，会产生大量数据信息和舆情信息的反馈，可能会带来一系列新问题新挑战。因此，务必要保持足够的政治定力，强化风险把控，确保网上红色场馆建设稳步有序推进。

（一）培育互联网思维，勇于创新敢于担当

推进理念革新，培育互联网思维。红色场馆在网上建设过程中，必须充分重视与互联网的融合，把与网络空间对接看作未来发展的必经之路，主动学习和研究新媒体，增强互联网思维和意识，做好迎接新媒体挑战的

准备。要会学敢用，不能惧网怕网。要克服保守思维模式，摒弃“言多必失”“宁可不做，不要做错”的观念，转变理念、勇于担当、求真务实、谦虚谨慎。学会学懂应对重大复杂网络舆情和突发事件的方法和技巧。科学谋划、推动引导新媒体建设快速发展，实现宣传教育工作传统优势与新媒体优势接轨融合。

善用互联网思维，准确把握传播规律。在网上红色场馆建设过程中，要加快工作思路和理念的转变，强化和善用互联网思维，要善于培育“网感”，贴近网民需求，分析受众心理。一方面要善于运用互联网思维做好整体规划设计，创新新媒体发展思路与范式，做到提质增效。另一方面要重视互联网思维在体制机制创新方面的应用，实现转型与创新，为网上红色场馆建设提供更有力的制度支持。

紧跟传播前沿，增强风险意识。在互联网发展过程中，新生事物层出不穷，具有一定的不可预见性。红色场馆由于意义特殊，必须增强风险意识。在转变思维习惯、时刻保持对新生事物敏感性、拥抱互联网的过程中，既要避免过于保守、裹足不前，也要警惕过于激进，造成舆论“黑天鹅事件”。一方面要吃透意识形态领域建设的相关政策法规，在及时跟进进行宣传教育的同时，避免犯政治错误。另一方面要及时关注网络空间行业发展动态，关注国家对行业的引导方向，找准热点，不被互联网日新月异的发展所淘汰。

加强党的领导，落实主体责任制。网上红色场馆建设承担着重要职责使命，在此过程中必须全面坚持党的绝对领导，切实加强党的建设，落实主体责任，确保网上红色场馆建设朝正确方向发展。要增强网络法治观念和意识，善于沟通协调各方，增强阵地意识，站稳立场、保持定力、敢于亮剑、敢于担当。做到守土有责、守土尽责、守土负责。切实担负起“建设具有强大凝聚力和引领力的社会主义意识形态”这一战略任务。

（二）注重舆情把控，增强信息收集能力

建立舆情监测体系。要着力完善舆情监测体系，第一时间掌握舆论走向，掌握公众的态度和意见。舆情的监测体系包括对内监测与对外监测两部分，对内监测主要是对内容生产的监督管理。要制定适合红色场馆实际情况的系列工作流程和制度。内部严格的审核制度可以确保工作有序高效，避免在政治立场、资料准确性、文字表述等方面出问题。对外监测则主要是对网络中相关信息、意见表达的情况的掌握，包括对自有新媒体产品的监测，以及微博、抖音、头条号、推特等其他网络平台意见民情的了解。

建立舆情应对机制。这主要是为了提升舆情应对能力，包括对普通信息的应对和对突发事件的应对，根据不同的情况设计不同的舆情级别，例如一般舆情、紧急舆情、重大舆情等，根据不同的舆情级别专门设置相对应的舆情应对机制。对于正面的舆情要积极进行转发宣传，扩大影响面，对于负面舆情则需要积极引导，突发事件宜疏不宜堵，积极掌握民众情绪发展走向和诉求，第一时间回应，解疑释惑，避免陷入塔西佗陷阱，失去公信力。

建立舆情反馈平台。加强信息的有效收集和利用，开展大数据分析、用户画像，建立包括撰写舆情报告在内的舆情反馈平台，从而更好地理解外界的反馈信息，了解红色场馆在管理、服务方面的现状与问题，及时进行改善与补足，达到提升信息发布和管理服务水平的目的，同时能够为上级部门提供合理的政策建议。设立舆情反馈机制，实现反馈的常规化，根据日、周、月、季度、年份整理出正面反馈、中立反馈、负面反馈，针对不同的反馈启动不同的应对机制，并且根据反馈信息向上级部门提供相应的解决与应对方案。

（三）优化职能配置，提升组织管理水平

推动机构优化调整。随着网上红色场馆建设的开展，网络预约、在线

参观、语音导览甚至是人工智能设备的引入，必然有效减轻红色场馆现场接待压力，使干部职工有更多精力专注做好红色资源的挖掘研究等业务，在网络空间实现更新更好发展。同时，面对新媒体、理论研究、技术支持与保障等工作急需补充力量的现状，现有人员结构和工作内容亟须重构。需要根据网上红色场馆建设情况明确职能定位，及时调整组织架构，调配人才队伍，优化人员结构，不断适应未来发展需要。

加快业务平台搭建。网上平台主要是面向广大群众，要想服务好群众，就需要搭建一流的业务平台。业务平台主要是面向后台的管理平台，具备内容编辑、行政服务、内部沟通等功能。对于部分红色场馆来说，可以把微信公众号作为新媒体旗舰品牌，微博、抖音、头条号、视频号等作为辅助产品，设法打造统一的内容编辑、审稿、发布系统，将不同的内容重新加工成适合不同平台的产品进行分别投放发布。此外，借助管理平台可以为内部工作人员提供相关的行政服务，如会议通知、天气播报、食堂菜单、工资发放、自助缴费等，通过服务功能的完善增强管理平台的内部黏性。

第三节　科技强国视野下科学家精神的跨媒介传播

2019 年 6 月，中共中央办公厅、国务院办公厅印发了《关于进一步弘扬科学家精神加强作风和学风建设的意见》，要求大力弘扬科学家精神[①]。2020 年 9 月 11 日，习近平总书记在科学家座谈会上强调，“科学家精神是科技工作者在长期科学实践中积累的宝贵精神财富”[②]。在科技自立自强和科

① 新华社 . 中共中央办公厅　国务院办公厅印发《关于进一步弘扬科学家精神加强作风和学风建设的意见》［EB/OL］.（2019-06-11）［2023-12-20］. https://www.gov.cn/zhengce/2019-06/11/content_5399239.htm.

② 新华社 . 习近平主持召开科学家座谈会并发表重要讲话［EB/OL］.（2020-09-11）［2023-12-22］. https://www.gov.cn/xinwen/2020-09/11/content_5542851.htm.

技强国建设中，科学家精神是不可或缺的精神要素，是衡量科技创新氛围的重要指标。

全媒体时代，科学家精神得以借助新的媒介方式获得广泛传播和关注，科学知识的普惠、科学难题的解答、科学思想的辩论交锋及科学的探秘，都离不开科学家精神的传播与引领[①]。媒介形态的多元化为科学家精神的多样化传播叙事提供了丰富的载体支撑，聚焦科学家精神的议题提出、讨论与传播，在跨层次、跨领域、跨平台等多向度实现创新突破，对凝聚形成以跨媒介叙事为重要方法与策略的科学家精神传播新动能有重要意义。

一、跨媒介语境下科学家精神的传播实践

得益于新技术的应用，全媒体传播体系建设进程不断加快，媒体智能化转型升级取得显著成效，进而推动媒介功能发生变革，跨媒介语境下的传播叙事呈现出新的特征[②]。聚焦跨媒介语境下科学家精神的传播实践，描绘科学家精神传播的现实图景，有助于从全局视角认识、理解科学家精神传播过程中的新现象、新问题，为科学家精神高效传播提供切入点与着力点。

（一）多方协同叙事，立体阐释科学家精神

全媒体时代，传播形式和传播主体的多样化为科学家精神传播提供了更广阔的空间和更立体的展现方式。跨媒介传播视域下，各类传播主体基于个性化视角，共同为科学家精神的立体阐释贡献力量。从传播实践来看，

① 顾青青，姚旖．科学家精神：内涵意蕴、历史图景与时代价值［J］．长春理工大学学报（社会科学版），2024，37（1）：68-74，78.

② 尚必武．跨媒介的故事讲述及其相关叙事学命题［J］．湖南师范大学社会科学学报，2023，52（6）：1-11.

近年来在微信、微博、抖音、快手等平台发起的科学家精神话题，既有来自官方的组织，亦有来自民间的自组织，形成了多主体跨媒介的联合共构，聚焦科学探索、科技创新、自主创新、科学家故事等或宏大或细微的话题，织就新时代科学家精神叙事体系①。在对相关话题的参与热潮中，人们接续传播科学家精神的创新热情不断受到激发，从人际到大众、由个体及机构，兼顾图文与视听，形成一幅内外联动、纵横交织的科学家精神传播画像②。从人们对于科学家精神相关议题的关注与积极参与中可以看出，全媒体传播体系有效赋能科学家精神议题的跨媒介联动叙事，加之当前我国崇尚创新、热爱科学的氛围浓厚，科学家精神传播方兴未艾，体现出强劲的“流量收割力”。

（二）议题垂直细分，带动全民参与共创

跨媒介语境下，聚焦科学家精神，各类传播主体或讲述科学家成长故事，或展现尊重知识、崇尚科学的社会风貌，形成多样化的细分领域，带动了全媒体联动、全员参与、全效呈现的科学家精神传播热潮。如主流媒体和一些科研机构或科学家个人在社交媒体平台开设账号，分享科学家的成长故事与成就，介绍科学家的科研经历、科学发现及社会贡献，这些内容以或图文或视频的形式生动展演了科学家们的才华、毅力和创新精神，激励社会大众学习科学家，追随其脚步③。也有科研机构或科学爱好者通过短视频或直播展示各种科学实验的过程与结果，如化学反应、物理现象等，基于对相关内容的直观展示与生动解说，引起全社会尤其是青少年群体的

① 张新俏，王婷瑜，杜智涛．讲好中国科学文化故事：科技传播的对外话语与叙事逻辑［J］．科技智囊，2023（12）：69-76.

② 李舒沁，林腾，严佳君．科学家精神的分层传播策略［J］．科技智囊，2024（2）：10-17.

③ 汤书昆．科学家价值传播的再认知与讲好故事的探讨［J］．中国科技论坛，2022（2）：3-5.

探索与创新兴趣，激发其对科学研究的探索欲望[①]。另有一些科学普及机构或科普博主在各类社交平台上分享科学知识和科普趣闻，如宇宙奥秘、生物进化、地球科学等相关内容，通俗易懂、生动有趣，让用户在轻松愉快的氛围中学习有趣的科学知识，激发起他们对科学探索与科技创新的兴趣与热情，相关议题由于具有现实贴近性和有用性，往往会引发接续创新传播。

（三）情境丰富多元，打造输出流量爆款

全媒体传播生态下，短视频、直播等各类传播形态具有丰富的视听及交互要素，同时借助 AR、VR 等技术手段，营造出多元化的传播情境、体验场景，将科学家精神鲜活地呈现出来[②]。跨媒介情境下，各类传播主体通过采用差异化形式和方式，如动画、纪录片、访谈等实现科学家精神传播，增加了内容的多样性和趣味性，有效提升了内容的吸引力和影响力。同时，在短视频平台、社交媒体、科普网站等不同媒介平台上，对科学家精神的叙事传播会基于不同平台上的受众特征及传播规律，制定差异化传播策略和精品内容，以满足不同受众的审美偏好和接受习惯，吸引目标受众关注，打造流量爆款。另外，依托全媒体应用，科学家精神的传播叙事往往体现出较强的跨界合作特征，如科学领域的内容创作者、科学机构、公益组织、媒体机构等联动打造科学家精神的叙事体系，借助各方资源禀赋与影响力，拓展传播渠道与受众群体，实现科学家精神的入脑入心。

（四）明确传播定位，精准助力价值引领

为了提高人们对于科学家精神和科学探索的了解程度，各类媒介平台

---

① 辛美玉，郭海威．内容生产视野下短视频传播效果优化路径研究［J］．新闻论坛，2022，36（3）：44-46.

② 倪天昌，朱远晴，陈熙媛．数字出版赋能中华文化高质量对外传播［J］．科技智囊，2023（8）：71-76.

联合相关组织定期或不定期开展科技讲座、科普宣传等活动，基于跨媒介联合叙事，有针对性地做好科学家精神传播，不仅增进了人们对科学家精神的认识与理解，而且精准助力了全社会的知识传播、科学普及与科技创新，为我国科技强国建设添柴加薪。如抖音平台近年来陆续推出“DOU知计划”“星河知识计划”“萌知计划”，旨在增加对抖音用户尤其是青少年用户知识输出、科普的力度，同时吸引广大科技工作者加入内容创作队伍，构筑优质短视频内容生态。跨媒介视野下，围绕科学家精神的细分议题展开差异化、精准化叙事，不仅有效增强了科学家精神传播的专业性与严肃性，也为用户带来了普惠性的优质知识内容，在更广范围、更深层次上强化了科学家精神的价值引领作用。

二、科学家精神跨媒介叙事的价值呈现

全媒体时代，各类新媒体应用的普及与传播形态的拓展使得科学家精神传播的范围无远弗届，囊括了个体的科学探索需求、群体的科学素养提升以及全社会的科学传播氛围等方面，由微而窥大、由寡而聚众，有利于跨媒介视域下建构形成科学家精神传播叙事的全新价值图谱。

（一）多维解读，满足个体科学传播需求

当前社会的差异化、个性化风潮要求对个体的差异化知识诉求、精神需求给予更多观照。个体层面对科学传播的需求，往往旨在实现个体科学素养的提升、对于他者科学传播的理性评判，以及对于日常科学现象的准确理解[①]。科学家精神的跨媒介联动叙事所拥有的高链接性、强交互性、易理解性等特征，为个体的科学传播需求满足提供了有力加持，助力

① 郭清．论科学家精神的中国特色与时代价值［J］．中国高校科技，2024（3）：100-106.

了个体有关科学传播的诉求表达、观点交互与知识获取。跨媒介叙事背景下，对于科学家精神由内至外的全方位、立体化解读能够满足个体差异化的内容需求，增进人们对科学家群体的认识与理解，无形中拉近普通人日常活动与科学的距离，进而推动全社会形成崇尚科学、尊重知识的良好舆论环境。尤其值得注意的是，针对科学家精神的跨媒介叙事，各类媒介平台的用户既是内容消费者，也是内容生产者与传播者，多元化的传播主体在复杂交织的跨媒介叙事实践中相互交织碰撞，能够进一步丰富科学家精神的阐释角度，并将从更深层次、更广范围激发人们的探索欲、求知欲、创新欲，从而有效凸显和强化科学家精神跨媒介叙事的重要价值。

（二）开阔视野，培育提升群体科学素养

群体心理对内寻求对于社群的归属与认同，对外诉求群际间的和谐与对话。跨媒介传播场景下，在仪式化的符号互动与专业化的群体情境实践中，科学家精神在各类媒介平台上的联动叙事为用户提供了共享性的情感体验与高效化的协同生产，从而在提升群体整体科学素养水平的同时，强化了每个群体内部的协调力与凝聚力，群体成员也得以在有关内容的互动共创中获得群体归属感与认同感，并就特定科学议题收获新知与精神勉励。另外，较之传统大众媒介，全媒体时代的跨媒介叙事能够为人们提供更加立体精准的“象征性现实”，其对科学家精神细致入微的全景式临摹呈现，使人们能够拨开关于科学的抽象迷思，突破固有的认知思维，代之以不同群体之间围绕科学议题展开讨论与接续创新的能力。针对科学家精神的各类细分议题，跨媒介叙事在答疑解惑、普及新知的过程中，让不同的科学兴趣群体能够围绕科学家精神实现理性探讨，不同群体之间的科学认知鸿沟于一定程度上得以弥合，由此，群体科学素养的提升具备了良好的媒介环境。

（三）裂变传播，营造社会科学传播氛围

在全媒体时代，依托跨媒介叙事的科学家精神传播旨在普惠科学知识、提高全民科学认知水平，并从全社会层面营造科学传播的良好氛围。作为新形势下科学家精神传播的重要策略，跨媒介叙事在日常记录、展现科学家成长与科学探索的过程中，不仅能够向大众展示科学家的成长路径、环境及心理变化，而且能够立体呈现科学探索与发展的完整历程，吸引广泛的社会关注，从而有效激发全社会尤其是青少年群体探索未知、探究真理、投身科研的无限热情，使科学家精神深入人心[①]。同时，作为一种文化存在与传播的策略，跨媒介叙事呼唤大众的创新潜能，不仅要求科学知识能随着源源不断的内容产品推陈出新，也要求科学家精神在接续传播、裂变传播中不断催生出新的文化样态，在议题交融、观点交织中，让全社会的科学素养得以提升、科学普及氛围更加浓厚[②]。此外，作为一种新的传播样态，科学家精神的跨媒介叙事能够全方位整合社会资源，这种裂变式传播模式将社会关系网络中更多主体吸引进来，从而使社会各界人士聚拢于科学家精神传播、科普传播、科学探索、科技创新等科学事业的周围[③]。

三、跨媒介叙事赋能科学家精神传播的实施机制

跨媒介叙事在科学家精神传播领域的赋能实践，所行进的理路是在遵循认知、态度与行为转变基础上的突破与重构，体现为从单向的宣讲到多

---

① 董慧，王若汀．科学家精神的生成脉络、时代内涵及弘扬路径［J］．红色文化学刊，2024（1）：33-40，110.

② 刘萱，张旸．科学家精神传播促进科学文化建设的机理与策略［J］．中国科技论坛，2022（2）：5-8.

③ 刘煜．走向物质性：以媒介为中心的跨媒介叙事论［J］．编辑之友，2023（11）：83-89.

元的互动、从信息流的输送到关系网的构建、从工具性的利益体到价值性的共同体的转变，进而形成科学家精神高效传播的实施机制。

（一）降维知识传递弥合鸿沟，拓展科学认知维度

人们对于事物的认知以及观念的形成，往往是基于直观的感官感受与深层次的态度转型。跨媒介叙事不拘泥于某种特定传播形态，而是囊括了能刺激人们各个身体感官的传播样态，尤其是近年来短视频、直播等新兴传播形态以其轻松活泼、可交互等特性，通过对于各类动静、虚实元素的调配、糅合、均衡等，营造出体验感不错的视听传播环境，为科学家精神传播的入脑入心奠定了良好的外部基础①。全媒体时代，当跨媒介叙事与以往被大众认为艰深的、抽象的、难以接近的科学理论相遇时，场景化的内容表达与开放性的情感叙事相碰撞，有效激发受众的感官刺激与情绪释放，自主性的内容选择软化了生硬的观点传达，进而召唤和凝聚共同情感、实现价值共创②。如此，在广泛参与和深层交互中，不同人群之间的知识鸿沟得以消弭，并对以往闭塞的话语结构形成一种“降维”，从而使得以往人们认为高大而遥远的科学理论、科学知识及科学家人物故事能够无声且自然地嵌入日常对话的语境中，为人们在日常工作和生活中遇到的科学现象与疑问提供解释和回应，拓宽大众的科学认知维度。而且，在跨媒介叙事所建构的开放性对话场域中，对话各方能够获得较为平等的主体地位，这使得人人都成为科学家精神的受益者与传递者。

（二）丰富多元科学叙事，强化认知态度改变

跨媒介传播语境下，人们有关科学家精神的认知态度转变是基于多元

---

① 邓祯．跨媒介叙事：中国故事国际传播的升维［J］．中国编辑，2023（10）：79-84.

② 张毓强．国际传播视野下弘扬科学家精神的时代价值与实践路径［J］．科普研究，2022，17（6）：75-79，98，112.

化的科学叙事实践实现的，尤其依托多样化的新媒体应用，科学家精神传播正愈发成为全媒体时代较为典型和宽泛的媒介化实践。较之于既往传播语境中单一媒介的窄化叙事，跨媒介叙事因其更强的接近性与互动性，能有效兼顾感性与理性、现实与虚拟，既能够传递人们对于科学家精神的推敲思索，也能展现科学探索的神秘玄妙，而这一叙事过程也是内容生产者编码与用户解码的过程。围绕科学家精神阐释，从内容创作者的加工制作和传播，到其他传播主体对科学家精神相关议题内容的内化和再生产，多元科学叙事在内容生产与消费、观看与凝视、共情与移情、理解与认同中促成人们对科学家精神的认识深化。以跨媒介叙事为路径，丰富多样的传播符号相互交织碰撞，使得人们对于科学家精神、科学探索、科技创新等的态度在认知深化的基础上得以转变、形成和强化，与此同时，伴随多元科学叙事的创新共构，科学家精神的内涵愈发丰富、外延不断拓展，从而更好地对全社会发挥价值引领作用。

（三）打破算法约束，助力有效行为形成

锚定科学家精神的高效传播，其目标实现的重要衡量指标是有效行为的达成，这也是跨媒介叙事赋能科学家精神传播实施机制最为关键的一环，即无论科学家精神相关议题的宣传与普及覆盖何种范围、触达何等层次，终归应将其运用到科学知识学习、科研创新等具体实践中去。在数字化转型背景下，作为跨媒介叙事体系的重要组成部分，主流媒体及各类新媒体应用基于算法的个性化推荐容易让人形成一定的刻板印象，技术介入和主导下的信息茧房、算法囚徒等负面效应导致用户对当下的媒介叙事心存偏见。科学家精神的传播叙事不仅关乎全社会对科学知识与探索的理解与认可程度，同时影响和塑造着社会创新氛围。跨媒介叙事语境下，以科学家精神为主题的线上传播与线下实践活动相结合，调动多元主体参与科学家精神传播的能动性与创造性，有助于推动科学家精神传播突破算法藩篱，

摆脱单调乏味的固化传播模式，实现多元丰富的价值共创，在全社会范围内掀起传播科学家精神的跨媒介叙事活动的热潮，从而将科学理论认知与科学探索、科普传播等行为实践相结合，为新形势下科学家精神传播共同体的建构形成奠定扎实基础。

四、跨媒介语境下科学家精神传播效能提升路径

基于对传播实践、价值呈现及实施机制的剖析阐释，跨媒介叙事赋能科学家精神传播的整体概念可见一斑：无论个体或机构、群体或社会、专业性深耕或娱乐性涉猎，都在较大程度上表现出对科学家精神传播的探究旨趣，围绕科学家精神这一主题的跨媒介叙事体系愈加完善，可以预见，全媒体时代的科学家精神传播仍将呈现出持续向上生长的蓬勃姿态。

（一）内外兼顾，引领垂直领域纵深发展

就目前传播实践来看，跨媒介叙事视野下科学家精神传播领域的垂直类创作者众多，传播主体类型多元，相关衍生议题覆盖范围广博，但是部分内容体现出浅尝辄止、泛娱乐化等倾向，与科学家精神传播的本质目标相偏离或背离。为此，需要结合对于科学家精神更为深入透彻的认知制定可行性传播策略。深化科学家精神传播，应兼顾其内部的精神谱系及外部的价值关联。就内涵挖掘及深化传播来看，应充分运用跨媒介叙事的分众化、多样性等特征，聚焦不同受众群体和传播目标，持续性进行科学家精神的内涵阐释与创新解读活动，积极打造有问题意识、富有人情味、贴合用户心理且极具用户黏性的个性化 IP，以人们喜闻乐见的方式传播和解读好科学家精神，唤起共鸣，引发接续传播，拓展传播维度[①]。就科学家精神

① 崔亚娟 . 融媒体视域下科普视频的跨媒介叙事研究［J］. 科普研究，2023，18（6）：14-23，94-95.

的关联价值挖掘及外延传播来看，应进一步探寻科学家精神与其他领域的关联点，围绕共通性放大科学家精神的价值引领作用，跨媒介叙事拥有与面对面口语对话较为接近的生动化的视听语言，在即时交互、全景呈现的媒介符号运用及创作过程中，不同领域和不同立场的人们通过跨媒介的融合传播方式建立连接，基于多元解读与观点的交锋交融，科学家精神的外延得到进一步丰富，进而反哺其后续传播效能的优化与提升。

（二）由浅至深，创新生产系统融合发展

从当前科学家精神的传播实践来看，虽然借助全媒体应用开展跨媒介叙事，使得以科学家精神为主题的传播内容丰富多样、无所不包，但是多数内容产品始终流于表面，且在有关科学家精神及相关衍生议题的内容传播中，浅层化的说教与生硬的观念灌输容易导致反感情绪滋生。为此，要利用好跨媒介叙事的生动性、贴近性、交互性等优势，对科学家精神所包含的丰富层次进行具体阐释。科学家精神传播过程中，既有浅显生动的人物故事和科学现象，亦有对新事物与未来世界的努力追索，不同层次的传播内容在理解难易程度、目标受众群体上存在差异，要提升科学家精神的传播效能，就应做到因地制宜、因人制宜，由浅及深，兼顾不同人群对科学家精神议题的接受偏好①。面向未来，推进科学家精神高效传播，需要各类传播主体结合不同传播渠道和平台，从人们不同层次的心理需求、知识需求、交互需求等维度出发，推陈出新，在提升内容品质的基础上促进内容生产系统的融合发展，从而由少至多、由浅至深地满足人们对于科学家精神内容的理解与消费需求，推动科学家精神的传播与消费提质增效扩容。

---

① 崔新阳．弘扬科学家精神的理论逻辑与实践要求［J］．学会，2023（7）：48-51.

（三）缓急相济，塑造和谐共生传播环境

由于个体的经验及认知有所差异，人们的信息接收习惯、偏好各不相同，跨媒介语境下，要推动提升科学家精神传播效能，不应仅停留在对相关内容的惯性输出，而要结合具体传播情境，借助与科学家精神议题相关的事件、时间节点、政策举措等，适时制定和调整精细化传播策略，缓急相济，实现科学家精神议题内容的精准传播。首先，各类传播主体应在充分搭建和依托全媒体传播矩阵的基础上，发挥好技术支撑优势，同时要有效规避和消除技术主导可能带来的负面问题，合理设置传播议题，将其与热点事件、用户接收习惯等紧密结合，引入更多的人性化元素，将智能化与人情味相融合，为用户提供优质、个性化的内容选择；其次，就新型传播网络建构而言，推进科学家精神的跨媒介传播叙事，要充分利用全媒体时代的社交关系网络，强化传播矩阵中各平台及主体的协同联动，在全面释放各主体创新传播价值的同时，提升全社会的科学素养；最后，聚焦科学家精神传播，跨媒介叙事应注重引导各传播主体将科学家精神及相关议题做好落地阐释，构筑和谐共生的良好传播环境，使科学家精神从互联网的信息洪流中脱颖而出，更好地发挥价值引领作用，助力新时代科技强国、人才强国等战略的实施。

第二章

网络文化环境的交互性感知与价值纠偏

当前，随着人工智能、大数据、云计算、虚拟现实等科技创新应用愈发深入渗透和嵌入网络文化领域，网络文化创新创造潜力得到进一步激发。推进网络文化与现实文化加速交融，不仅催生了网络文化的新平台、新业态、新需求，也为繁荣网络文化、提升文化软实力带来了新的发展机遇。立足新的历史方位和发展阶段，科技赋能下的网络文化建设正愈发深刻地渗透至国家政治、经济、科技等多个领域，网络文化作为新型非传统文化形态，推动构筑形成全新的文化景观，有效满足了人民群众多元化、差异化的精神需求。

网络空间的开放性与多元性在有效激活文化创造力、丰富文化产品形态的同时，也容易滋生网络谣言、网络侵权、网络暴力等新问题，这给塑造正确的网络文化价值观、提升主流价值传播力与引领力、维护网络文化安全等带来新的挑战，直接关系和影响到国家意识形态安全与现实社会秩序的稳定。尤其随着移动互联网快速发展、元宇宙应用走向深入，网络文化与现实文化复杂交织、多元思想观念碰撞交锋，网络文化环境建设充满不稳定性与不确定性。

第一节　科技创新赋能网络文化环境建设进展

网络文化环境建设作为国家安全体系建设的题中应有之义和重要组成部分，关系到网络文化的创新活力与健康繁荣，事关文化安全和国家总体安全，体现出鲜明的现实针对性和发展迫切性，需要予以高度关注和重视。

基于此，本书将网络文化环境建设置于科技创新视域下进行系统性考察，梳理其发展现状与面临的挑战，探寻优化网络文化环境的有效路径，以期为网络文化高质量发展提供可操作化的解决方案。

一、科技创新助推网络文化环境呈现新发展态势

以科技创新为助力，生产关系与传播关系的本质变化，决定了网络文化环境与传统文化环境的根本不同。网络文化环境不只是既往传统文化形态的新传播空间，更形塑了全新的文化生态，其开放性、多元化、个性化及所产生的积极或消极影响均源于这种本质性变化。只有认清本质，转变观念，才能科学把握，积极作为。近年来，围绕科技创新支撑文化发展，党和国家做出系列战略部署，对于落实创新驱动发展战略、促进文化高质量发展，更好地满足人民群众对美好生活的向往具有重要意义，在此形势下，网络文化环境整体发展态势良好，在推动网络文化繁荣、保障网络文化安全等方面发挥积极作用。

（一）网络文化主体与环境趋于一体化

在人类文明发展史中，科技创新使文明成果通过不同载体形式得以保存，互联网的迅速发展和普及，为大众参与文化建设提供更多可能，低成本、低门槛、高效率的传播方式助力形成网络文化发展的新图景。科技创新驱动下，网络文化环境和网络文化主体之间形成强烈的互文关系。与传统文化主要由社会精英掌控生产输出不同，在当前网络文化环境中，个体既参与了网络文化的创作供给，亦扮演网络文化的消费者角色。基于互联网的在线化、社区化、扁平化、去中心化等特征，网络文化环境区别于传统文化环境的特征也理应受到重视，其中最显著特点就在于主体与环境之间有着强烈的互文关系，最终形成了一种一体二元的状态，而不再是传统

的一分为二、主客两分。互联网作为当前文化存在和发展的重要空间，每个人都融于其中，既是参与者，又是观察者。基于互联网、元宇宙等新媒介技术的扁平化、去中心化特征，网络文化由网络使用者、网络管理者等共同生成，复杂和无序的信息在经过网络空间的自行组织和有序化后，形成具有广泛影响力和引领力的新型文化样态。

（二）互联网应用重塑网络文化环境

互联网的技术基础在于其分布式的“渔网”结构，基于这种去中心化的技术支撑，诞生于互联网空间的网络文化也具有显著的去中心化特点，网络文化环境中的个体连接逐渐打破既往的层级关系。与互联网在结构上的去中心化对应，网络文化环境中的信息传递呈现出碎片化特征，微个体、微元素的活跃构成了网络文化的基本特征。在科技创新赋能下，互联网媒介应用的去中心化、碎片化、移动化、智能化等特性日益凸显，互联网技术所衍生的网络文化也较以往呈现出更鲜明的特点，网络文化环境在技术变革中不断实现转型重塑。网络文化环境与现实文化环境的融通与同构不断加速，网络文化渗透和贯穿于现实空间，网络文化与现实空间互为表里。基于移动互联技术的深度赋能，网络文化参与主体日趋多元，为网络文化的丰富性与多样性拓展创造了便利，参与新型网络文化生态构建的主体在年龄、区域、领域等维度方面呈现出多样化趋势，网络社交平台使每个个体都可以在新的社交网络体系内参与新型网络文化生态建设进程。网络意见领袖群体不断发展壮大，引导社会公众话语表达，赋能主流价值传播与引领，以超出普通个体的传播能量引领网络空间文化多样性建设。

（三）网络文化主体媒介素养不断提升

新形势下，网络文化建设以前所未有的力度开展，网络文化逐渐回归理性，逐渐从言论空间走向生活消费空间，网络文化环境中的正能量越来越多，网络文化生产、传播及消费等各相关主体的媒介素养不断提升。一方面，技术赋权使普通民众在全媒体时代拥有更加自由自主的话语权，网民开始参与网络文化内容的生产、加工、传播等全链条中。在移动互联网环境下，网络文化的生产和传播较之前传统媒体环境下更加迅速和便捷，加之人际传播的高效度，用户生产内容也开始对网络大环境产生重要影响。互联网及其催生的各种新传播形态不断激发和激活社会大众的创新力、创造力，使网络文化环境更加活跃，类型更加多元。在人人都希望被看到、被听到的全媒体时代，各类新媒体应用的技术支撑体系日渐丰富完善，网络文化主体参与热情的高涨为全社会创造美好生活提供了更多灵感和活力。另一方面，普通网民、意见领袖等网络文化主体在网络空间中的内容生产、发布等行为更加负责谨慎，其愈发意识到自身言行对其他网民的影响，不信谣不传谣、不传播“三俗”内容等逐渐成为全网共识，网络空间更加清朗。由此，网上主流意识形态阵地不断得到巩固，为网络文化的健康发展提供了良好的氛围基础。

（四）网络文化安全治理卓有成效

随着5G、人工智能、大数据、虚拟现实等技术在网络文化领域的应用深度与广度不断增强，主流媒体、商业媒体加快技术应用布局，在推动中华优秀传统文化丰富内涵的诠释以及精品文化产品的数字化、网络化传播方面，发挥重要作用。与此同时，主流媒体、商业媒体、政府监管部门等主体在近年来积极推进技术治理、内容治理，强化了对网络文化内容安全的把关力度。例如，从科技应用监管来看，我国不断在顶层设计层面强化网络安全总体布局，相继开展了如“清朗”“净网”“整治‘网暴’”“整治‘网络水军’”等专项治理行动，惩治各类网络违法违规行为，对各大商业平台、网站、公司进行约谈与整治，出台了《关于加强互联网信息服务算法综合治理的指导意见》（2021年9月印发）、《互联网信息服务算法推荐管理规定》

（2021 年 12 月印发）、《互联网信息服务深度合成管理规定》（2022 年 11 月印发）等文件，为网络文化安全治理、技术安全治理提供了法理依据，逐步建立起治理机制较为健全、监管体系较为完善的网络文化安全综合治理格局。以此为支撑，我国网络文化安全治理取得显著成效，网民的文化认同感进一步加强，社会主义核心价值观在网络内容生态建设中不断显现。

二、网络文化环境建设面临的挑战

网络文化环境治理有利于保护广大网民的基本权益，营造良好的文明风尚。虽然我国在网络文化环境治理方面取得了阶段性成果，但网络文化的迅速发展不断衍生许多现实问题，面对愈发复杂的国际环境，我国网络文化环境建设仍面临诸多挑战，有必要进行根源性分析与探讨，为制订有效的网络文化环境建设方案提供参考。

（一）复杂网络文化生态对主流文化造成冲击

网络文化作为以互联网为载体的信息时代的产物，以快捷的传播方式以及丰富的内容呈现样态吸引越来越多网民的关注，成为网民文化生活的重要组成部分。全媒体时代，多元化的网络文化虽不断丰富和满足网民的精神需求，但在技术、资本等因素的影响与操控下，传统文化在虚拟网络空间中有时难以发挥效用，道德伦理难以对不健康的网络文化生态起到修正作用，层出不穷的新型网络文化不乏冲击底线、突破红线的“脱轨”行为，对传统主流文化造成冲击，甚至形成对立，网络推手的出现与介入进一步导致网络文化秩序的错位。在全球互联互通的传播格局下，文化输入、文化霸权等现象有增无减，形式更趋隐蔽多样，对社会主义核心价值观和意识形态带来威胁，一些西方文化产品中夹杂大量“反传统、非主流”内容。同时，以全球互联网为载体与中介，国外不良社会思潮趁机涌入，以文化交流、文化交融等为幌子，无形中对我国主流文化带来解构风险。在拜金主义、个人主义、享乐主义等思潮影响下，网络文化中不时出现庸俗、媚俗、低俗品位的内容产品，徘徊停留在对用户的感官及精神刺激层面，而弱化和忽视了文化内涵。网民难以对眼花缭乱的网络文化产品做出正确判断或取舍，其中不乏网民出于猎奇、窥私等心态对不良内容进行追捧、再传播，对主流文化传播空间造成冲击和挤压，进一步导致主流文化在网络空间中的传播缺位。

（二）非理性网络文化蔓延扰乱网络舆论导向

信息技术发展拉近了人与人的距离，增进了网络空间中的多元主体参与，增强了网民参与社会发展的真实感受。然而，网民对网络社会认同感的追求并非完全理性，其中亦会夹杂从众心理，在群体其他成员的影响下诱发非理性行为，滋生或参与传播非理性、情绪化的信息内容。网络文化传播中把关人权力的弱化容易使网络信息的真实性与权威性下降，非理性、“情绪化”言论得以传播，吸引网民“围观”，致使网络空间恶搞成风、网络红人应接不暇、网络媒体断章取义、网络文化良莠不齐，加之匿名式互动较容易使舆论朝错误方向发展，造成非理性网络文化的滋生蔓延。任何网络舆情及其所折射出的社会问题，都会有多种声音对其评判，表面上体现着舆论主体在多元网络文化中的分化现象，实质上是网民价值观的差异与分歧，社会认同意识的弱化使达成共识的难度加大，网络舆论的引导把控更为困难。针对同一网络舆情事件，不同文化与民族的应对态度亦存在差异，加之近年来境外敌对势力的文化渗透与攻击，我国网络文化安全乃至国家安全面临严重威胁。

（三）技术能力不足导致监管体系滞后

互联网基础设施与技术为网络文化产业的发展提供了良好支撑，随着5G规模化应用渐入佳境，网络流量的持续增长也显示出当前我国网民在日常生活中对互联网的深度依赖，多元网络文化在互动交流中产生并广泛传播。在此过程中，科技支撑与赋能下的监管体系在风险防范、决策辅助等方面发挥了重要作用，但总体来看，我国网络文化环境的监测预警及管控能力仍有较大提升空间，尚不能充分满足网络文化相关管理部门的监管需求，在应用云计算、大数据、人工智能等技术构建网络文化环境监管体系方面尚有不足，突出表现在“科技 + 文化”“科技 + 传播”发展明显快于“科技 + 监管”。与互联网企业相比，网络文化监管部门在“科技 + 文化”领域的人才队伍建设上相对滞后，缺乏具备核心技术开发能力的专业人才。同时，专业监管力量向互联网企业流动迁移的现象长期存在，在一定程度上削弱了网络文化监管部门技术能力的提升。

三、科技创新驱动网络文化环境建设高质量发展的优化路径

以科技创新为助力，网络文化所具备的开放性、个性化、分享性、去中心化、虚拟性等特征日益凸显，这些都为文化创造带来了新变量、新可能，使网络文化产品无论在多样性还是在丰富性上都超越了现实文化产品，其传播也超越了时间、空间的制约。面对当前复杂多变的网络环境，信息传播格局与生态不断变迁，探索网络文化环境建设的优化路径就显得尤为必要，具体来说，可以从以下几个方面着手。

（一）立足提升人类文明高度优化网络文化生态

网络文化环境的健康有序发展，能够有效推动文化繁荣，源源不断为网民提供形式多元的优质文化内容。应建设优化网络文化环境，建成网络文化强国，坚持全球视野，站在提升人类文明的高度和立场认识和解决问题。随着人类社会进入智媒时代，虚拟与现实的相互交叠互构愈发深刻影响

公众的物质与精神生活，网络谣言肆意传播，国际网络空间中的文化冲突、文化霸权现象不断呈抬头之势，网络文化环境建设在迎来发展机遇的同时，亦面临着重重挑战。基于此，应在网络文化环境建设进程中，以提升人类文明高度为发展目标对科技创新应用进行谋篇布局，做好网络文化环境建设的技术框架及体系建构，推动提升网络文化环境的数字化、智能化发展水平，打造优质网络文化生态。但同时亦需认识到，以科技创新助力网络文化环境健康、安全发展，进而推动人类文明进步，不仅不能将网络文化环境发展及网络文化安全建设单纯寄托于各类新兴科技应用，避免出现科技应用极端化倾向，也应警惕陷入科技自负和文化自卑的窘境，科技创新、文化发展、社会进步都是人类文明演进的重要向度，其从根本上相辅相成。

（二）多元协同推进优质网络文化内容共创共享

全媒体时代，以科技创新为驱动力，网络传播已然实现将多种信息传播方式、海量信息内容集成至一个全球互联互通的网络系统中，由此生产出更为丰富、多元、饱满的文化形态。新形势下，应进一步探索用好新技术应用，强化技术赋能，延展网络文化创新创造的发展空间。一方面，网络空间作为人的文化活动空间，人类的全部文化都可以在此得到呈现和发展，历史文化与现代文化、东方文化与西方文化，种种文化都集中于此，聚焦做好文化信息的整合与拓展、推动实现文化繁荣，应充分认识到科技创新对网络文化环境建设、网络文化发展、网络文化安全建设等的支撑与驱动作用，以科技创新带动网络文化环境建设，但在此过程中，亦应注重技术、资本、人才等各相关要素在文化创新与发展过程中的联动效应，推动实现科技创新与网络文化环境建设协同向前。另一方面，每个人都是网络文化的主体，每个人又都构成了他人的文化环境，这种人人共生的网络文化本质，决定了网络文化环境建设应坚持以人为本，激发和唤醒个体的文化创造力。在此形势下，应注重强化科技创新对个体创新创造的辅助能力，推动实现信息服务更加丰富和到位，满足群体或个体的内容创作需求，进而助力营造协同共创、可持续发展的网络文化环境。

（三）推动形成以科技为先导的文化及监管创新

全媒体环境下，网络文化发展与科技进步之间有着深刻的关联。数字技术革命是信息处理和沟通的革命，信息技术的发展深刻改变了信息传播的方式和文化运行方式，从此意义上来看，数字革命既是技术变迁，也是文化变迁。以“双十一”为例，阿里巴巴平台扩展出了“双十一”的文化现象，其影响力甚至扩展到了全球两百多个国家，可以认为，“双十一”于某种程度上超越了以往简单的文化产品意义，成为具有重要影响力的文化现象。此外，从 Facebook、微信的崛起中也可以看出，微小的技术变革可以带来巨大的文化创新，技术驱动已经成为网络文化创新发展的重要引擎。基于此，应进一步加大对技术平台的建设和创新，进而为网络文化环境建设和优化提供重要支撑，推动创造更高层面的文化繁荣。同时，面向网络文化高质量发展，应继续强化前沿技术在网络文化环境新型监管体系建设进程中的有机嵌入，以技术创新应用把握网络文化环境监管的战略主动，深化人工智能、大数据、物联网等技术接入，推进网络文化环境建设与安全监管齐头并进、相辅相成①。

（四）遵循传播规律实现网络文化内容有效传播

科技创新视域下，建设良好的网络文化环境，推动网络文化繁荣发展，离不开对网络文化的高效传播。面向日趋多元的网络文化消费需求，各传播主体不仅需要了解网络文化的基本内涵，更应于全媒体视野下掌握网络文化传播的新技能，增强以新媒体应用有效传播网络文化的主观能动意识。一

① 王晓红，谢妍．中国特色网络文化安全观的五个辩证统一［J］．现代传播（中国传媒大学学报），2021，43（6）：7-11.

方面，在遵循全媒体时代信息传播规律的前提下，加快推进媒体深度融合，强化“科技+网络文化传播”，充分重视移动互联网全局性渗透、连接、融合对网络文化环境的深刻影响，增强网络文化环境建设与网络文化传播的责任感和使命感。另一方面，应以新媒介技术应用为支撑，进一步丰富和延展网络文化内容的多模糊话语表达，实现网络文化内容生产、传播与网络文化消费的有效对接，以符合用户接收偏好的新形态、新语态讲好中国式现代化故事，构筑形成具有中国特色和时代特色的网络文化传播新景观。

第二节 互联网使用偏好对公众网络环境感知的影响机制

当前，互联网发展势头迅猛，庞大的网民规模、快速的信息传播能力和高度的公民参与能力，使得互联网渗透到当今社会的各个角落，互联网环境在舆论形成、公共治理及社会动员方面表现出巨大的影响力。我国目前正处于社会转型阶段，网络信息环境对于我国的社会结构、公共管理、政府治理的影响至关重要，因此，可以从公众的网络信息环境感知着手，探究新时期在互联网环境下如何调整优化社会结构、公共管理及政府治理工作。

一、问题的提出

本研究认为，在当前背景下，针对互联网的不同的使用偏好应该会对公众的网络信息环境感知产生影响，但是不同的使用偏好是否都会对网络信息环境感知产生影响？不同互联网使用偏好对网络信息环境感知的影响是正面的还是负面的？所产生的影响有多大？这些问题都需要进行验证和分析。基于文献回顾与讨论，我们做出以下研究假设。

H1：偏好使用 BBS 与网络言论自由度感知呈正相关，与网络信息安全性感知呈正相关，与网络信息失范化呈正相关。

H2：偏好使用博客与网络言论自由度感知呈正相关，与网络信息安全性感知呈正相关，与网络信息失范化呈负相关。

H3：偏好使用网络游戏与网络言论自由度感知呈正相关，与网络信息安全性感知呈负相关，与网络信息失范化呈负相关。

H4：偏好使用社交网站与网络言论自由度感知呈正相关，与网络信息安全性感知呈正相关，与网络信息失范化呈负相关。

H5：偏好使用购物网站与网络言论自由度感知呈正相关，与网络信息安全性感知呈正相关，与网络信息失范化呈正相关。

H6：偏好使用视频网站与网络言论自由度感知呈正相关，与网络信息安全性感知呈负相关，与网络信息失范化呈负相关。

H7：偏好使用新闻网站与网络言论自由度感知呈正相关，与网络信息安全性感知呈负相关，与网络信息失范化呈正相关。

本研究采用多层次回归（hierarchicalregression）分析互联网使用偏好对网络信息环境感知的影响。在建立回归模型时，先将性别、年龄、文化程度、收入水平、居住地等五项控制变量代入回归方程，然后再将自变量BBS、博客、网络游戏、社交网站、购物网站、视频网站、新闻网站等互联网七大使用偏好代入回归方程，进行数据处理分析。在本研究中，所有数据均运用软件 SPSS19.0 进行分析和处理。

二、研究方法

（一）样本选取

本研究采用问卷调查法，此次问卷调查样本选择在多个人口统计学因素方面都具有科学的代表性，且调查内容丰富，本研究所要研究的内容均可从此次互联网影响调查中获得较全面的内容和数据支撑，因此，此次调查最终获得的3000份有效问卷是本研究的观察个案。

从调查结果来看，在此次调查样本的3000人中，女性受访者占比45%，男性受访者占比55%；受访者的受教育程度普遍较高，其中大学本科学历的受访者人数最多，占比60.2%，高中及以下学历的受访者人数占比12.8%；受访对象的年龄主要集中于15—60岁；在受访者中，个人平均月收入在2000元以上的占比79.9%，家庭平均月收入在4000元以上的占比87%；4.9%的受访者居住在农村或乡镇，95.1%的受访者居住在城市。

（二）变量测量

1. 因变量

本研究对受访者网络信息环境感知的测量，借鉴李小宁对互联网监管内容的研究以及杜君对网络信息管理的研究中与互联网用户有关的内容，以网络言论自由度、网络信息安全性和网络信息失范化三组不同的变量作为本研究中的因变量，以此来测量当前互联网环境下中国公众的网络信息环境感知。

对于网络言论自由度的测量，本研究主要通过询问受访者“网络言论总体自由”“网络上人人平等，任何人发言都无须顾忌”“我可以在社会化媒体中自由地发表言论”等问题进行测量，答案是“完全不同意”到“完全同意”的李克特五级量表（α=0.58，M=10.05，SD=2.07）。

网络信息安全性感知在此主要是指互联网使用者对网络上的个人信息及信息交流与发布的安全性的总体评价，本研究通过“我认为把个人信息交给互联网是安全的”“互联网上的朋友不会因为知道了我的信息而对我不利”“我相信其他互联网用户不会滥用我的个人信息”“我认为在互联网上进行信息交流是安全的”等四个问题进行测量，答案是“完全不同意”到“完全同意”的李克特五级量表（α=0.824，M=12.26，SD=3.23）。

网络信息失范化主要反映网络使用者对网络上信息或言论的不规范程度的总体评价，本研究通过“网络上语言暴力比较常见”“有些网友过于激动，出口伤人”等问题进行测量，答案分别是“完全同意”到“完全不同意”的李克特五级量表（α=0.529，*M*=7.36，*SD*=1.46）。

对以上三组变量中的问题赋值均为1—5分，然后将每组问题的得分进行加总分析。分值越高，说明受访者认为该问题“越自由”、“越安全”或者“越失范”；分值越低，说明受访者认为该项问题“越不自由”“越不安全”或者“越规范”。

2. 控制变量与自变量

本研究的控制变量为性别（男性占比55%，女性占比45%）、年龄（*M*=31.34，*SD*=10.65）、学历（*M*=4.62，*SD*=0.869）、收入（*M*=6.76，*SD*=2.6）和居住地（*M*=4.88，*SD*=1.148）。

为了分析互联网使用偏好对网络信息环境感知的影响作用，本研究采用李克特五级量表，让受访者就不同网络行为偏好发生的程度进行打分（1分—几乎没有，5分—经常发生），通过因子分析法提取出7个公因子，分别命名为互联网使用的七大偏好，在本研究中作为自变量，即使用BBS、博客、网络游戏、社交网站、购物网站、视频网站、新闻网站等偏好。如表2-1所示。

表2-1 公众的互联网使用偏好得分表

选项	α（Cronbach’s alpha）	*M*（均值）	*SD*（标准差）
BBS	0.89	11.96	4.10
博客	0.93	21.01	6.72
网络游戏	0.87	5.59	2.38
社交网站	0.95	17.34	6.43
购物网站	0.82	7.51	1.86
视频网站	0.79	12.23	3.61
新闻网站	0.75	10.18	2.74

三、研究发现

（一）公众的互联网使用偏好

通过对调查数据进行分析处理后发现，在被研究的公众七大互联网使用偏好中，偏好使用购物网站的占比最大，比较多和经常使用购物网站的受访者高达 72.1%，一方面，这与近年来我国电子商务迅猛发展有较大关系，电子商务的便捷性与不断提升的购物体验吸引了越来越多的人群进行网上购物；另一方面，与受访者的收入水平及购买力有较大关系，从数据统计来看，受访者中个人月收入在 2000 元以上的占比 79.1%，个人月收入在 3000 元以上的占比 71.9%，其中收入在 3001—5000 元的受访者占比 51.7%。偏好使用新闻网站的排名第二，比较多和经常使用新闻网站的受访者达 61.5%，这可能与受访者的文化程度有一定关联，受访者中本科及以上学历者占比 68.2%。其次分别是使用博客和视频网站，比较多和经常使用的受访者占比分别为 50.9% 和 48.6%。如表 2-2 所示。

表 2-2　公众的互联网使用情况

使用偏好	几乎没有（%）	比较少（%）	一般（%）	比较多（%）	经常（%）
BBS	7.2	13.8	32.8	32.1	14.1
博客	4.3	14.5	30.3	37.3	13.6
网络游戏	16.6	18.7	25.7	27	12
社交网站	10.8	14.2	28.5	32.9	13.6
购物网站	1.8	5.2	20.9	41.3	30.8
视频网站	1.2	16.3	33.9	35.9	12.7
新闻网站	1.7	8.4	28.4	40	21.5

（二）公众的网络信息环境感知

本研究从网络言论自由度、网络信息安全性、网络信息失范化三个维度来测量反映公众的网络信息环境感知，对于网络信息环境的感知共有9个测量单元，每个测量单元的中值为3，本研究将每个维度中所包含测量单元的中值相加作为该维度自由与否、安全与否、失范与否的阈值，三个维度的阈值分别为9、12、6。

从调查问卷的分析结果（表2-3）来看，网络言论自由度维度的均值及网络信息失范化维度的均值明显高于其自身阈值，可以认为，公众对当前网络言论的自由度普遍感觉较好，但是对网络信息的失范化与暴力化的感觉明显较高，说明当前网络环境中信息的不规范化、暴力化问题较为严重，值得引起关注。另外，网络信息安全性维度的均值为12.26，略高于其自身阈值12，可见公众对当前网络环境中的信息安全性感觉不太好，说明当前的网络环境中信息的安全性有待提高。另外，网络言论自由度与网络信息失范化的标准差分别为2.07和1.46，相对较小，这也就意味着公众的网络言论自由度感知与网络信息失范化感知趋同性较高。

表2-3　公众的网络信息环境感知得分表

选项	*M*（均值）	*SD*（标准差）
网络言论自由度	10.05	2.07
网络信息安全性	12.26	3.23
网络信息失范化	7.36	1.46

（三）互联网使用偏好对公众网络信息环境感知的影响

H1中假设偏好使用BBS与网络言论自由度感知呈正相关，回归方程显示，网络言论自由度感知对BBS使用偏好的回归显著（$p<0.05$），BBS使用偏好的作用方向为正（$\beta=0.056$），由此，假设1中的第一个子假设（H1a）

得到了支持。这说明，BBS 使用偏好与网络言论自由度感知呈正相关：在互联网使用过程中，越偏好使用 BBS，公众感知到的网络言论自由度越高。如表 2-4 所示：类似于假设 1 中的第一个子假设，回归方程显示，网络言论自由度感知对博客、网络游戏、社交网站、视频网站等使用偏好的回归显著（$p<0.001$），且博客（$\beta=0.101$）、网络游戏（$\beta=0.083$）、社交网站（$\beta=0.170$）和视频网站（$\beta=0.148$）四种使用偏好的作用方向均为正，所以 H2、H3、H4、H6 中的第一个子假设（H2a，H3a，H4a，H6a）均成立。该结果表明，博客、网络游戏、社交网站和视频网站等使用偏好与网络言论自由度感知呈正相关：互联网使用过程中，越偏好使用博客、网络游戏、社交网站和视频网站，感知到的网络言论自由度越高。从标准化回归系数来看，偏好使用社交网站对网络言论自由度的感知影响最大。此外，在该回归模型中，虽然购物网站（$\beta=0.013$，$p>0.05$）和新闻网站（$\beta=0.038$，$p>0.05$）使用偏好也对网络言论自由度感知有一定的影响力，但是这二者无统计学解释力，因此，H5、H7 假设中的第一个子假设（H5a，H7a）均被拒绝。在控制变量模块的基础上，主效应模块对网络言论自由度因变量增加了 0.234% 的变差。

H1 假设偏好使用 BBS 与网络信息安全性感知呈正相关，回归方程显示，网络信息安全性感知对博客（$\beta=0.160$，$p<0.001$）、网络游戏（$\beta=0.154$，$p<0.001$）、社交网站（$\beta=0.102$，$p<0.01$）、视频网站（$\beta=0.216$，$p<0.001$）使用偏好的回归显著，且这四种偏好对网络信息安全性感知的作用方向均为正，由此，假设 H2 和假设 H4 中的第二个子假设（H2b、H4b）均得到支持，H3 和 H6 中的第二个子假设（H3b、H6b）均遭到拒绝。这表明，博客、网络游戏、社交网站、视频网站等使用偏好与网络信息安全性感知呈正相关：互联网使用过程中，越偏好使用博客、网络游戏、社交网站、视频网站，公众所感知到的网络信息安全性越高。从标准化回归系数来看，偏好使用视频网站对网络信息安全性感知的影响最大。回归方程显示，网络信息安全性感知对购物网站使用偏好的回归显著

（β=−0.129，p<0.001），且购物网站使用偏好对网络信息安全性感知的作用方向为负，因此假设 5 中的第二个子假设（H5b）被拒绝，这表明，互联网使用中越是偏好使用购物网站，公众感知到的网络信息安全性就越低。在该回归模型中，虽然新闻网站（β=−0.043，p>0.05）使用偏好对网络信息安全性感知也有微弱影响力，但是无统计学的解释力，因此假设 7 中的第二个子假设（H7b）被拒绝。此外，根据回归方程，BBS 使用偏好对网络信息安全性感知无明显影响，假设 1 中的第二个子假设（H1b）被拒绝。在控制变量模块的基础上，主效应模块对网络信息安全性因变量增加了 0.22% 的变差。

表 2-4　互联网使用偏好对公众网络信息环境感知的回归分析表

预测变量	标准化 Beta 值		
	网络言论自由度	网络信息安全性	网络信息失范化
第一阶层（人口统计学）			
性别	0.001	−0.057**	0.008
年龄	−0.093***	−0.205***	−0.047*
文化程度	0.046*	0.002	0.042*
收入水平	0.150***	0.143***	0.108***
居住地	0.089***	0.076***	0.043*
调整后 R^2	0.041	0.045	0.018
第二阶层（互联网使用偏好）			
BBS	0.056*	0	−0.031
博客	0.101***	0.160***	−0.040
网络游戏	0.083***	0.154***	0.022
社交网站	0.170***	0.102**	0.016
购物网站	0.013	−0.129***	0.285***
视频网站	0.148***	0.216***	−0.062
新闻网站	0.038	−0.043	0.208***
调整后 R^2	0.275	0.265	0.146
R^2 增量	0.234	0.220	0.128

注：*p<0.05，**p<0.01，***p<0.001；表格中的 β 为标准化回归系数。

关于网络信息失范化感知，回归方程显示，网络信息失范化感知对购物网站（β=0.285，p<0.001）、新闻网站（β=0.208，p<0.001）使用偏好的回归显著，且购物网站、新闻网站使用偏好对网络信息失范化感知的作用为正，假设 5 和假设 7 中的第三个子假设（H5c、H7c）均被支持。这说明，在互联网使用过程中，越是偏好使用购物网站、新闻网站，公众越感觉网络信息的失范化较严重。在该回归模型中，网络信息失范化感知对网络游戏（β=0.022，p>0.05）、社交网站（β=0.016，p>0.05）使用偏好的回归显著，这两个偏好对网络信息失范化感知的作用为正，但是由于 p>0.05，所以其没有统计学的解释力，因此拒绝假设 3 和假设 4 中的第三个子假设（H3c、H4c）。此外，网络信息失范化感知对 BBS（β=−0.031，p>0.05）、博客（β=−0.040，p>0.05）、视频网站（β=−0.062，p>0.05）等使用偏好的回归显著，且这几种偏好对网络信息失范化感知的作用方向为负，但是由于 p>0.05，所以其没有统计学的解释力，因此，拒绝 H1、H2、H6 中的第三个子假设（H1c、H2c、H6c）。在控制变量模块的基础上，主效应模块对网络信息失范化因变量增加了 0.128% 的变差。

此外，在控制变量模块中，收入水平（β=0.150，p<0.001）对网络言论自由度感知的影响最大，其次是年龄（β=−0.093，p<0.001）、居住地（β=0.089，p<0.001）和文化程度（β=0.046，p<0.05）；年龄（β=−0.205，p<0.001）对网络信息安全性感知的影响也最大，其次是收入水平（β=0.143，p<0.001）和居住地（β=0.076，p<0.001）；收入水平（β=0.108，p<0.001）对网络信息失范化感知的影响最大，其次是年龄（β=−0.047，p<0.05）、居住地（β=0.043，p<0.05）和文化程度（β=0.042，p<0.05）。其中，年龄对网络言论自由度、网络信息安全性和网络信息失范化感知均具有负向影响，且具有统计学解释力，也就是说，随着年龄的增长，公众认为网络信息自由度越低，认为网络信息安全性越低，但是认为网络信息较为规范。与此相反，收入和居住地对网络信息环境感知的三个维度均具有

正向影响，且具有统计学解释力，这意味着越是在城市居住或者收入越高的人，越认为网络信息的自由度更高，认为网络信息的安全性越高，同时也认为网络信息的失范化更严重，这可能与城市居民或者高收入人群更熟练和深入地接触和使用网络有关。此外，文化程度对网络言论自由度和网络信息失范化感知均具有正向作用，回归较为显著，这表明文化程度越高，认为网络言论自由度更高，同时也认为网络信息失范化更严重；文化程度虽然对网络信息安全性感知有微弱影响力，但是由于 $p>0.05$，因此没有统计学的解释力。

四、讨论与结论

网络信息环境感知在一定程度上映射着互联网的信息生态，不同的互联网使用偏好决定了互联网使用者所接触的互联网环境。这种对网络信息环境的感知对公共管理、政府治理以及人的社会化将产生重要影响。

（一）互联网治理需做好舆情监测

伴随互联网技术的迅猛发展，网络覆盖范围越来越大，全民传播时代随之而来，同样也带来了众多问题，不同使用偏好的网民会受到其经常接触的网络环境的影响，对特定问题发表特定的看法，讨论的议题可能涉及政治、经济、民生等方面，一些较具争议性的议题还会引爆舆论甚至左右事件发展。不同网络信息环境导致的差异化意见表达，也是一些网络争端的起源，有些可能还会触及道德和法律底线，这就使得互联网治理逐渐成为政府治理的一部分。互联网治理要想做到事半功倍，就必须事先熟悉网络生态及不同的网络信息环境，以做到知己知彼，百战不殆。在互联网舆情监测方面，可以参考上述不同互联网使用偏好对面对的互联网环境进行分类监测，通过多渠道和多方式对相关互联网环境下的网络舆情数据进行全面收集，掌握实时动态。随后可通过专业的网络舆情分析工具对舆情信息进行价值判定，针对所获信息的准确性、危害性等做出综合研判，为下一步的舆情引导与治理提供参考借鉴。

（二）互联网治理需因“境”制宜

互联网使用偏好决定了互联网使用者在上网过程中会接触到哪些内容，接触到的这些网络信息形成了互联网使用者周围的拟态环境，而公众对网络信息环境的评价主要是通过其周围这个拟态环境的信息生态来感知。从研究数据来看，每种互联网使用偏好都会或多或少地影响到互联网使用者对其周围网络信息环境不同维度的感知，这种感知有正面的也有负面的，对网络信息环境不同维度的感知有强有弱。而与此同时，不同的互联网使用偏好使得互联网使用者对周围网络信息环境的感知也不尽相同，这与不同使用偏好所接触的内容存在差异化有关。因此，在互联网信息管理与政府治理过程中，要充分考虑到各种信息环境中信息生态的差异化，每一种信息生态对互联网使用者的网络信息环境、社会现状的感知都会产生巨大影响，进而影响互联网使用者对社会现状的看法及其价值观。政府与机构在互联网信息管理过程中，不能只考虑“人”为因素而忽略“环境因素”，要针对不同的信息环境制订有针对性的治理方案，做到因“境”制宜，消除各种信息生态中的不规范因素，积极营造自由、安全的互联网信息环境。这样一方面保证了网络信息与言论的自由性、安全性，另一方面也保证了网络信息环境的规范性，使得人们能够在健康的网络信息环境中自由、平等、合理地进行信息交流。

（三）互联网治理需因“地”制宜

从研究数据来看，收入水平对本研究中网络信息环境感知的三个维度都产生了较大影响，数据显示，收入水平越高的人，认为网络信息的自由度、安全性越高，但是也认为网络信息存在较大的不规范性。研究中显示当前网络信息环境存在一定的失范化，尤其是收入较高的群体对这一观点的认同性更高，可见网络信息的失范化问题确实存在，因此在网络信息环境管理的过程中需要充分考虑这一问题。而居住地因素与收入水平因素在网络信息环境感知方面的作用方向一致，相对居住在农村和乡镇，居住在城市的人们认为网络信息的自由度、安全性越高，但是也认为网络信息存在较大的不规范性。对这一结果可以从两个方面来解读，一是城市居民收入相对较高，与收入因素对网络信息环境感知的影响相对应；二是城市的经济环境、社会环境及文化环境相对农村和乡镇较好，相对来说，当前网络信息环境在一定程度上由城市所主导，所以在城市居住的人们认为网络信息环境比较自由和安全。针对研究结论中的网络信息环境存在一定的失范化等现象，政府在互联网治理方面也需考虑到地域因素，如农村、乡镇、城市等居住环境的不同，也会导致其日常接触的网络信息环境的不同，进而影响其网络发言态度的倾向性，从而可能导致网络甚至现实生活中的负面舆情事件。互联网治理的因“地”制宜需要考虑到地域的差异会间接影响网民态度，因此在互联网治理过程中需要加入地域因素，制订相应的舆情引导、治理等方案，确保互联网健康可持续发展。

第三章

网络生态建设的媒体逻辑与可视化进展

在新形势下，传媒行业不断培育内生动力以加快迭代升级，加之国家政策驱动与“十四五”规划战略布局，我国各级媒体作为网络生态建设与治理的重要力量，在助力国家治理体系和治理能力现代化、推进社会主义现代化建设新征程中的作用愈发凸显。新时代方位下，我国各级媒体沿着党中央顶层设计指引开展创新性、系统性、前瞻性实践探索，及时总结融合经验，因势而谋、应势而动、顺势而为，于网络空间中讲好中国故事、传播好中国声音，充分发挥示范效应，助力提升我国网络生态建设与治理能力，在网络生态建设与治理高质量推进过程中有效发挥先锋作用。

第一节　中国广电媒体融合发展的现实图景

媒体融合是打造新主流、奋进新征程的一项重要国家战略。党的十八大以来，广电媒体融合发展取得重大进展和显著成效，全媒体传播格局不断完善，主力军全面挺进主战场，中央、省级、地市级、区县四级广电媒体融合成为新时代新型主流媒体建设的重要实践场。当前，四级广电媒体继续强化优势输出，巩固自有平台建设成果，优化供给侧内容生产流程，形成了跨层级、跨领域的良性生态网络，积极释放媒介技术价值，不断优化用户体验，经营模式不断重构迭代，推动广电媒体跃升式融合。广电媒体深度融合发展已全面进入攻坚期，融合发展的时间表、任务书和路线图均已明确，持续推动广电媒体融合高质量发展已成为普遍共识。

一、总体概况与发展态势

当前，我国广电媒体融合发展“横到边、纵到底”的立体网络已形成规模，横到全面覆盖小程序、短视频号等全媒体传播形态，纵到积极入驻各层级主流媒体传播矩阵及头肩部网络平台，四级广电持续深耕内容、积极构建良性生态网络、紧随传媒科技前沿，持续优化平台、资源及人才配置，加速从内容生产端到信息传播端的迭代进化，媒体融合发展实现了从“+广电”到“广电+”的战略格局转变。

（一）强化优势输出，深耕内容生产

当前，“内容为王”仍是广电媒体立足之本，拥有高质量内容生产能力，是各级广电媒体融合发展的核心竞争力与持续动力。四级广电继续加强跨屏联动，强化优势输出，持续深耕内容生产，一方面将广电系统优质的创作资源与内容输送至头肩部传播平台，集群效果显著，另一方面进一步巩固了自有平台建设成果，突出平台特色，形成广电系统与自有平台“双向联动”的内容生产分发模式。湖南卫视与芒果TV双平台融合实践持续引领头部广电机构媒体融合实践，双平台融合实现媒介终端与用户终端的双向联动，同时形成横跨台网、覆盖全年龄用户的大数据资源沉淀，为其在自制综艺、影视剧集、商业变现等方面提供强大的优势输出，除了长视频平台芒果TV，湖南卫视还进一步在短视频及内容电商赛道布局，风芒短视频App、内容电商平台小芒都已形成新的流量增长点，通过台网资源互通、台网同频共振，使其价值迭代释放，“芒系”生态版图进一步扩大。东方卫视进一步推动其“BesTV+流媒体”战略深入融合发展，利用广电影响力不断为百视TV引流，向百视TV输送其优质自制综艺内容，助推百视TV共同成长，形成强大的优质内容输出矩阵。

深耕内容生产方面，中央广播电视总台成果颇丰，在“台网并重、先网后台、移动优先”理念及前沿媒介技术赋能下，2022 年精品节目和品牌栏目占总台节目 80% 以上，在制作精品的同时还孵化精品，《央 young 之夏》等一批具有“破圈”效应的新媒体节目成为总台综艺节目制作走向深度融合的重要实践。在 2022 年中央广播电视总台中秋晚会上，超高清公共大屏、三维声、虚拟 XR 等技术共同助力晚会节目制作播出，将科技感、现代感与中华民族传统文化特色相结合，进一步提升内容传播力。省级广电机构找准定位，打造品牌 IP，明确核心竞争力，加速突围。河南广电以弘扬和传播中华优秀传统文化作为主方向，强化内容生产的独特性与原创性，其“中国节日”系列成为各界期待，在 2022 年《2022 中秋奇妙游》中秋晚会中，原创节目占比超过 90%，多个优质节目搭载抖音、视频号等平台脱颖而出。澄江市融媒体中心实施生产能力提升工程，组建精品摄制团队，建立完善相关机制，有效提升精品内容摄制和新媒体工作实效，建成高清直播系统，在抚仙湖周边架设 4 台支持 4K 视频回传的全彩高清直播摄像头，在抖音平台实现了抚仙湖和城区风景的 24 小时全时段慢直播。

（二）构建生态网络，深度跨界融合

随着四级广电媒体融合发展走向纵深，广电机构凭借其资源优势，积极构建良性生态网络，打破圈层局限，深度跨界融合。围绕广电核心优势，形成了内容体系、政务体系、服务体系及商务体系四大生态网络，不仅实现了系统内部上下层级间跨界融合，还实现了广电系统与外部信息传播生态系统的深度融合。2022 年 7 月，中央广播电视总台数字文化艺术博物馆“央博”数字平台建设在北京启动，该数字平台将以“央博”App 为核心载体，汇聚展示博物馆、美术馆等典藏资源，通过 VR/AR 技术等，创造交互场景，助力国家文化数字化战略。部分省级广电机构实施了上下循环生态网络，除了负责本级媒体内容生产与内容分发，还加强与地市、区县两级广电机构合作与联系，促进广电系统内部多层级之间的融合，通过共享信息源、信息精准分发、精准服务推送，实现矩阵式广电融媒传播。2022年全国“两会”期间，山东广电首次设立全国两会县级融媒体中心指挥部，以融媒体新闻旗舰产品“闪电新闻”作为全省县级融媒体中心工作抓手，“一键三连”省市县三级融媒资源，形成“一体统筹、上下联动、协同互通、资源共享”的日调度机制，促进广电系统内生态网络良性互动①。此外，各级广电机构积极利用现有平台融合网络功能，通过迭代技术持续释放其价值影响力，营造其生态网络，利用广电机构现有微信公众号实现信息发布、短视频发布、政务服务、网络直播四大分发渠道“一号打通”，提升广电机构融媒终端用户黏性。

2022年2月，总台电视新闻节目《新闻联播》在微信视频号首次开启大小屏同步直播，此前，《新闻联播》已积极进驻抖音、快手等短视频头部平台，连续推出了《主播说联播》等轻量化短视频作品，深度跨界融合，实现了严肃内容在网络空间中的裂变传播。贵州广电最具影响力新闻栏目《百姓关注》在俄乌冲突升级的第一时间快速反应，与互联网平台积极联动，通过12小时超大型连麦直播，打出了直播头阵。地市级广电媒体机构也在同步深入实践，多省探索地市级融媒体中心，2022年，湖北宜昌三峡新闻传媒中心、湖北荆门九派通传媒中心等举行挂牌仪式，“广电+报纸”成为地市级广电媒体融合发展的主要方式，地市级广电媒体深度融合成为中央、省级广电机构重要的新闻前哨与事业伙伴。2022年，围绕服务能力提升，县级融媒体中心持续深耕，将跨界融合不断推向纵深，建水县融媒体中心积极引进第三方技术服务，通过5G、大数据、云计算、物联网、人工智能、区块链等新技术的应用，积极实施“建水融媒+公共服务”建设，

① 齐鲁网. 云上编辑部全国联动、省市县融媒一键互通、全媒体手段无缝覆盖……闪电新闻邀您关注全国两会［EB/OL］.（2022-03-03）［2023-12-20］. https://news.iqilu.com/shandong/yuanchuang/2022/0303/5074936.shtml.

在“临安e行”、建水公交等领域逐一拓展，不断提升建水融媒的传播力和公共服务承载能力。

（三）释放技术价值，重视用户体验

目前，我国四级广电继续秉持高质量发展，深化智能媒体技术在业务发展中的实践，强化对大数据挖掘、人工智能AI技术、虚拟现实技术的引进与应用，重视用户沉浸式、在场感、陪伴式体验。一是利用媒体前沿技术，加速自有新媒体平台建设。中国广电5G视听新应用“直播中国”App上线公测，作为融合视听服务应用，“直播中国”汇聚了“直播（电视/电台）+点播+应急广播+视听会员+第三方视听”专区，差异化融合发展加速成形。县级融媒体移动客户端也在加紧建设，多省县级融媒体中心基本实现“信息+政务+商务”模式全覆盖，打通政务工作痛点、堵点、难点，形成县域传播数据资源池，整合本地政务大数据，提升移动客户端的传播效能与用户黏性，山东全省125家县级融媒体中心移动客户端本地人口覆盖率达20%。二是在经营管理方面，让好技术为好产品赋能，通过精准分发，多屏联动，虚拟技术、虚拟主播等一系列台前幕后技术支撑，为用户提供优质的定制化信息。近年来，中央广播电视总台中秋晚会秉持“多向科技要效果”的核心理念，着力推进“思想+艺术+技术”融合传播，应用超高清和三维声制作播出，将外景拍摄、虚拟XR技术与实景山水巧妙融合，利用“百城千屏”超高清公共大屏传播体系提升晚会触达场景。省级广电也在加速虚拟人赛道布局，上海广播电视台“申芥雅”、湖南卫视“小漾”、北京广播电视台“时间小妮”、浙江卫视宋韵数字推广人“谷小雨”等纷纷登台亮相，以优良制作增加用户沉浸式体验。

新技术价值进一步在广电传媒内容生产与分发中凸显作用，内容编审、全网分发、协同管理、数据分析与反馈等环节已形成闭环管理，出现了“绍兴样本”“三明样本”“定西样本”“萍乡样本”等。此外，新技术价值进一步在新的应用场景得到释放，2022 年中央广播电视总台推出《三星堆新发现》直播特别节目第三季，同步推出首个大型沉浸式数字交互空间《三星堆奇幻之旅》，实现融合传播，创新性地将三星堆考古发掘大棚、三星堆数字博物馆以及古蜀王国等场景利用最新技术，为用户提供全新的沉浸式体验①。

（四）推动跃升融合，经营重构迭代

当前，各级广电媒体融合两极分化依然显著，媒体融合经营滞后于媒体融合，传统广电在做好服务、沉淀用户方面仍需探索。随着媒体融合发展全面进入攻坚期，广电媒体融合发展正在经历爬坡过坎的关键阶段，广电媒体融合模式商业价值兑现，成为检验媒体融合发展成果以及各级广电持久发展能力的重要标尺。各地广电机构结合自身发展优势，积极推进从“+ 广电”到“广电 +”融合发展，积极参与市场竞争，深挖垂直领域，推动广电跃升融合。中央广播电视总台发挥央视频新媒体经营龙头作用，实现产业经营、会员变现、广告营销“三驾马车”齐头并进，同时发挥象舞广告营销平台数字化、智能化营销优势，推动媒体经营数字化转型②。部分省级广电传媒通过建立广电视听产业基地及产业园等方式，汇集广电视听企业，形成集内容生产、智能分发、智能传输与接收全产业链，连接广电媒体主流价值引领的价值链与智能设备生产的产业链，为广电媒体融合高质量发展提供持续动能。此外，省级广电进一步厘清系统内深度融合架构，如安徽广电形成了以融媒体工作室、县级融媒体中心、省级技术平台全省

① 央视网 . 三星堆数字交互空间首次实现融合传播［EB/OL］.（2022-06-16）［2023-12-20］. https://news.cctv.com/2022/06/16/ARTIEnE7AxnWCQfP1fLIYE70220616.shtm.

② 央视网 . 中央广播电视总台 2022 年经营工作会议召开［EB/OL］.（2022-02-11）［2023-12-20］. https://www.cctv.com/2022/02/11/ARTIxPtglRXnsR48PTlhZWpA220211.shtml.

域覆盖为支撑的“三位一体”A型深融架构。广东广电成立20多个涉及垂直类、服务类和平台类等融媒矩阵工作室，在现有事业版图中突出工作室的独特作用，为头部制作人及创新人才进行制度“松绑”。

省级广电机构在媒体融合赢利模式中继续探索主播带货、直播间带货等经营方式，如陕西台经营中心采用“直播间＋原产地”融媒一站式闭环营销服务、“融媒＋政企”管家新服务等方式，推动融合经营创收有较大增长。地市级广电媒体经营思路也在悄然发生改变，巩固传统阵地、拓展融合阵地，生成了广电媒体融合发展的价值链、产品链、供应链。西安广电按照“新闻＋政务服务商务”媒体融合经营思路，为全市各区县、西咸新区、各开发区及企事业单位提供新闻宣传、舆情引导、现场直播、嘉宾访谈、广告推广、视频带货、政务新媒体代运营等优质服务，打造西安房产、汽车、健康、研学、教育、文旅、金融等一批垂直行业频道，深挖经营潜能，打造自有IP高地，促进了西安广电媒体融合高质量发展①。2022年中国记协发布的《中国新闻事业发展报告》显示，县级广播电视播出机构（包括广播电视台、县级融媒体中心）2106家，占播出机构总量的83%。在经营重构迭代过程中，县级融媒体中心作为新时代主流价值传播格局中的神经末梢，其经营模式趋向备受瞩目，在事业单位企业化运营的政策指引下，全国多地县级融媒体中心都实现了经营管理模式迭代升级，浙江安吉县融媒体中心、浙江长兴县融媒体中心、福建尤溪县融媒体中心等通过优化体制机制，激发传播活力、打通人才晋升通道与薪酬机制，上行渠道与下沉扩容并举，经营效益不断增长。在全国直播带货的热潮下，直播早已下沉至区县级广电媒体，通过广电媒体直播带货、直播人才培训、盘活

① 西安头条．深化合作 创新赋能 西安广电打造高质量媒体融合运营“新模式”［EB/OL］.（2022-06-26）［2023-12-20］. https://mp.weixin.qq.com/s?__biz=MjM5NjY1NDkyNA==&mid=2656986229&idx=1&sn=98359036ac836580963904b402eb3276&chksm=bd4f3e568a38b74082d3.

资源孵化直播电商机构等方式，从融媒体走向融服务，立足本土品牌、本土文化，打通融媒联系群众的“最后一公里”。2022 年，广州市花都区融媒体中心借助花都广电新媒体直播培训中心，打造“十百千万”网红工作，实现“广播天下货”，为本地品牌传播赋能。

二、热门盘点与焦点透视

（一）体制机制改革趋向跨域融通

几十年来，在“四级办广电”的政策指引与支持下，广电和网络视听行业实现了高速发展。但与此同时，进入互联网尤其是移动互联网时代，“四级办广电”所存在的短板与发展阻碍愈发凸显，如造成广播电视频率、频道众多，同质竞争严重且竞争力不足的现状，一些频道频率的观众听众收看收听率偏低，市场供给与需求出现失衡。广播电视架构的调整，要坚持与时俱进的理念。新时代的融媒体建设应切实以习近平总书记重要指示为遵循，“着力打造一批形态多样、手段先进、具有竞争力的新型主流媒体，建成几家拥有强大实力和传播力、公信力、影响力的新型媒体集团”，“扎实抓好县级融媒体中心建设，更好引导群众、服务群众”。融媒体建设背景下，“四级办广电”的组织架构正在被突破，中央级、省级、地市级、县级媒体之间的协同合作关系更趋紧密。四级广电媒体在强化跨层次、跨区域、跨平台、跨行业的融通实践中更加丰富多元。以湖南广电为例，积极创新表达方式，讲好湖南故事，积极做好央视上稿及给央媒的服务工作。与此同时，中央级、省级广电媒体依托自身资源、技术等优势，充分赋能地市级广电媒体、县级融媒体中心转型升级，2022 年初，景洪市融媒体中心集全员之力，全力推动 App 重大升级改版，与新华社新闻信息中心云南中心联合启动“景洪融媒”App 的开发设计及试运行，目前实行“双平台”

同时运营推进模式，形成了“一台一微两端一抖”的融合发展全媒体矩阵。

以“新闻＋政务服务商务”以及推进基层社会治理为契机，各级广电媒体积极融入大融合、大发展格局，纷纷致力于打造集新闻资讯、政务服务、文化旅游、便民应用、休闲娱乐于一体的综合型信息服务平台。地市级广电、县级融媒体中心在连接群众、打通“最后一公里”方面表现更为突出，依托区域内各类资源禀赋优势，强化用户意识，主动适应群众多样化信息和服务需求，主导或参与智慧城市建设，积极搭建餐饮、住宿、旅游运营等板块，保证了平台内容的多元化，有效提高了信息的适配性。红河哈尼族彝族自治州融媒体中心立足自有优势，在舆论引导、数字赋能、文创产业等方面统筹发力，州级新型主流媒体平台建设卓有成效。围绕“引导群众、服务群众”，广电媒体主动作为，积极响应并融入党和政府工作全局，切实提升议题设置能力，做好新闻内容策划，加大大数据、人工智能等新技术应用，扩大优质内容生产，推出一批有高度、有深度、有力度、有影响力的精品力作。同时，广电媒体着力加快完善传播矩阵，做大做强自有传播平台，以全媒体作品和优质服务，吸引更广泛的用户群体，广电媒体的正面宣传到达率、阅读量、点赞量等指标不断提升，为我国经济社会高质量发展贡献融媒力量。

广电媒体体制机制改革不断向纵深推进，围绕新闻采编流程优化和平台再造，各级广电媒体在完善组织架构、创新管理体制、调整运行机制、统筹考核体系、提升造血能力方面取得一定成效，部分广电媒体在管理企业化、媒体平台化、传播高效化、服务精细化、数字产业化等方面取得较大突破，为我国广电媒体深度转型发展做出有益尝试，积累了创新经验。然而，当下来看，广电系统陈旧的体制机制是推动主流媒体深度融合发展、建强新型主流媒体的主要障碍，主要存在组织效率低下、管理机制僵化、用人机制落后等问题。需要从实施组织变革、理顺管理机制、激发内驱动力、深化用人和薪酬机制改革、激活人才队伍等方面入手改善。未来广电媒体体制机制改革和顶层设计的发展方向就是继续推进媒体深度融合，尝试探索通过企业化管理，进行市场化、资本化、公司化的运营，推动传统媒体彻底转型。始终尊重市场在改革创新中的作用，不是以行政权力而是以市场原则配置资源。

（二）人才队伍创新动力活力迸发

媒体融合发展不仅是时代发展的要求，也是媒体发展的必然趋势。媒体的竞争归根结底是人才的竞争，人才优势是媒体的核心优势，广电媒体融合发展需要优秀人才队伍的强有力支撑。随着新技术应用在广电媒体中的嵌入程度不断加深，广电媒体的内容生产、制作、设计、发布、传播、交互等各环节始终处于动态发展变化之中，其对从业人员的能力要求也不断提高。各地广电局高度重视广电人才队伍建设，进一步加大对广电人才队伍建设的支持力度，为广电媒体高质量人才队伍打造营造良好制度环境、发展环境。北京市广播电视局进一步落实广播电视和网络视听行业领军人才、青年创新人才相关重点工作，围绕深化人才培养、评价、激励等体制改革，搭建领军人才和青年创新人才平台持续发力，不断向具有首都特点和国际竞争力的人才制度体系迸发。浙江省广播电视局基于浙江广电发展基础与现状，着重从赛训结合、以奖促优、平台保障等方面着手，推进广电行业技术人才队伍建设，为人才成长与发展提供有力支撑。广西壮族自治区广播电视局从提高思想认识、精准施策、强化统筹保障等方面对广电和网络视听人才工作高质量发展进行系统布局，围绕人才队伍建设，以队伍打造、工程实施、专家库建设等为抓手，推进自治区广电和网络视听专业人才队伍建设与管理向好向优，为广电转型升级和高质量发展奠定基础。

各级广电媒体继续发力人才队伍建设，以“打破绩效平均主义”为突破口，探索建立多样化的激励机制，如创新建立以传播效果为重要考核指标的绩效激励机制，推动实现多稿多酬、优稿优酬。云南省文山市融媒体中心创新建立“小编全员轮岗、主编末位淘汰”激励机制，对编辑团队业绩进行排名，并创新建立爆款激励机制，有效激励采编人员生产有传播力的品质作品，创新建立“兼职工作室”机制，鼓励专业人才兼职组建独立运行的工作室，采用市场化运作模式开发新媒体服务类和商务类服务。包头市广播电视台、济南市广播电视台、昆明市呈贡区融媒体中心等广电媒体也纷纷在人才队伍建设方面推出创新举措，定岗定责、同工同酬、能上能下、岗位交流、双向选择等机制成为激发人才队伍创新动力活力的重要抓手。广电媒体基于发展需求，尝试探索实行更加灵活的人才培养机制，全面加强培训供给，加大培训投入预算，强化系统性技能培训和马克思主义新闻观培训，对于全面提升新闻从业人员把握正确政治方向、舆论导向、价值取向的能力，巩固壮大主流思想文化的能力、意识形态阵地管理的能力、处理复杂问题和突发事件的能力具有积极意义。

推进广电媒体深度融合发展，最大的难点和重点在于建设一支高素质专业化融媒体人才队伍，其中，既要加大复合型人才的引进力度，又要加强对现有人才的转型、提升和优化力度。各级广电媒体在深度改革方面继续向深向细推进，跨界型、复合型人才引进力度不断加大，跨层次、跨领域、跨区域的人才引进动作加大，广电媒体内部专业人员结构、数量、素质等更趋合理，用人矛盾得到一定程度缓解。广电媒体拥有一支基础好、素质高的新闻采编队伍，在媒体深度融合发展实践中，加快对既有人才队伍的培养，从而促使其在激烈的媒体竞争中快速成长，对于媒体融合发展至关重要。广电媒体在打造领先人才、丰富岗位结构、打造年轻队伍、优化人才梯队等方面继续发力，人才“存量”进一步被盘活，为广电媒体融合可持续发展打下基础。

但整体来看，在融合发展进程中，广电媒体的人才队伍建设仍面临一定困境。一是部分广电媒体复合型人才仍显缺乏，计算机、市场营销、平面设计等人员不足，这一点在地市级广电媒体、县级融媒体中心表现较为突出；二是技术支撑薄弱，在传统的传播手段上嫁接新媒体传播方式，没有形成个性化的产品或方阵，一味模仿，产生不了更多的原创作品；三是对人才队伍建设缺乏总体规划，突出单个项目，难以形成合力和发展竞争力，看似人才济济，阵容强大，实际上缺乏凝聚力和战斗力。

（三）差异发展路径格局日渐清晰

随着广电媒体融合加快向纵深推进，其在内容、技术、营销、服务等领域的竞争日益激烈，如何避免同质化竞争以凸显自身特色，提升广电媒体传播力与影响力，成为广电媒体深度融合发展进程中的关键议题。近年，广电媒体继续坚持以内容建设为根本，注重在重大主题宣传报道中加强节目创新、推出精品力作，用生动鲜活的表达方式让主旋律报道更接地气、更富感染力。中央广播电视总台自 2019 年开始启动高质量发展改版，在“5G+4K/8K+AI”布局下全面推进内容生产供给侧结构性改革，《美术经典中的党史》等原创精品受到广泛好评，《央视快评》《主播说新闻》等在舆论场中的传播力、引导力持续提升。海南广播电视总台着力在新闻报道方面提质增效，在内容生产上持续深化改革创新，减少会议性报道，严控报道时长，重点宣传报道海南省经济社会发展和社会民生新闻，进一步释放媒体活力，提高媒体运营效能。2022 年，澄江市融媒体中心向深化内容生产供给侧结构性改革转向，将推动新闻传播短视频化作为媒体转型的重要抓手，整合优质内容向主阵地汇聚，把短视频、慢直播、对外宣传作为传播重点，策划采编“抚仙湖赏鸟”系列、“‘对话’帽天山古生物”系列、《寻味澄江》等多类型“掌上产品”“指尖新闻”，《延时摄影镜头下的抚仙湖》《星空下的澄江化石地》等 90 余件作品阅读量过亿。

围绕多元化经营发展，各级广电媒体在营收板块方面加大改革创新力度，不断探索新型运营模式，积极融入国家和地方经济社会发展大局，推动数字经济、传媒和文化产业跨越式发展。通过跨层级、跨地区的广电媒体合作，以政务资源、政府大数据资源和智慧城市资源等为依托，推动构建多元化产业融合发展格局，实现多元发展、跨界互联，数字文化传媒产业发展卓有成效。中国广电与各地广电网络公司合作推动构建“手机 + 电视 + 宽带 + 语音 + 卫星 +X”全融合业务体系。以广电 5G 开网运营为契机和抓手，基于 5G 的广电媒体差异化发展持续向纵深推进。面向深度融合转型，广电媒体在多元化经营、服务功能拓展方面加快推进，如探索提升广电媒体自身的智库服务能力，针对互联网热点事件或内容，以新技术应用为支撑，不断提升社会舆情监测挖掘能力，布局和更新舆情监测预警系统，面向新闻线索挖掘或为其他社会主体提供服务，能够较好实现全网实时监测预警，并提供有针对性的解决方案。但是围绕新技术应用，当前部分广电媒体在融合发展过程中，仍存在对 5G、大数据、人工智能等技术的“知而少用”的情况，且涉及的经费及广电媒体现有技术力量无法强有力支撑相关新技术运行。

整体来看，面向特色化、差异化发展格局构建，各级广电媒体正继续加快规划部署，从多层面、多维度切入，向具有地域特色、时代特色、媒体特色的新型主流媒体迈进。一是密切联系群众，促进深度互动，以开放性平台、优质体验吸引用户提供线索素材、开展交流评论、反馈意见建议，深度参与新闻生产与传播。充分激发广大用户参与媒体深度融合实践的主动性与创造性，真正实现引导群众、服务群众。二是着力参与推进广电媒体 + 政府服务，为群众提供综合性信息服务平台，以智慧城市建设为契机和抓手，建强用好全媒体问政平台，有效连接党心与民心。三是加强 5G、大数据、云计算、人工智能、区块链等技术在广电媒体领域的前瞻性研究与应用，用好全景拍摄、移动直播、AR/VR 等技术手段，深化与政府部门、科研院所、高校、科技企业、行业组织等的合作互通与协同创新，推动新闻产品立体化呈现，生动鲜活地讲好中国故事、时代故事。然而需要警惕的是，在广电媒体深度融合发展过程中，面向多元化经营模式创新，非公有资本或会参与广电媒体转型发展的某些环节，其中可能带来舆论安全或意识形态安全风险，需继续强化底线意识、红线意识，强化风险思维，切实做到对广电媒体融合发展的可管可控。同时，在转型升级过程中，应对新技术应用保持理性与审慎态度，避免一味追求高精尖技术的媒体软硬件设备，却忽略了媒体内部相关从业人员未达到使用和维护相关设备的技术水平，因为这样可能会造成设备未能合理使用或闲置，进而导致财政资金的浪费。

（四）参与构建新型国际传播体系

立足世界百年未有之大变局，聚焦构建与我国国际地位相匹配的国际传播体系，全面提升广电媒体国际传播效能，各级广电媒体主动作为，充分发挥媒体特色、区域特色，在内容生产方式、传播形态、交互形式等方面加快创新步伐，开展全方位、立体化国际传播，取得显著成效。中央广播电视总台充分把握网络传播规律，主动适应移动互联时代的用户内容消费需求与习惯，致力于实现多形态、多平台、分众化的精准传播。以国际在线为例，其坚持移动优先战略，立足可视化呈现，加强短视频、H5、动图、动漫等产品设计和新技术应用，推出一系列互动性强、引爆网络的融媒体产品，打造出一批具有广泛影响力的国际传播栏目，如《国际漫评》栏目作为国际在线对外开展舆论斗争的重要利器，以漫画形式及或幽默或讽刺的风格进行观点表达，在对外舆论斗争中具有重要影响力，该栏目品牌被中央网信办（中共中央网络安全和信息化委员会办公室）列入 2022 年网上重大主题宣传和重大议题设置。

海南国际传播中心紧紧围绕“通过讲好海南故事来讲好中国故事”这一工作要求，积极推进媒体融合、做好重大主题对外传播、推进“海链计划”及“一城一媒”国际友城媒体合作计划、探索推进话语体系构建等重点工作，以“大屏 + 小屏”全媒体多语种传播打造精品国际传播 IP，依托海南在海洋、航空航天、种业、生态等领域的发展优势，整体谋划推进国际传播内容提质增效，打造《自贸佳》《秘境寻踪》《跟着非遗看海南》等国际传播精品。海南国际传播中心以与新华社共同组建的“海南自由贸易港国际传播工作室”为抓手，对接新华社遍布全球的国际传播资源，发挥国际传播智库引领作用，赋能自贸港对外传播。湖南广电将“做优做强国际传播”作为一项关键战役，在优质版权内容与模式打造方面下功夫，以芒果 TV 国际 App 为主打造芒果外宣主平台，基于多语种支撑，不断筑牢国际传播话语权。围绕国际交流合作，聚焦文化“走出去”，湖南广电充分发挥资源特色、推动地方作为，参与打造“感知中国”“湖南全球推介”等系列国家级品牌活动，并将一批优质内容产品发行至国外多个主流电视平台，形成较大影响力。

县级融媒体中心以媒体深度融合为抓手，积极融入和参与我国新型国际传播体系建设，结合自身资源特色、区域特色，输出精品内容，为我国国家形象构建和国际传播提供话语基础。昆明市呈贡区融媒体中心参与新华社推出的“7 月向世界展示云南之美”活动，在微信公众号刊登文章《亮相纽约时代广场！看呈贡如何“惊艳”世界》，引发全网转发。在新华社新闻信息中心云南中心策划开展的“七彩云南亮相中国屏”海外传播活动中，由澄江市融媒体中心制作的“生命摇篮山水澄江”澄江形象宣传亮相纽约时代广场的“中国屏”，向世界展现彩云之南魅力澄江。新形势下，聚焦国际传播能力建设，县级融媒体中心加快开展跨媒体融合、跨平台传播，充分凝聚对外传播优势资源，强化多主体、多要素协同联动，用好新型国际传播网络，以互联网、移动互联网为传播主阵地，着力对外讲好中国故事、传播好中国声音。

整体来看，我国广电媒体紧抓媒体深度融合、国际传播等战略契机，着重从人才队伍建设、内容建设、平台建设、传播网络建设等方面发力，为我国新型国际传播体系建设贡献力量。其中，在对外传播网络建设与协同方面，各级广电媒体的协同联动成效突出，基于“合纵连横”，中央媒体、地方媒体以及海外媒体之间建立起较为高效的合作关系，有效扩大国际传播效应，立体展示新时代中国形象。但与此同时，广电媒体在开展对外传播过程中仍表现出创新意识不强的问题，部分广电媒体从业人员对媒体融合以及对外传播工作认识不足，缺乏全局思维、互联网思维、用户思维、跨文化思维、平台思维、产品思维、运营思维和大数据思维，需进一步强化提升。

第二节　中央广播电视总台媒体融合发展实践

党的十八大以来，习近平总书记高度重视媒体融合工作，以其卓越的战略胆识、高超的政治智慧与强烈的责任担当，在多个重要场合为新时代媒体融合发展谋篇布局、把脉定向，称其为“一项紧迫课题”。习近平总书记有关媒体融合的重要论述，是马克思主义中国化的重要成果，也是党的宣传理论的新飞跃。

2018 年，以习近平同志为核心的党中央站在党和国家战略全局高度，做出组建中央广播电视总台（简称总台）的重大决策部署，开启了新时代党的广播电视事业的崭新篇章。总台自组建以来，全面贯彻落实习近平总书记对总台工作的一系列重要指示批示和贺信精神，奋力打造具有强大引领力、传播力、影响力的国际一流新型主流媒体，加快推进媒体深度融合发展，以“大象也要学会跳街舞”的精神风貌拥抱互联网、打造全媒体，持续深化“三个转变”，有力有效服务好党和国家工作大局，以实际行动忠诚践行党的意识形态重镇的使命担当，走出一条具有鲜明特色的媒体融合发展之路。

一、锚定国际一流新型主流媒体发展定位

2018年4月19日，全新组建的中央广播电视总台正式揭牌。成立以来，党中央对总台工作予以高度重视和亲切关怀，习近平总书记先后发来贺信，并向总台提出“努力打造具有强大引领力、传播力、影响力的国际一流新型主流媒体”的殷切期望，总书记的战略擘画为新形势下总台媒体融合发展明确了目标定位、提供了根本遵循。面对全媒体时代的全新挑战，总台坚持从习近平总书记的重要思想、重要论述、重要指示中找方向、找思路、找启迪、找答案，把忠诚拥护“两个确立”、坚决做到“两个维护”贯穿融入工作各方面全过程。

放眼世界，在新一轮科技革命与产业变革背景下，国际主流媒体平台的融合步伐也不断加快。英国广播公司（BBC）依托智能生态系统优化融媒体内容全流程，推动组织架构、系统生态、工具服务、业务服务等全方位融合转型；迪士尼公司不断深挖IP价值、拓展内容分发渠道、搭建粉丝生态网络，并推出程序化广告交易平台，提升广告交易自动化、智能化水平；《纽约时报》等媒体实现融合信息产品全天候常态化；流媒体网站美国奈飞公司（Netflix）也开始探索向其他电视媒体出售自身内容的播放版权。

面对国际传播环境的变化以及新形势下新闻舆论工作的使命要求，中央广播电视总台作为我国国家级主流传播平台和综合性国际传媒机构的地位与价值进一步彰显。在党中央的战略精神引领之下，总台媒体融合发展的目标和道路更加明晰，媒体融合成效显著。

（一）聚焦首要任务，坚定全党全国人民团结奋斗的主心骨

总台紧紧围绕深入学习贯彻宣传习近平新时代中国特色社会主义思想，

以融合传播做好党的思想理论阐释工作，宣传报道内容不断丰富、传播范围不断扩大，进一步坚定了全党全国人民团结奋斗的主心骨。

聚焦首要任务，总台聚力打造“头条工程”，坚持以领袖的高度就是宣传报道追求的高度为标准，用心用情用功做好领袖宣传报道，持续推动习近平新时代中国特色社会主义思想润物无声深入人心。重点围绕习近平总书记的重要考察、重大活动、重要理论等展开持续性、高响应度的策划制作，打造大型系列化原创时政产品矩阵，“日更”密度推出，伴随着全网置顶频率大幅度提升，主题宣传也在短期内迅速形成舆论焦点，有效引领社会话题。《新闻联播》年均播发习近平总书记时政新闻近 500 条，发稿量和全网置顶稿件数量在中央媒体中均居绝对领先位置。

总台持续创新做好总书记思想宣传阐释，强化受众意识和效果导向，充分彰显引领时代的思想伟力。总台通过反复打磨，创新思想宣传阐释节目生产方式，在节目创意环节主动增加媒体融合基因，播出端融合转变为全流程融合，突出总台资源与视听，先后打造《平“语”近人——习近平喜欢的典故》《人民领袖》《梁家河》《窑洞里的读书人》《摆脱贫困》《人民的小康》等大批有思想、接地气的特别节目、广播纪实文学和融媒体产品。

同时，总台充分发挥网红工作室、CGTN 融媒平台、国际视通等融合传播优势，持续创新做好总书记思想对外传播宣介，以更具时代感、更富人情味、更具国际范的传播方式，展现大党大国领袖的思想智慧和风采魅力。《平“语”近人——习近平喜欢的典故》（第二季）多语种版本海外总触达人次近 50 亿。

（二）强化价值引领，推动主流思想舆论持续巩固壮大

近年来，总台坚持走好全媒体时代的群众路线，围绕舆论引导、价值引领，注重内容产品质量，着力在及时性、权威性、准确性、思想性、生

动性上下功夫，用心用情打造输出有思想、有品质、有格调的内容产品，并充分依托总台新媒体矩阵，把握并适应新时期信息传播的分众化、对象化、差异化趋势，把准用户信息需求以及接收和理解习惯，进一步提升总台在舆论引导、价值引领方面的精准性。

充分发挥总台作为党的宣传报道主力军压舱石的重要作用，坚决拥护“两个确立”、做到“两个维护”，持续深化党的创新理论宣传阐释，壮大主流思想舆论。组织实施以《敢教日月换新天》为代表的传统品牌融媒体多形态改造工程，创新推出“云直播”“云招聘”“央 young 之夏”“冬日暖央 young”“云南大象北迁报道”等一大批“爆款”产品，让主旋律作品“破茧”“出圈”，实现社会效益经济效益双丰收。

总台结合重大会议、重大活动、重要时间节点做好融媒体宣传报道，以主流价值引领舆论导向，凝聚社会共识，激励人们更有信心、更有力量地迈进新时代新征程。2021 年，在庆祝中国共产党成立 100 周年大会直播报道中，总台集全台之力，调派 1200 余名精兵强将组成前方转播团队，2500 多名采编播人员尽锐出战，创下融合报道产品数量和传播数据最大、自主研发高新技术应用最多、国际主流媒体采用时间最长、海外落地覆盖最广等多项历史新纪录，向世界广泛、生动有效地传播了中国共产党的光辉形象和习近平总书记大党大国领袖的魅力风范。

以效果论英雄，总台聚焦聚力国家大政方针和重大决策部署，聚合平台资源优势打造更多叫得响、站得住、传得开的“大剧”“大作”，擦亮“总台出品”金字招牌，以精品力作承担起国家主流媒体培根铸魂的社会职责。突出思想引领，打造出《央视快评》《国际锐评》《玉渊谭天》《大湾区之声热评》《总台海峡时评》《央视网评》等一大批知名评论言论品牌，敏锐观察、密集发声，深刻阐释习近平总书记重要思想，确保以最快时效、最广覆盖、最优制作占据舆论引领制高点，以有风骨、敢亮剑、接地气的新语态持续引领国内外舆论场。

（三）加快推进“三个转变”，打造国际一流新型主流媒体

近年，总台进一步加快从传统广播电视媒体向国际一流原创视音频制作发布的全媒体机构迈进的步伐。2020 年上线国家级音频聚合分发平台“云听”客户端，重点打造国家级媒体音频产业生态链，实现用户规模超 1 亿，增速位居音频行业第一。

在促进高水平高质量内容生产方面，总台加快从传统节目制播模式向深化内容生产供给侧结构性改革转变。2019 年 9 月，总台全面启动高质量发展改版工作，精品力作得以井喷式增长，200 余档创新节目产品陆续上线，艺术水准和群众满意度不断提高，在网上网下产生强烈反响。

同时，全媒体技术为总台媒体融合发展持续赋能，加快从传统技术布局向“5G+4K/8K+AI”战略格局转变，推动总台业务创新与管理不断向智能化、集约化方向迈进。总台超高清视音频制播呈现国家重点实验室建设成效显著，推出一批 5G、8K“总台算法”等关键核心技术自主创新和产业应用成果，强化创新引领态势。积极打造冬奥高铁 5G 超高清演播室，成功实现全球首次通过 8K 电视频道进行重大活动直播。2022 春晚成功实现 8K 超高清频道直播，并在全国“百城千屏”户外公共 8K 大屏同步播出。

（四）培育创新思维，牢牢抓住创新主基调主旋律

近年，总台在持续推进媒体融合进程中坚持守正创新，以打造国际一流新型主流媒体为发展目标，以壮士断腕的勇气推动内容生产、组织再造、融合经营等立体化、全方位改革，推动实现各类媒介资源、生产要素高效整合重置，有效实现内容生产、技术应用、平台建设等的融通管理，不断催生融合质变，放大一体效能，为总台媒体融合发展高质量推进奠定扎实基础。总台通过推进机构、职能、人员融合，深化体制机制改革，形成集约高效的内容生产体系和传播链条，探索出媒体深度融合发展的有效模式。

总台坚持守正创新，持续推动“思想＋艺术＋技术”的创新融合，推进节目改版升级、深化机制创新，加大科研项目自主创新力度。提升科技创新实力，奋力推进“5G+4K/8K+AI”科技创新，有力有效引领新媒体发展潮流，巩固提升总台技术实力国际领先、国内最好的地位。推进“台网并重、先网后台、移动优先”战略，建设好运用好新媒体新平台，不断提升总台在新媒体领域的影响力。创新文化建设，以岗位练兵、技能竞赛等形式不断激发职工的创造潜能和创新活力，营造人人皆可成才、人人尽展其才的干事创业氛围。创新开拓产业发展，夯实广告经营、强化版权运营、优化升级产业管理经营，开创事业产业发展新局面。

二、统筹发展布局，掌握发展主动

（一）引领：创新发展“头条工程”，全面提升传播效能

总台坚持把思想宣传作为头等大事贯穿到各项工作中，坚持以领袖的高度就是宣传报道追求的高度为标准，聚力打造“头条工程”，全面提升传播效能。

同频共振，同向聚合。“头条工程”是总台主流价值引领的航标，是贯穿总台各通道各平台的精神内核与行动逻辑。总台以“头条工程”一体化统筹协调机制为主线，集中全台首页、首屏、头条等优势媒介渠道，着力打造报道精品，丰富信息产品布局，构建时政特稿及评论言论品牌集群，绘就全媒体时代新闻舆论工作同心圆，推动领袖思想深入人心、领袖魅力风采广泛传播全世界。积极适应移动化、可视化、交互化媒体发展趋势，打出时政报道“组合拳”，通过短视频、H5、金句集锦、海报、长图等大批轻量化、易传播的融媒体产品，在全媒体技术赋能下，有力传播习近平总书记重要讲话金句和精彩内容。同时，总台充分做好重大时政、疫情防

控、主题宣传、社会正能量等报道工作，结合重大报道主题、宣传节点、热点事件等，推出一大批叫得响、留得住、传得开的融媒体产品，以“轻传播”为突破口，增强融媒体产品的移动性、可视性与交互性，凭借高触达率打出了同向聚合的“组合拳”。《主播说联播》持续强化短视频特性，突出新创意新表达，与新闻强互动，以年轻态、生动化的新语态宣传阐释党的创新理论，总阅读量达 102 亿次，带动电视端年轻观众日均同比增长 17%。

精准施策，矩阵传播。习近平总书记曾多次强调，要从细节处着手，养成精准思维习惯。媒体融合创新发展作为动态发展的新事物，更需要对准焦距、找准穴位，精准施策。总台以“头条工程”为引领，强化统筹联动，精准对焦，用好放大独家资源，生动讲好习近平总书记治国理政、管党治党、爱民为民的故事，持续推动习近平总书记重要思想春风化雨、“飞入寻常百姓家”。在《新闻联播》《新闻和报纸摘要》等传统权威时政新闻栏目基础上，更加突出重大主题的轻量化、可视化表达，升级强化《V 观》《时政新闻眼》《传习录》《习声回响》《春风习习》等品牌专栏，全新打造《时政微周刊 | 总书记的一周》《时政微纪录》《天天学习》，以及“时政画说”“时政图解”“学习词典”“时政 Talk”“时政 Vlog”等时政品牌，把深刻的思想讲透彻，将鲜活的理论讲生动。持续提升头条报道对外投送能力，充分发挥多语种、多平台矩阵式融合传播优势，持续做好思想理论对外传播工作，并以媒体外交为契机，深挖“外”字资源潜力，注重“一国一策”精准传播，面向海外民众讲好中国故事。习近平总书记 2022 年新年贺词相关报道总触达 27.41 亿人次，新媒体传播、海外传播数据创历年报道最高纪录。党的十九届六中全会相关报道对外发稿被 90 多个国家和地区的 1197 个电视台及新媒体平台播发近 6000 次。

（二）挺进：强化网络阵地意识，充分占领传播高地

互联网已深度嵌入社会生活，成为网络意识形态交锋的主战场，谁掌

握了互联网，谁就拥有了时代主动权。媒介融合创新发展的关键一环在于主力军全面挺进全媒体主战场，以极强的网络阵地意识全面占领信息传播的制高点，掌握舆论引导工作的话语权、领导权，打造全媒体时代信息传播的新高地。

优化配置，资源倾斜。总台成立以来，主力军全面挺进全媒体主战场，以极高的政治站位与新闻舆论工作能力，快速占领信息传播制高点。在业务发展方面，关停并转 3D 电视频道等一批受众少、影响力弱的广播电视频道、频率，大幅压缩客户端及账号数量，原有的“村村点火，户户冒烟”“小散乱”局面得以彻底扭转。资源经过优化配置，极大地推动了优质内容向总台新媒体旗舰平台流动，传播效能得到进一步释放，新媒体传播影响力已超过传统媒体，屡获历史性突破。当前，短视频发展势头迅猛，短视频网络用户近 10 亿，成为新的舆论高地。总台在响应“主流媒体全面挺进主战场”号召的同时，深挖优势，推出视听特色鲜明的央视频平台，与央视新闻、央视影音等总台自有新媒体平台一道，发展成为总台优质节目内容集成发布的主平台和主通道。总台在各节目中心设立新媒体部或融媒体部，大幅增加新媒体机构编制。将原有单一的节目预算体系升格为全媒体节目预算，不再割裂为新媒体预算、广播预算或电视预算，并额外安排媒体融合相关专项预算，积极保障新媒体平台建设和运营、新媒体技术研发、网红工作室、融合发展前沿研究等重点任务。

顶层设计，突出特色。主力军全面挺进全媒体主战场，必须要结合自身优势与突出特点，做好顶层设计。2020 年 8 月，总台融合发展中心正式成立，这是总台在媒体融合创新发展方面的又一重大战略部署，标志着总台在媒体融合发展顶层设计方面迈出关键一步。2020 年底，总台媒体深度融合发展领导小组成立，负责总台融合发展工作的组织领导和战略决策，进一步做好顶层设计和中长期规划。研究制定并印发执行了《中央广播电视总台关于加快推进媒体深度融合发展的意见》、《中央广播电视总台

"十四五"发展规划》(含新媒体新平台板块)、《中央广播电视总台媒体深度融合发展三年行动计划》等多个事关总台融合发展大局的规划，研究制定并实施《中央广播电视总台全媒体平台业务考核办法》等融媒体管理办法，筑牢总台融合发展的"四梁八柱"。

(三)变革：供给内容深刻转变，奋力推出精品力作

"大象也会跳街舞"，关键在于提升内容生产力。全媒体时代，媒体融合创新发展对内容生产供给侧结构性改革提出了新的要求。总台加快深入推进高质量发展改版步伐，下大力气转观念、调结构、促升级，打破传统媒体的形态束缚和路径依赖，创新话语表达，真正面向各类媒介载体、传播渠道生产适配内容，打造出大批让人眼前一亮、闻之一振、爱不释手的精品内容和新媒体产品。

做优内容，营造生态。总台不断在思想、艺术、技术、受众和覆盖等充分融合方面取得新突破，大力推动优质内容生产。围绕中国共产党成立100周年、脱贫攻坚、乡村振兴、全面建成小康社会、统筹疫情防控和经济社会发展等重大主题，精心推出《摆脱贫困》《美术经典中的党史》《大决战》《绝笔》《典籍里的中国》等一大批原创精品、"爆款"产品，赢得海内外用户特别是青少年用户的广泛赞誉。由总台参与制作、2022年春节期间播出的热播电视剧《人世间》首播各平台总观众规模即超4亿，单集最高收视率和收视份额均刷新五年来同时段收视纪录。同时，总台广泛集纳社会力量，形成社会优质内容资源沉淀，构建形成全媒体内容生态系统。"央视频"创作者平台"央视频号"，内容聚焦泛文体、泛资讯、泛知识三大品类，与政务号、媒体号、机构号、县级号、达人号、自媒体号等形成优质内容矩阵。从战略高度重视用户价值，走好全媒体时代群众路线，提升内容产业集聚度。

独家信源，破局出海。总台持续加强国际传播能力建设，不断完善新

闻快速反应机制，狠抓重大新闻首发、独家报道、融合传播，积极争夺国际舆论场话语权。在中美高层战略对话、阿富汗局势、美国国会骚乱、几内亚局势、汤加火山爆发、孟晚舟回国、俄乌冲突等一系列重大报道中，总台记者第一时间深入现场、开展报道，一大批独家新闻成为全球媒体主要信源，首发率、自采率、到达率不断提升，形成现象级传播，一举扭转了以往国际突发事件报道中国媒体亦步亦趋充当“二传手”的局面，实现国际新闻核心报道重大突破，大力提升了中国媒体在国际报道中的权威地位和中国在国际社会的影响力。创新开展“媒体外交”，持续深化“好感传播”，总台新媒体外宣旗舰平台传播效能大幅提升，三大海外社交平台的粉丝总量超 5 亿。

总台坚持认真贯彻落实习近平总书记关于宣传思想工作的重要指示，及时发布时政视频、金句海报等重点内容，配套解读和延伸报道，时效性强、权威性强，牢牢把握舆论主动权和主导权，加强正确的舆论引导工作；对美西方关于涉台、涉港及疫情防控等方面的抹黑攻击言论，第一时间发布外交部、国防部等官方回应，进行及时有效的回击，牢牢掌握话语主动权，积极开展国际舆论斗争，对内对外发出有力声音。

（四）布局：发展格局向好向优，聚力打造旗舰平台

总台坚持从系统工程的高度出发，做好用户聚集、服务和沉淀，构建敏捷智能的内容产品支撑体系，打造顺应渠道多元化、用户社群化趋势的统一云平台，以更广泛地触达用户、影响用户。

双轮驱动，快速领跑。全媒体时代，围绕“人在哪里，新闻舆论阵地就应该在哪里”，总台党组集全台之力，重点打造新闻、视频“双旗舰”客户端平台，以“双中心”“双平台”格局实现双轮驱动，实现总台在移动互联网上的跨越式发展。在总台融媒体业务考核中，双旗舰平台也始终保持领跑地位。

外宣集群，多点开花。在国内新媒体旗舰平台快速发展之时，总台同步加紧对外传播集群建设。统筹 CGTN、亚非中心、欧拉中心、华语中心、国际视频通讯社、海外总站等多部门协同发力、前后方密切联动，多渠道多平台向海外合作媒体精准投送，有效利用台内运营的境外社交媒体账号集群做好对外传播工作，进一步发挥媒体联盟作用，用好 CGTN 网盟、融媒体定制化服务平台、发挥区域媒体合作机制，通过全球媒体合作网络大力推介时政特稿。总台整合 CGTN 外宣旗舰品牌，建强 5 语种新媒体平台和网红工作室矩阵，充分利用总台 44 种语言融媒体矩阵传播优势，携手共进形成合力，发掘、创造、共享有利资源，强化头条工程对外融合传播力度。

支点拓展，战略支撑。总台不断拓展支点，三网整合升级、云听、智能大屏等新业务，为媒体融合创新发展提供更加有力的战略支撑。央视网、央广网、国际在线三网整合升级，建立总台“三网”融合编辑部机制、“三网”技术专家委员会和安全委员会融合工作机制等。“云听”手机端和车机端的累计用户量突破 1 亿大关，现已开辟近 200 个垂类细分频道。2021 年 5 月，总台启动 8K 超高清电视公共服务平台建设，推动 8K 超高清电视频道进网入户，打造“百城千屏”超高清产业项目，形成超高清大屏传播矩阵。总台 IPTV、互联网电视用户双双过亿，总台奥林匹克频道（CCTV-16）及其数字平台 2021 年 10 月 25 日开播上线，成为国际上首个以 4K 超高清和高清标准 24 小时上星同步播出的专业体育频道，总台智能大屏优势不断强化。

（五）赋能：先进技术前瞻引领，自主创新成效斐然

媒介智能化技术的快速迭代，为总台媒体融合创新发展提供了新的“流量密码”。总台充分推进先进技术应用场景，从传统技术布局向“5G+4K/8K+AI”战略格局转变，努力推动技术与思想、艺术、传播的深度

融合，更好发挥技术引领、技术带动和技术支撑作用，持续在国内新闻网络传播竞争中保持强大优势。

智能体系，保障有力。目前，总台已建成面向移动化、超清化和智能化的全媒体技术体系。央视频持续推动传统制播系统“全媒体化”，探索互动视频、互动游戏等高新内容业态，在《汉语桥》等大型节目制播中实现了“思想 + 艺术 + 技术”的融合传播。2019 年底，央视网“人工智能编辑部”正式启用，将 AI 技术全面应用在新闻采集、生产、分发、接收、反馈之中，开发了涵盖智能采集、智能创作、智能生产、智能审核、智能运营等环节的智能编辑“工具库”。“云听”基于总台“全力构建‘5G+4K/8K+AI’战略格局”创新布局，充分利用 5G、AI 和大数据、云计算、区块链等前沿技术，围绕车联网、智能硬件、公共广播等领域加大研发和应用投入，重点推动声音新媒体业态转型，使国家主流声音实现全程化触达、全场景分发。2021 年年末，“云听”发布“资讯 2.0”版和“云听 AI 主播”，全面完成生产模式转换，日常快讯 AI 生产比例可达 90% 以上，平均单条生产时长仅需 1 分钟，还可实现手机端和车机端的无缝切换，通过大数据精准推送适合不同场景的新闻资讯。此外，AI 技术还被广泛应用于视频剪辑领域，央视新闻使用 AI 技术完成了新中国成立 70 周年阅兵仪式和群众游行的 82 个方队方阵的视频剪辑，这是国内首个新闻 AI 实时多路信号混合剪辑系列，拓宽了人工智能技术在新闻报道实战中的应用范围和使用场景。

深挖技术，精准触达。总台国重实验室已成功申请并承担了 3 项国家重点研发计划项目和 2 项国家重大技术工程项目。联合数十家国内外企事业科研机构开发了 4K/8K 电视演播室制作系统、8K 超高清电视频道播出系统等关键系统设备，突破国外在相关技术上的垄断，大幅推动我国超高清电视装备国产化。

总台不断加快实现从广播技术到互联网技术的转变，积极推动传统制播系统“全媒体化”，优化拓展新媒体集成发布平台，持续推进可覆盖台本部、国内外 100 多个记者站、支持多语种广播、电视和新媒体新闻一体化生产、移动化制作的“新闻云”生产平台建设。建设总台统一的融媒体大数据共享服务平台（中台），通过对用户数据、内容数据、管理数据等的全量汇聚和智能输出，实现内宣外宣资源共享融通，为做大做强总台新媒体平台提供强力支持。

同时，总台全力推进“总台算法”建设和应用，将主流价值观、内容艺术性和商业价值协调统一于算法模型，使其更加富含“价值传播因子”，同时配合总台建设统一的用户数据库和内容数据库，加快实现主流价值在新媒体平台的个性化推送和精准化送达，从同屏、跨屏到融屏，深挖内容价值，解决总台海量视频资源与用户的智能连接、赋能赋值的关键性战略问题。目前“总台算法”已在央视频一半以上的业务板块落地应用，节目播放量、播放时长等关键业务数据呈现 50%—300% 的涨幅。

（六）跨越：优化升级体制机制，激发产业生态活力

总台不断加快推动经营转型升级，全面提升融合经营能力，为事业产业发展提供强有力的经济保障。

融合经营，逆势上扬。总台通过成立总台经营管理委员会，创新管理机制，出台激励政策，拓展广告数字营销、版权交易、直播购物等经营模式，实施涵盖台本部、事业单位、台属公司的全媒体一体化经营管理机制，推动形成“全台一盘棋”经营工作格局。为强化数字营销和用户服务能力水平，总台进一步推出象舞广告营销平台，拓蓝海、扩增量。同时打造“百城千屏”超高清产业、国家（杭州）短视频基地等重点项目，构建产业生态体系。发起成立我国首个媒体融合主题国家级产业投资基金——央视融媒体产业投资基金，超额完成募集目标。央视融媒体产业投资基金将充分发挥资本市场的积极作用，持续释放科技创新的强大动能，积极共享合

作共赢的发展成果，利用资本纽带壮大主流媒体阵地，形成产业示范龙头效应，推动我国广播电视领域文化产业高质量发展。

此外，总台持续优化精品 IP 经营发展。2021 年 7 月，央视频平台正式推出会员服务，依托总台特色内容与品牌影响力，形成了以平台“央young”系列等原创精品 IP 为突破口，以体育赛事、影视剧集、文艺栏目以及电视频道、直播内容为核心的会员专属内容版图。

理顺流程，紧跟评估。总台不断完善实施全媒体目标管理，强化创新引领和激励约束，健全原创精品策划、研发、生产、传播等系统化制播机制。在重大选题立项、评奖评优等方面强化融合传播的目标导向。突出创新原创精品评价评比，发挥示范作用，做好一体统筹基础上的特色资源优势传播。加强日常节目考核，加大内部考核中新媒体内容的评分权重。强化收视率、收听率考核，在稳定收视率、收听率的同时着力提升新媒体传播效果，努力提升整体市场份额和用户规模。总台通过健全完善宣传报道指挥调度机制，更加充分发挥指挥棒作用，强化总台突发事件应急报道的业务指挥和统筹协调能力，做好国内国际新闻时效监测。建立运行总台全媒体宣传管理调度平台，推动总台各类宣传业务数据的集成关联，基本实现总台全媒体播发信息、全平台传播数据和全流程管理动态的一站式汇聚，让跨平台传播的资源排布、运行调度、流程管控、效果评估更加规范、高效、精准。构建新型采编流程，重构全渠道、多终端融合生产模式，实现了传统电视节目与移动短视频平台“一体策划、一体生产、一体传播”的媒体深度融合效能。建设新媒体集成发布平台，同广播电视节目播出和总控系统一道，构建总台融合媒体播出与分发枢纽，实现对全网各类新媒体直播的汇聚调度和敏捷分发。制定《中央广播电视总台全媒体平台业务考核办法》及实施细则，在考核维度和考核指标的设置上，着眼于全媒体思维和大小屏融合发展理念，充分体现对各平台融合传播能力及效果的考核导向作用。扎实推进“短视频融媒体传播评价体系”建设，构建指标体系及应用产品矩阵，着力强化总台在短视频行业的权威话语权和标准制定权。

队伍建设，激发活力。总台积极构建适应全媒体生产传播的组织架构，加大全媒体人才的培养、选拔、引进力度，人才活力全面激活。总台党组把年轻干部的培养使用作为头等大事、台长工程来抓，建立总台优秀年轻干部和青年业务骨干人才库。为打造全媒体人才高地，总台加强顶层设计谋划，制定实施《总台人才建设工作方案》，将精通新媒体新技术的全媒体人才作为专业人才的重要分类进行重点引进和培养，明确媒体融合发展人才梯队建设体系，加大培养激励和保障力度。综合采用聘请专家顾问、社会招聘、校园招聘等方式，加大全媒体人才引进力度。央视频作为总台新媒体双旗舰平台之一，与中国传媒大学达成战略合作协议，双方在媒体融合发展、人才联合培养、实习实践基地建设等方面开展深度合作，推动校企双方在新媒体、新技术领域的产学研深度融合、协同攻关。积极探索融媒体工作室孵化机制，为工作室提供经费支持、策划创意、运营支持、监测评估、资源对接、商业变现等服务，培育出“白·问”“吾家吾国”“空天逐梦”“出来谈谭”等具有一定影响力的原创融媒体品牌，示范效应初显。积极探索融媒体工作室孵化机制，98 个“网红工作室”正在深入推进建设，44 种语言网红主播在对象国已有较强社会影响力，自媒体时代的媒体“意见领袖”呼之欲出。

三、总结发展规律，推动总台媒体融合发展行稳致远

作为党的意识形态重镇和国家广播电视台，中央广播电视总台深入学习贯彻习近平总书记关于媒体融合发展的系列重要指示批示精神，积极落实中央部署、对标国际一流、回应大众期待，不断强化媒体融合的前瞻性思考、全局性谋划、战略性布局、整体性推进，在引领力、传播力、影响力上不断深化加强，在建立建强国际一流新型主流媒体方面取得显著成效，

踏实稳健地走出了一条具有鲜明时代特色、中国特色、总台特色的新型主流媒体融合发展之路，在媒体融合领域的创新性、示范性、指导性、引领性持续增强。

（一）围绕思想引领强化技术赋能，构建全域智媒体系

新兴媒介技术赋能下，总台媒体融合建设布局加速推进，平台、算法、移动端的开发建设步伐持续加快，形成合力共构全域智媒传播体系。建立运行总台全媒体宣传管理调度平台、优质内容创作者平台、新媒体集成发布平台，助力总台各类媒体资源的汇聚集成、关联协同，搭建融媒体内容生产与传播的全流程系统，为总台媒体融合高质量发展提供有力支撑。以“5G+4K/8K+AI”战略布局为指引，总台以先进技术引领驱动融合发展，创新打造彰显主流价值观的“总台算法”，加快主流价值在新媒体平台的个性化推送和精准化送达。

围绕智能媒体打造，总台不断加大对新兴技术的创新开发与应用力度，提前部署，加快打造自主可控的智慧全媒体平台，通过自主研发与技术合作相结合的方式弥补技术短板，同时探索将各类技术一体化融合到自主平台，不断提升技术开发能力和运维能力。锚定媒体深度融合和高质量跨越式发展，应继续紧盯信息技术发展前沿，瞄准发展趋势，对标国际一流视听媒体，加快 5G、大数据、人工智能、物联网、云计算、区块链、元宇宙等新兴信息技术的应用，引进和推广应用媒体新兴技术，进一步强化技术赋能，重塑采编流程，建强用好媒体资源数据库，提升原创优质内容生产力，使新兴技术成为总台媒体深度融合发展的重要引擎。

（二）聚焦主责主业，构建新型视听传播体系

5G 商业化的正式开启与发展，大数据、云计算、物联网、区块链和人工智能等新兴技术的多重叠加，加速了中国社会的数字化、网络化与智

能化发展进程，其衍生出的新应用、新模式和新业态，引发传统内容生产流程与业态结构的变革。以 IP 内容储备和全链生产二元驱动实现内容与产品创新，为总台构建智慧全媒体传播格局、把握舆论主动权主导权夯实了基础。依托总台资源优势，打造具有重要影响力的系列独家 IP，以原创精品 IP 为切入口，探索多元化延伸拓展，构筑新型内容版图与经营布局，基于全产品链、全价值链、全供应链的全链理念，以用户数据为核心，多元产品为基础，多个终端为平台，深度服务为延伸，业态创新为重点的全新、开放、共享、智能的融合生态系统日臻完善①。

面向主流价值高效传播与引领的发展目标，以中央广播电视总台为代表的新型主流媒体应进一步聚焦主责主业，强化舆论阵地建设，建立健全内容策划、全媒体报道、传播品牌打造等制度体系，做好全天候新闻策划，强力牵引新闻宣传高质高效推进。针对重大主题、重大活动、重点工程、重要节点、舆论监督和突发事件，持续整合优势资源，集中精锐力量打造电视广播和新媒体精品力作，提升总台新闻内容口碑，壮大总台新闻节目影响力。在重大直播报道中，要着力探索叙事表达创新，挖掘细节亮点，以跨媒介叙事创新创作经典画面，用多样化渠道放大传播效果，引发观众情感共鸣。要进一步加快实现“主力军”挺进“主战场”，服务党和国家中心工作，有力发挥总台在坚定信心、激励斗志、激浊扬清、疏导民意方面的舆论引导作用。

（三）筑牢人本导向根基，助力媒体融合取得新的更大成就

习近平总书记在 2016 年 2 月 19 日召开的党的新闻舆论工作座谈会上强调，“媒体竞争关键是人才竞争，媒体优势核心是人才优势”。聚焦全媒体人才队伍建设，总台加快创新用人机制，不断增强员工创造新作为、建功新时代的自信心和自觉性，切实推动宣传思想工作不断强起来。一方面，

① 中国新闻出版广电报．护航时代巨轮创新融合潮流［EB/OL］．（2022-01-04）［2023-12-26］. http://www.zgjx.cn/2022-01/04/c_1310408174.htm.

紧扣媒体融合主责主业，加强建设适配总台国际一流新型主流媒体建设的专业化人才队伍，加强顶层设计谋划，补齐专业人才短板，储备后继人才，做好专业人才队伍保障服务，多措并举激发融媒体人才在创新思维、输出精品力作方面的积极性与创造性。另一方面，围绕“更好引导群众、服务群众”，发挥“守正创新、以攻为守”的新媒体传播优势，主动作为，弘扬主旋律、传播正能量，挖掘呈现中华优秀传统文化精粹和新时代发展风貌，有效引领社会话题，推出系列凝聚共识、强化认同、提升自信的融合内容产品，推动主流价值影响力版图进一步扩大。

要更好坚持人本导向，下一步应切实推进高素质人才队伍建设，坚持把融媒体人才建设工作摆在重要位置，加强对从业人员的教育培训，按照全媒体人才发展思路，通过以老带新、轮岗锻炼、交流学习、技术培训等方式，提高现有人员运用新媒体开展宣传工作的能力水平。基于多元化培训学习，推动单一型人才向多元型、全媒型、专家型人才转变，着力实现现有人才队伍的转型升级。探索内部机制创新，并积极争取政策支持，加快建立完善人才引进、评价发现、选拔使用、激励保障体系，不断激发内部活力，着力打造培养一支复合型新闻从业队伍。

第三节　我国地市级媒体融合与创新发展

当前，作为现代传播体系建设中不可或缺的一环，地市级媒体融合的相关政策趋于健全，顶层设计与布局日益优化，地市级媒体融合在摸索中不断前进并取得较显著进展，但是也面临来自体制机制、资金、人才、技术等方面的困难与障碍，如何找寻适合地市级媒体的深度融合路径，在新发展阶段、新发展格局下更显紧迫和必要。本书聚焦我国地市级媒体融合发展，梳理总结我国地市级媒体融合发展的现实图景，并以动态、发展的思维提出可行性解决方案，以期为我国地市级媒体融合高质量推进提供参考。

一、我国地市级媒体融合发展现状

（一）注重技术创新引领，融合传播应用成效显著

围绕技术创新，有的地市级媒体依托自有资源优势，借力大数据、云计算等技术应用，以丰富的功能搭载增强融媒体建设过程中的交互性功能。一方面，以自有技术平台或研发中心为支撑，面向多元用户提供技术应用支持，推动地市级媒体融合发展成效落地，为新传播格局及现代传播体系建设贡献力量。同时，以大数据等技术为发展引领，地市级媒体逐步探索建构多元化内容及产品服务体系，聚焦城市服务、乡村振兴、文化产业等方面，为区域经济高质量发展和社会治理现代化提供助力。另一方面，地市级媒体充分运用人工智能、大数据等前沿技术，持续推进内容生产与传播的智能化转向，创新内容呈现样态，致力于打造创意新、强交互、沉浸感、年轻态的融媒体内容产品，以优化用户体验，提升传播效能。有的地市级媒体已探索推出人工智能主播、写稿机器人，并广泛运用在重大时政报道等报道活动中，以新型科技力量打造高品质、新形态原创内容，基于可视化、可感知、可交互的创作理念，地市级媒体在融合传播应用方面正表现出愈发强劲的创造力、吸引力与影响力。

（二）发力信息服务聚合，持续扩大资源连接网络

在内容生态建设方面，地市级媒体聚焦内容生产提质增效扩容，围绕重要节点、重大事件以及本地资源禀赋，创作出一系列高水平优质主旋律作品，以传统图文、海报、H5、自制 MV、短视频、直播等全媒体形态传播主流价值。一些地市级媒体积极入驻抖音等短视频平台，以本地化、贴

近性、小切口赢得广泛关注，打造具有地方特色的内容生态体系，新闻舆论“四力”提升效果显著。

在资源要素整合方面，地市级媒体不断提升信息服务整合、数据监测、决策咨询、技术服务等能力水平，取得一定突破。以地市级融媒体中心为载体与中介，集新闻资讯、生活服务、政务服务等于一体，逐渐构建形成多样化信息服务生态系统，并不断趋于完善，有效提升了百姓办事效率，节约大量人力成本、时间成本。围绕乡村振兴、共同富裕等国家重大战略部署，一些地市级媒体及时调整优化融合发展布局与方向，以直播带货、5G 慢直播、特色 IP 打造等形式助力区域发展，通过汇聚集结贴近本地用户的信息服务，满足差异化服务需求。

（三）探索新型经营模式，构建多元融合经营系统

面向高质量发展需求，地市级媒体积极克服困难，基于既有经营经验优势，以新发展理念为引领，兼顾自主开发与创新应用，加快探索新业态、新模式，发力建构集版权交易、广告营销、产业拓展等多元化经济模式于一体的融合经营生态系统，自我“造血”机能得以增强。在版权交易方面，一些地市级媒体将原创优势转化为高品质网络内容 IP，通过与商业内容平台开展合作，进一步规范优质 IP 的版权经营模式，成为地市级媒体营收的重要组成部分。在广告营销方面，一些地市级媒体在融媒体平台建设过程中，探索将广告经营模式创新与融媒体产品创新相结合，推动广告投放模式、投放平台及广告形态迭代升级，以用户行为数据为参照，将广告产品与用户需求有效对接，创新广告营销理念。地市级媒体广告营销实践正愈发向精准化、品牌化、长效化趋势演进。在产业拓展方面，地市级媒体正加快探索设立 MCN 机构，服务于短视频与直播 IP 孵化、新媒体账号运营等，为客户提供融媒体传播、直播带货、短视频创作等培训，并不断向婚恋、电商、教育、美妆等垂类领域延展，充分释放融合经营潜力。为加快

实现经营绩效提升、版图扩大，跨界融合经营理念在地市级媒体发展升级过程中的引领性作用不断增强，推动地市级媒体将内容生产、渠道分发、技术服务等比较优势迅速转化为商业价值。

（四）推进体制机制改革，切实提升融媒管理效能

为更好解决生存与发展问题，地市级媒体着力推进体制机制改革创新，以一体化、系统性为发展方向，基于自身发展程度与特色，在组织架构、管理体制、运营机制、保障机制等方面加大改革创新步伐，为地市级媒体融合发展提供了有力支撑。人才是媒体的核心竞争力，聚焦人才引进与培养，地市级媒体不断加大人员配备、人才精准引进、人才交流等方面的创新改革力度，在多层次人才梯队建设、全媒体人才队伍培训、多元化考核激励、多种类人才交流等方面加快转变思维、创新举措，助力打造全媒体人才队伍。如在探索过程中，一些地市级媒体对记者队伍开展定期及不定期培训，将员工绩效与薪酬体系、激励体系挂钩，突出业绩导向，有效激发人才的创新创造活力。围绕管理体制创新，地市级媒体在融合发展过程中，积极推进数字化、信息化、智能化建设进程，以新技术应用为支撑，建立完善融媒体管理体系，持续强化和提升内容创作能力、经营创新能力、服务保障能力、风险应对能力，推动建立完善现代企业制度，为媒体融合高质量推进持续蓄力。基于媒体网络化、移动化发展态势，地市级媒体正着力加快调整优化融媒体组织架构体系，形成资源高效配置与有机协同，助力融媒管理效能提升。

二、我国地市级媒体融合面临的难点

（一）跟风布局求大求全，陷入资源错配误区

融媒体中心与新媒体传播矩阵作为地市级媒体融合发展的基础性框架，

其重要性不言而喻，做好前瞻性、全面性、系统性建设布局有助于增强地市级媒体整体传播效能。然而，一些地市级媒体在融合发展过程中，由于求大求全，原创能力难以满足多元化渠道的传播需求，从而出现内容大量为转载信息的现象。如此，虽确保了全媒体、多渠道的传播覆盖，但是难以真正吸引和留住用户，反而可能稀释自有优质内容，对媒体传播力、影响力提升作用甚微。如何平衡好媒体融合转型成本与收效，避免盲目布局而造成资源浪费，是地市级媒体在今后融合发展过程中需要重点关注和思考的议题。

（二）融合发展定位模糊，业务特色难以凸显

新传播格局下，媒体竞争力的提升离不开优质的内容与服务，如何在复杂多变的传播生态中占据主动主导，于地市级媒体而言是一场长期考验。当前，地市级媒体的融合探索不断向深向细向实，在流程再造、组织结构调整、内容创作、渠道分发等方面均取得一定进展。然而，就融合发展目标而言，融合发展定位模糊、特色业务不突出、品牌影响力不足依旧是地市级媒体面临的难题。这其中既有传统惯性思维与僵化逻辑的限制，亦有面对新形势、新变化的经验空白，从而导致部分地市级媒体在发展过程中“为了融合而融合”，使媒体融合浮于表面，而非立足自身发展实际，缺少融合理念创新，未能凸显比较优势，难以体现区域特色。较之中央、省级、县级的媒体融合发展模式，由于不同地市级媒体所依托资源，面对用户群体、服务对象等的不同，其融合思路与模式也呈现一定的差异性，缺少可参考的标准化融合样本。基于现有媒体融合发展格局，地市级媒体应着力对自身发展环境进行精准把脉，进一步明确发展定位，补足短板，打造长板，量身打造具有较强针对性、科学性、前瞻性的融合发展模式与路径。

（三）技术应用不精不深，亟待开发新型产品

新技术应用作为媒体融合的重要驱动力，基于自身迭代升级，高效赋

能媒体融合创新，助力媒体在内容创作、渠道分发、服务配给等方面的个性化、精准化、智能化演进。综观我国地市级媒体融合实践，紧盯技术演化态势、强化技术嵌入应用、尝试新型传播形态的发展景观愈发鲜明，多家地市级媒体主动求变，将5G、人工智能、大数据、AR/VR、4K/8K等技术有机嵌入融媒体产品创作、分发等环节，在传播场景开拓、传播效果提升方面实现一定突破。但是受技术应用门槛较高、内容创作成本较高等因素影响，部分地市级媒体虽在新技术应用方面有所进展，但整体利用效率不高，多是逢重大活动、重大事件推出系列新型内容产品，未能形成常态化应用创作机制，技术应用的精度、深度、广度有待掘进，技术赋能媒体融合的潜力未被充分激发。在媒体融合过程中，新技术应用应着重凸显工具性、中介性与载体性，弱化自身的符号性、象征性意义，具体到地市级媒体融合，既要积极拥抱新技术，亦要结合自身发展所需找准技术应用的创新点、切入点，突出技术的实用性，有意识地使技术为生产力、生产效率提升所用，而非陷入技术崇拜的迷思。如探索用短视频、5G慢直播、无人机等全方位、多视角展示地域特色，建构形成常态化传播机制，对于地市级媒体融合效能提升、增进与用户的亲近感等具有重要促进作用。

（四）人才支撑有待强化，创新创造活力不足

目前来看，部分地市级媒体融合人才支撑不足，主要体现在三个方面：一是人才队伍迭代缓慢，人才结构有待优化，尚未形成多样化多层次的人才梯队，现有从业人员在技术应用、理念重塑、认知革新方面难以及时适应传播生态变化，一些地市级媒体长期面临人员年龄结构失衡问题；二是人才流失严重，部分地市级媒体在考核、晋升、薪酬等机制创新方面存在不足，难以充分激发人才活力，造成部分优秀人才流失，在一定程度上削弱了媒体的竞争优势；三是复合型、全能型人才引进面临困难，面向媒体数字化、智能化、移动化转型，地市级媒体对具有交叉学科背景和融合传

播能力的人才需求更为迫切，但由于薪资待遇、发展前景等难以满足人才期待，吸引力较弱。在人才短缺的形势下，地市级媒体在优质内容创作、多元化经营、现代化管理等方面面临的挑战愈发突出。

（五）评价体系尚不健全，难以把准前进方向

新技术驱动下，媒体格局与舆论生态不断发生深刻变化，地市级媒体融合发展环境始终处于动态变革之中。由于缺乏具有代表性的融合样本，地市级媒体融合在一定程度上无经验可循，难以准确把握未来融合发展方向，进而容易导致地市级媒体融合多走弯路、险路，影响舆论引导、价值引领等功能发挥。建立健全地市级媒体融合评价标准体系，是助力地市级媒体理顺思路、厘清逻辑的必要选项，也是推进地市级媒体融合走向纵深的必然举措。需要明确的是，这一评价标准体系并非局限于具体的融合指标，更应包括完善的政策体系、规则体系，其指向的是地市级媒体融合发展的整体框架。由于缺少具有针对性、指导性的评价体系，部分地市级媒体面临着融合理念认识不深、盈利模式不清晰、区域特色不凸显、融媒体建设重点不明确、用户核心需求把握不准、社会效益与经济效益失衡、媒体内部与外部联动不紧密等系列问题，搭建规范、科学、专业、全面的评价体系势在必行。在健全地市级媒体融合发展评价体系过程中，应始终对可能出现的舆论风险、意识形态风险、经营风险、技术风险保持高度警惕，坚持以鲜明的底线意识防范和化解风险。

三、我国地市级媒体融合高质量发展实现路径

（一）强化顶层设计统筹，建立健全“四梁八柱”

推动地市级媒体融合高质量发展，应首先着力构筑指导其融合发展的

整体框架，继而将其置于相关政策、规则、制度之下，确保地市级媒体融合发展有标准可依。数字化、智能化、移动化传播背景下，媒体融合所处传播格局与生态变革不断加快，围绕地市级媒体融合的顶层设计亦应坚持动态发展思维，做到因时制宜、因势制宜、因地制宜，持续丰富制度供给，筑牢地市级媒体融合发展的“四梁八柱”。着力推进地市级媒体融合前瞻性、引领性制度建设，瞄准智媒时代媒体融合发展方向，把握地市级媒体在当前及今后的发展趋势、发展脉络，研究制订高质量融合发展的可行性预案，以宏观视野和未来眼光为地市级媒体融合发展把舵定向。着力推进地市级媒体融合激励性制度建设，针对不同主体、不同阶段、不同环节设置差异化激励机制，充分激发各方参与融合创新的积极性、主动性、创造性。着力推进地市级媒体融合规制性制度建设，以前期媒体融合发展经验教训为现实基底，进一步明确和划清地市级媒体融合发展的边界、底线，规范地市级媒体融合发展秩序。

（二）锚定使命坚定立场，充分占领传播高地

地市级媒体与其他各级媒体一样，肩负着引导和服务群众的使命任务，尤其在复杂多变的传播格局下，其责任更显重大。新传播环境下，地市级媒体融合应始终保持清醒的政治头脑，对意识形态领域的潜在风险及问题时刻保持高度警惕、重点防范、及时研判，做到“上接天气、下接地气”，牢牢掌握在舆论场中的主动权、主导权，要以地市级融媒体中心建设为抓手，发挥好主力军作用，加快挺进、守牢、巩固舆论引导与主流价值引领的主阵地和主战场，占领传播高地。要积极适应、清醒认识用户等多元主体对新闻舆论工作介入和影响程度加深这一现象，借力新技术应用实现自我赋能，进一步强化地市级媒体的舆论引导、主流意识形态培育等重要职能，切实履行和完成好维护主流意识形态安全稳定的任务。依托媒体本身及所在地域资源禀赋，积极做好重大主题宣传，深化地方传统文化等区域

IP 挖掘包装，弘扬正能量，于新视角、新切面中展示地域特色、时代精神、中国力量，确保其在凝聚社会共识、引导社会舆论、引领主流价值过程中靶心不偏、焦点不散、力度不减。

（三）对标对表超前部署，推动要素协同创新

全媒体传播视域下，面对中央、省级、县级等媒体融合发展所取得的成效，地市级媒体融合显得更为迫切。地市级媒体融合发展涉及多个部门、多种要素，包括内容建设、阵地建设、政治建设、机制建设以及技术平台建设，要实现地市级媒体融合发展高质量推进，就应着力提升融合发展布局的针对性、可操作性。应致力于科学统筹地市级媒体融合所涉各项关键要素，明确职能分工，在要素有机协同中形成推动地市级媒体融合发展的重要合力，以差异化、精准化的要素整合与配置方案助力融合创新实践，从而发掘地市级媒体融合发展的新路径、新方向。要坚持对标国内外各级媒体融合成功案例，基于自身发展实际，设定融合发展时间表、路线图，兼顾历时性与共时性发展视角，注重要素协同的由内而外、内外联动，结合媒体发展规律与新媒体传播规律，调整优化地市级媒体运行的体制机制，排除地市级媒体融合发展与转型升级的内外部障碍。其中，应坚持内部资源盘活与外部资源整合并举，奋力打造一批叫得响、传得开、留得住的融媒体内容产品，培育具有较强感召力、影响力的融媒体品牌，推动形成强大聚合力与引领力。

（四）打造新型话语体系，全面深化价值引领

随着媒体融合加快向纵深迈进，信息传播格局也不断迎来新的变革，多元主体愈发深刻介入信息传播过程，深度参与信息编码与解码，使舆论场中话语表达更加丰富多样。具体至地市级媒体，面对个性化、差异化的用户个体及群体，要做好对象化传播，就需着力探索推动传播话语体系创

新，以多样化表达为用户所理解、认可、接受，从而更好凝聚社会共识。一方面，要基于地市级媒体的新媒体平台布局及各平台用户轨迹数据，综合人与技术的双重创新性创造性，实施差异化的表达策略，从而高效契合特定用户群体的信息接收与理解习惯。另一方面，要紧跟发展形势、聚焦传播所需，探索打造具有强烈时代感、年轻态、网络化、智能化的传播话语体系，并将其与区域表达、民族表达相结合，构建分众化、区域化传播格局，推动传统表达方式向新型话语体系转型升级。坚持主流媒体创新话语表达，不断强化责任担当，牢固树立底线思维、红线意识，确保新型话语风格在主流价值框架之内，坚决摒弃流量思维和眼球效应，从根源着手防范不良社会思潮趁机渗透、涌入，扰乱社会舆论秩序，带来意识形态安全风险。

（五）优化立体传播格局，完善现代传播体系

基于现有发展实际，聚焦高质量发展，地市级媒体融合应着力推进优化立体传播格局，完善现代传播体系，准确把握、积极适应传播理念、传播渠道等的动态变化，统筹好融合共生的新型传播生态布局，以新技术应用为支撑，打造多维度、立体性、综合性的传播网络，进一步拓展和扩大地市级媒体传播的覆盖范围，奋力推动主流舆论阵地的巩固壮大。应着力统筹和协调好线上传播与线下宣传，坚持差异发展、同步推进，努力构建网上网下同心圆，探索将主流价值传播与政务服务、商务服务、社会治理等有机连接，使地市级媒体融合传播成效更好拓展和触达线下。应着力做好同中央级、省级媒体及其他平台端口的无缝衔接，避免过度追求大而全，要立足实际、注重实效，在现有传播矩阵布局上探索如何做好减法，结合自有基础及区域禀赋，以“一招鲜”明确特定功能定位，强化和凸显比较优势。同时，地市级媒体应主动置身于国内外媒体融合发展的整体视野之下，自觉融入新型传播格局，延伸传播网络，及时借鉴、吸纳先进技术、

理念、经验、设计，助力地市级媒体融合布局持续向好向优。

（六）坚持人本导向理念，筑牢高质量发展根基

媒体融合发展的成效达成关键在人，能否坚持和凸显人在媒体融合进程中的主导性，决定着融合发展的成败。推进地市级媒体融合高质量发展，应奋力筑牢以人为本的导向根基，从而汇聚更大力量。一方面，要在媒体内部坚持以人为本，建立灵活高效的选人用人以及人才培训机制，做好人才供给侧与需求侧的有效对接，探索构建适应地市级媒体自身发展所需的人员组织架构，打造具有行业竞争力的人才队伍。同时，通过政策倾斜、完善激励机制等举措，有效激发人才创新创造活力。另一方面，要坚持以人民为中心，进一步强化引导群众、服务群众意识，集聚全媒体之力推动精品作品打造、优质服务供给、广泛社会连接，在增进共识、强化认同方面下功夫、花力气，更好连接党心与民心，于本地乃至更大区域扩大主流价值影响力版图，讲好地方故事、中国故事、时代故事。聚焦高质量发展，地市级媒体应牢固坚持并持续强化人本导向，为解决新发展问题、实现新发展目标、满足新发展需求、探索新发展模式奠定坚实基础。

第四节　地市级广电媒体融合发展图景与前瞻

作为现代传播体系的重要环节，地市级广电媒体紧跟时代步伐促融推融，但仍在多方面面临着融合困境，体制机制、资金、人才、技术等因素相互制约，导致融合进程不畅。结合当下地市级广电媒体融合现状，立足新发展阶段，面向新发展格局，探寻适合地市级广电媒体融合发展的可行路径，成为学界业界普遍关注的议题。本书基于调研数据，聚焦华北、华东、华中等七大地区地市级广电媒体的融合发展进路，针对地市级广电媒

体融合面临的困境与挑战，以前瞻性、系统性思维探索可行性解决方案，以期为地市级广电媒体融合高质量发展提供学理参考。

一、地市级广电媒体融合发展现状及重要进展

近年来，受到省级、县级媒体融合加速建设的影响，以及学界业界关注度的提升，我国地市级媒体融合呈现多方协同、跨界融合、双向形塑的新趋势，初步形成了集规模性、创新性、多元性、协同性等特征于一体的媒体发展新格局，继而促推地市级广电媒体融合取得质变。

（一）平台搭建扩大矩阵规模，融合传播增强效能

在全媒体时代，传统的广电渠道已不能完全匹配信息传播的需要，全平台内容生产与多元互动，成为地市级广电媒体融合走向纵深的趋向，也是其巩固和占领舆论主阵地的关键着力点。在此基础上搭建主体多元、结构清晰、覆盖广泛的新型传播矩阵，是契合新形势下信息传播需要的有效路径。

基于这一发展思路，地市级广电媒体深入拓展平台创新，方式方法更加丰富，自有平台与第三方平台协同共建成效初显。以华南地区（广东、广西、海南）42 家地市级广播电视台为例，通过分析新媒体平台覆盖度数据发现，其自有客户端的覆盖率为 81%，佛山广电、深圳广电、汕头广电位列前三；第三方平台微信公众号、抖音、微博的平台平均覆盖率近九成，大小屏客户端矩阵体系不断完善。地市级广电媒体在各新媒体平台的广泛布局，也使得“头部效应”越发凸显，即原本拥有较多大屏收视群体资源的地市级广电媒体，在进行全媒体传播体系构建时成效更为显著。凭借大屏收视影响力所积累的用户规模，一些地市级广电媒体在入驻新媒体平台伊始便具备了扎实的用户基础，使其新媒体平台官方运营账号在转评赞数

量上均有较好表现，也反映出在“头部效应”下，此类地市级广电媒体对新媒体传播环境的强适应性。

同时在调研中也发现，新媒体平台官方账号的建立个数，与地市级广电媒体的传播效力具有直接关系，随着平台矩阵的不断扩大，地市级广电媒体的融合传播成效也在不断增强。例如，深圳市电视台所属单位深圳广播电影电视集团旗下微信同主体公众号达 40 个，细分化运维模式可以针对不同用户群进行媒体资讯传播，用户黏性增强，深圳市电视台抖音、微博、头条号 3 个新媒体平台均具有可观的用户规模。

（二）原创内容凸显自有优势，融媒作品突破藩篱

优质内容是融合传播之基，一些地市级广电媒体发挥在地优势，聚焦当地城市发展以及重大主题宣传报道，打造精品原创内容，创作出一批制作精良、形式多样的融媒力作，传播表现甚至强于省级广电。例如，包头市广播电视台制作的《“疫”路有你，温暖同行——包头市与中山市双城联动融媒体直播活动》获得了可观点击量，并在内蒙古广播电视台腾格里新闻 App 同步上线。近年来，各地市级广电聚焦内容生产，围绕中国共产党成立 100 周年、“十四五”开局、北京冬奥会等重要节点、重大事件，创作出一批成熟、规范的融媒作品。山西晋城市广播电视台以原创新闻为轴心，利用微视频、H5 等手段，打造了一批多样化、个性化融媒产品，实现了从单向灌输到双向互动的良性转变；融媒体内容制作流程的规范，也使晋城市新闻传媒集团产出如《我爱你！晋城！》《这里是陵川》等“10 万 +”融媒产品。诸多地市级广电媒体的融合实践证明，凭借自有优势所产制的原创内容，更能对本土红色资源、历史文化、生态保护、乡村振兴等内容进行推广，为地市级广电媒体融入四级融合发展布局营造良好的环境。融媒体全景直播也成为地市级广电媒体重大事件报道“标配”，如河南省周口电视台开设了“乘风破浪 蝶变周口”两会直播间，通过周口手机台、周口

广电融媒视频号、抖音号、快手号、头条号进行同步直播，单场全平台阅读量突破 140 万。

（三）创新技术应用手段，行业发展立足智能

2020 年 1 月，国家广电总局印发了《关于加强广播电视公共服务体系建设的指导意见》，明确提出全面推进“智慧广电 + 公共服务”整合，加快人工智能、大数据、云计算、区块链等高新技术运用。当前，地市级广电媒体也在寻找适合自身的应用入口，如通过 5G、VR、全景相机等应用打破传统新闻报道范式。沈阳市广播电视台在报道 2021 年中国共产党沈阳市第十四次代表大会时，使用全媒体报道形式，首次采用“5G+VR”直播技术进行全景直播，增强了观看用户的视角选择权、交互感与沉浸感，带来了超低延迟、超清画面的优质体验。沈阳市广播电视台联合全景相机企业打造 VR 云视系统，通过 5G、VR 技术融入传媒业务，打造了全方位立体式报道的智能直播“利器”。自新冠疫情暴发以来，地市级广电媒体综合运用信息技术手段，积极开展疫情防控信息传播与辟谣工作，广泛宣传科学防疫知识，引导群众积极理性应对疫情，为社会面疫情防控以及社会治理发挥了重要作用。广电系统在疫情防控期间搭建“云课堂”，为全国 1.8 亿中小学“停课不停学”提供了有力保障。在“云课堂”搭建过程中，济南市广播电视台等应用“云录制”“云转播”等新型节目制播技术，实现了远程无接触线上节目录制播出。

数字化、智能化是广电媒体发展的必由之路，部分地市级广电媒体通过 AI 主播赋能，为用户带来个性化的互动体验。如江门市广播电视台与江门市残疾人联合会合作，推出人工智能手语电视播报系统，满足听障人群接收新闻资讯需求，用科技手段助力无障碍服务。AI 主播的应用不仅是地市级广电媒体融合的趋势，还将在连接青年用户群体、提供智能化视听服务方面发挥重要作用。

（四）MCN 机构转变经营模式，赢利方式走向多元

在融媒体生态下，传媒市场环境不断变化，短视频产业方兴未艾，快速渗透至各行各业并不断扩充市场规模，同时也压缩了传统广电媒体的生存空间。面对经营创收压力，地市级广电媒体亟须增强自我造血机能，适应互联网营销趋势。为了拓宽赛道，将地市级传统广电媒体的原有优势转化为商业价值，大部分广电媒体纷纷涉足 MCN 领域。传统广电体系与 MCN 模式相比，在主持人资源、内容策划、制作能力、营销资源等方面有着天然的高适配性，MCN 模式以小切口、轻投入、快见效的融合方式，为地市级广电媒体提供了一条轻量化发展路径，拓宽了地市级广电媒体的盈利渠道。目前，江苏省徐州广电、无锡广电等地市级广电媒体已完成 MCN 搭建。其中，无锡广电以推进“百室千端 智慧联盟”融媒体项目为契机，以无锡广电客户端“智慧无锡”App 为内容呈现载体，上线包括短视频、维权、亲子、公益活动、电商、电竞、婚恋等类型内容，通过对广电新媒体板块的人才赋能，实现了传统广播电视资源向新媒体领域的主动转型，成为地市级广电媒体融合典范。无锡广电旗下的“飞翔”网红工作室，通过个性 IP 与商业活动融合，实现了用户群与盈利均突破百万的融合成效。又如成都广电“云上新视听”等地市级广电媒体，在 MCN 模式探索中加强自主阵地建设，发挥长视频资源优势，用户规模不断提升，完成了商业化变现，通过长短视频共振助力地市级广电媒体融合向纵深推进。MCN 为传统地市级广电媒体的融合之路提供了新选择。不过，虽然部分地市级广电转型 MCN 取得了一定成效，但更多地市级广电 MCN 仍处于孵化阶段。在与社会 MCN 机构的同赛道竞争下，地市级广电媒体必须灵活快速地适应市场需求与生产方式变化，以应对未来融合发展面临的各种挑战。

（五）协同发展推动机制变革，跨区域合作实现共赢

体制机制改革是推进媒体融合纵深发展的有力保障。为了更好地适应融媒生态并实现可持续发展，地市级广电媒体着力推进体制机制改革创新，加快构建一体化采编发工作流程，从“频道制”向“中心制”转变，基于各自发展程度与自身实际情况，在管理体制、运行机制、管理逻辑、媒体资源、用人机制等方面不断突破瓶颈。在用人机制层面，地市级广电媒体已逐渐放宽“入口”，重点解决结构不合理与人岗不匹配的难题，同时在“出口”端缓解人员老龄化与人才逆淘汰现象。聚焦人才引进与本土人才培养，设立多元化考核机制，在人才流动中取得了显著成效。如包头市广播电视台向社会发布高层次和紧缺急需人才引进公告，提供编制、不限户籍，改善人才队伍结构，优化人才资源配置；济南市广播电视台通过设立工作室、事业部，整合台内专业人才资源，充分发挥带头引领机制，近年来相继推出了“出彩广电人评选”“台长嘉奖令”等激励机制，突出业绩导向，强化全媒体人才队伍建设。

此外，地市级广电媒体出现由属地融合向跨区域融合的新突破，促推区域广电媒体融合一体化发展。较早做出尝试的是由江苏省 13 个城市响应、“长三角之声”倡议共同成立的“长三角融媒协作组织沪苏平台”；通过长三角融媒协作组织，提升区域整体美誉度，以强传播力提升江苏省地市级广电媒体的认知度与能见度。襄阳市广播电视台是汉江流域的主流媒体，与长沙市广播电视台建立了战略合作伙伴关系，实现区域横向联动，共同开发人工智能手语播报系统等项目，形成了媒体共融、资源共享、项目共赢的区域广电媒体命运共同体。对于地市级广电媒体融合的体制机制而言，无论是媒体内部的重新改组、用人机制创新，还是媒体融合创新探索跨区域合作，均是我国地市级广电媒体对一体化发展的有益尝试，是进行资源高效配置与有机协同的良性实践。

二、地市级广电媒体融合面临的现实困境

目前，地市级广电媒体在媒体融合转型实践中取得了初步成效，在内容和媒体形态的变革上也有一定进展，但“小弱散”现象仍然比较突出，在平台建设、功能拓展、内容创新、新产品开发等方面仍面临着发展困境。

（一）合而未融：互联网思维仍需强化，平台建设运维乏力

通过调研发现，一些地市级广电媒体融合仍处在“相加”阶段，“合”而未“融”。较为普遍的现象是，部分地市级广电媒体为了追赶潮流，大力铺设新媒体平台、打造全媒体中心，但对媒体融合战略规划、整体准备不足，追求快、大、全、广；平台建设如火如荼，但未能灵活应用互联网思维，导致地市级广电媒体虽入驻新媒体平台，却并未真正触达平台用户。“入驻”不仅是连接平台，更应连接用户，当前地市级广电媒体在平台融合的认知上仍有待提高。如基于对华北地区（河北、山西、山东、内蒙古）47 家地市级广电媒体的调研发现，虽然华北地区地市级广电媒体积极布局新媒体传播矩阵，但除微信公众号与抖音的活跃度在 90% 以上外，头条号与微博活跃度刚刚过半，央视频、人民号活跃度则低于 30%。更有一些地级市广电媒体平台运维空心化，账号活跃度低，甚至断更停更；加之用户关注度低、交互感差，传播效果不强，造成资源浪费。

（二）融而未深：本土化链接缺失，政务服务尚不健全

媒体的底层逻辑是连接，即为用户提供社交连接、资讯连接和功能服务连接。作为城市型新闻服务平台，地市级广电媒体的本土化服务功能链接尚不健全，融而未深。部分地市级广电媒体通过建立自有客户端或开设新媒体平台官方账号，已基本建成融媒矩阵，信息分发渠道畅通，但

媒介协同下的社会治理能力有待提升。如忻州广电自有客户端——“在忻州”App，不断开拓“媒体 + 商务”功能，但“媒体 + 服务”“媒体 + 政务”功能开发较少，缺少链接本土生活与政务服务端口，围绕移动优先、全媒体联动仍有巨大发展空间。淄博市广播电视台自有客户端“齐点淄博”的“媒体 + 服务”模式已初具规模，用户在客户端可以获取“快递查询”“高速路况”“天气预报”“生活缴费”等便民服务，但商务板块“广电严选”功能开发不充分，存在货品种类较少、销量不佳的情况，而且“媒体 + 政务”功能较少，票务板块可进一步完善。未来，地市级广电应通过深入用户群体并赋能社会基层治理，在不断健全融媒体平台功能的同时，强化本土化链接，集宣传、教育、引导、服务等于一体，致力于实现精准个性化的服务推荐。

（三）深而未通：内容同质化严重，有效传播通路不足

由于新媒体行业门槛较低，部分地市级广电媒体走入兴建官方账号的误区，出现“一台多媒”现象，有限的内容供给无法满足庞大账号群的更新需求，最终加剧了内容同质化问题。在调研中，发现一些地市级广电媒体的新媒体平台与主体官方账号之间缺少差异性，存在内容重复与资源浪费问题。资源配置的不合理导致部分地市级广电的内容呈现能力不足、内容质量偏低、新媒体平台重复性建设；同质化内容难以凸显新媒体平台内容的新颖性、价值性、贴地性等特征，导致运营账号无法沉淀用户资源，更难以建立有效传播通路、营造新媒体内容生态圈，最终对地市级广电媒体发展形成掣肘。

（四）通而未新：技术应用不精不深，新型产品亟待开发

当前，一些地市级广电媒体在融合中不断创新内容形态，通过打造爆款成功“出圈”。在短时间内形成的现象级突破，多呈现出以内容切入为特

点、以主流价值为导向、以情感共鸣为支撑的破圈模式，短暂打通了用户与地市级广电间的传播通路，形成了流量“围观”，但辅助应用与新型产品凸显的技术软肋并未消除。地市级广电在媒体融合纵深发展的过程中，不断尝试新技术对内容呈现的有效赋能，如合肥广电、厦门广电、南京广电等探索“5G+”、4K/8K 等超高清传输技术，建立直播平台、优化大小屏互动，在一定程度上实现了超高清技术对用户感官体验的优化，特别是对重大主题事件的报道，使得技术赋能作用不断凸显。但与此同时，部分地市级广电媒体在常态化报道中，技术赋能环节仍然薄弱，对前沿技术的研发与应用停留在浅表层面，技术应用的深度与精度有待掘进；加之受区域经济发展等因素影响，营收阻力较大，这在某种程度上滞缓了地市级广电媒体对技术应用的深度挖掘。地市级广电媒体应结合自有优势，在技术开发与应用层面与中央、省级、县级媒体进行差异布局；在人才、资金等方面奋力追赶的同时，结合自身发展所需与发展定位，找准技术开发或应用入口，突出实用性，平衡内容与技术的关系，避免出现先进设备引进后陷入闲置状态、与内容割裂，导致新技术、新应用难以对常态化传播机制实现有效赋能。

（五）新而未久：评价反馈机制不健全，发展方向暂未厘清

随着地市级广电媒体融合的深度和广度不断拓展，其在生产流程、管理方式、赢利模式等方面都发生了新变化，为地市级广电注入了活力。但同时，相应的评价反馈机制相对薄弱，内容评价体系仍需革新。从宏观层面看，我国地市级广电缺乏媒体融合评价标准体系，极具针对性的融合范例相对较少，一些地市级广电或将与自身实际不相符的融合样本作为学习目标，导致投入大量人力、物力、财力却难以看到融合实效。建立健全地市级广电媒体融合评价标准体系，厘清发展方向，优化顶层设计，是今后地市级广电媒体融合发展的重要保障。

从微观层面看，部分地市级广电的自有客户端及新媒体平台官方账号等传播端口，存在着评价反馈机制薄弱的问题。如基于对华北地区地市级广电媒体的调研发现，虽然地市级广电媒体在自有客户端、微信公众号、微博、抖音、头条等平台拥有一定的用户，却存在与用户互动断层的情况。数字媒体时代，媒体应充分重视用户与用户、用户与媒体间的交互在内容传播过程中的作用。尤其是随着传受双方边界的模糊与融合，用户愈发成为地市级广电媒体融合发展的推动者。

三、地市级广电媒体融合发展的优化路径

虽然地市级广电媒体融合取得了一定的进展，但融合发展之路依然困难重重。在正视融合发展面临困境的基础上，未来应继续加大创新力度，培育和增强核心竞争力，力争实现“融、深、通、新、久”的递进式发展。

（一）强化新媒体理念，深耕平台建设运维

地市级广电媒体要实现深度融合发展，首先应克服理念滞后的问题，这是完成其他融合环节的基础保障。面对地市级广电媒体互联网思维转向缓慢、新媒体理念植入不深等问题，应加快理念更新，有效适配媒体发展及用户所需。具体而言，就是要摆脱传统思维中的发展惯性、惰性，在自有客户端及新媒体平台中强化新媒体理念，着力克服平台空心化、账号活跃度低等问题；同时，优化传播体系布局，基于发展基础及现实所需，平衡“三微三端”（微博、微信、微视频，客户端、互联网等多媒体直播端及抖音端）等新媒体平台建设。在平台运维方面，应进一步优化资源配置，创新应用 H5、直播、短视频、VR 实景体验等内容表达形式，完成从被动等待用户关注，到主动引流用户的策略转向；要优化现有新媒体平台与主体账号，坚持破立并举，关停传播效果不佳的“僵尸号”“空壳号”，聚力

运维主体账号，实现有限资源的最大化利用，以优质媒体平台吸纳用户。其次，地市级广电新媒体账号之间也应加强互联互通，开展跨区域、跨媒介、跨层级的交流互动，通过良性互动助推地市级广电新媒体平台用户拓展，增强影响力。

（二）完善功能性链接，提高政务服务能力

地市级广电媒体的深度融合应坚持以创新服务为引领、以满足用户需求为目标，积极探索“广电 +”模式，增强功能性链接，助力构建现代化城市服务和社会治理的“新生态圈”，切实提升地市级广电媒体的政务服务能力；应精准聚焦媒体平台功能的多元化，扎根本土，打通上下层级服务通道，创新媒体与政府的合作模式；如探索网络问政、政务信息交流等功能的开发优化，实现政务信息高效触达用户。同时，根据不同新媒体平台的传播特性，差异化提供功能性链接与服务。如针对自有客户端，在平台服务功能上突出聚合属性，开发智慧支付、智慧民生、智慧旅游、智慧交通等功能，使用户实现“一端多链”，不仅实现水电费支付、社保查询，更能直接使用法律援助、失物招领、房屋买卖等贴合用户实际需求的功能板块，还可针对不同用户群体提供精细化服务，以进一步激活地市级广电媒体政务服务能力。在此基础上，还可以通过商业功能的链接实现营收变现，催化从用户到消费者的身份转变，拓宽营收渠道，撬动融合新产业，实现可持续发展。

（三）深化内容供给侧结构性改革，冲破区域传播僵局

地市级广电媒体在融合发展进程中，应推出更多好作品，讲述更多好故事。特色内容的传播能让主流价值观入脑入心，助力培育积极健康、向上向善的网络舆论生态。随着网络内容创作主体更加多元，内容产品竞争激烈，“以量取胜”亟须转化为“以质图强”，地市级广电媒体可充分依托

在地优势，发掘区域特色，发挥“土壤价值”。面向移动传播，在内容生产方面加大融合效能，去粗取精，掌握内容生态建设主动权、主导权，推出系列沉浸式、融合式、社交化、场景化的精品内容；特色内容升级，要“塑形”，更要“铸魂”，地市级广电媒体在新媒体平台传播中，要逐渐形成自有风格与品牌，打造独一无二的内容。在话语表达方面，面对个性化、差异化用户群体，要做好对象化传播，着力探索适合新媒体语境的话语传播体系。新媒体传播环境复杂多变，地市级广电媒体应践行好主流媒体的社会责任，不断强化底线思维、红线意识，加强对传播内容的审核把关，培植具有较强感染力、号召力、影响力的融媒体作品。

（四）加快智慧广电建设，构建全媒体传播格局

在新形势下，锚定高质量发展，地市级广电需加快智慧化转型以强身固本，推动 5G、VR、人工智能等技术应用到内容生产、传输接入、终端服务、安全监管等环节，助力构建全媒体传播格局。要充分利用互联网传播和新媒体内容生产的优势，健全一体化运行机制，探索构建智慧融媒体；要在科技引入与应用上加大投入，提高地市级广电媒体的硬实力。5G、4K、VR 等技术可为地市级广电媒体的智慧旅游、智慧医疗、智慧教育等服务有效赋能，推动健康生活、慢直播等特色节目建设，满足用户对融合资讯、医疗健康、数字娱乐等“智慧广电 +”服务的需求，推动公共信息服务与政务服务优化。另外，加快智慧广电建设，将进一步推动地市级广电媒介资源、生产要素向新媒体整合，促进信息内容、技术应用、平台终端、人才队伍的互融互通，促进产业数字化转型，完善数字经济治理，更好地赋能经济发展。

（五）坚持以人为本，引领未来深融方向

当前，社会传播形态正在向移动社交与多维互动转变，地市级广电媒

体融合实践也要摆脱思维定式，以人的回归为底色。一方面，关于地市级广电媒体内部对于人才的适配问题，无论是规划设计、技术应用，还是内容产制等环节，均需建立高效灵活的人才任用与培养机制。人才队伍建设关系到媒体融合发展成效，应通过政策倾斜、完善激励机制等措施，增强融媒一线人员勇于创新、实现自身价值的工作热情。另一方面，关于地市级广电在新媒体平台的用户黏性问题，应继续坚持“用户至上”的传播理念，不断满足用户多维需求和个性化偏好，以赢得用户青睐与市场认可；融合内容与融合服务应注重彰显人文关怀，真正做到围绕“用户”，为“用户”而融。无论是内部人才维度，还是外部用户维度，地市级广电媒体融合要实现由浅到深的迈进，必须切实将人的角色置于首位，真正从思想认识、队伍建设、技术创新、传播理念、内容供给等方面体现人本理念，从而取得融合发展的新突破。

第四章

网络视听生态的规范打造与高质量发展

依托数字化、智能化生产要素，网络视听相关主体在提升自身知识素养、技术素养、社交素养的过程中，不断建构、巩固和拓展新的生产关系，提升内容生产与传播效率，助力网络视听产业高质量发展。锚定健康可持续的网络视听产业生态建设，网络视听生态建设的相关主体应紧盯科技创新带来的发展机遇，尤其是内容创作者，应注重突出风格特色，打造比较优势，进而在激烈的流量竞争中找准内容发展方向，为优势网络视听生态建设贡献力量。

第一节　人工智能赋能网络视听高质量发展

在新一轮科技革命和产业变革进程中，人工智能发展不断提速，技术应用的嵌入与渗透范围、程度显著提升，加之全球各国重视科技创新应用，人工智能赋能产业变革的势头愈显强劲。随着微软 ChatGPT、谷歌 Bard 应用发布上线，百度文心一言蓄势待发，新一代人工智能应用日益深入各领域、各行业腹地。聚焦网络视听，人工智能技术同大数据、云计算、物联网、虚拟现实等技术的迭代演进与创新应用相互促进、相得益彰，推动网络视听领域实现流程再造、模式变革与消费升级。锚定网络视听高质量发展，以人工智能为抓手，应继续拓宽视野，保证产学研有机协作、理论与实践紧密结合、兼顾国内国际视野，对网络视听领域人工智能应用保持动态追踪、实时更新、深度参与、及时反思，优化技术赋能机制，于守正拓新中挖掘技术创新潜能、支撑行业发展、强化价值引领。

一、秉持前瞻思维，深入理解技术应用赋能机理

语料训练提升交互效能。ChatGPT 作为新一代语言交互模型，以多元丰富、体量庞大的既有语料库为支撑，基于深度学习与进化能力实现“类人”理解与表达，具备较强的交互响应能力，从目前在多领域的交互实践来看，ChatGPT 在交互对话中的接续回答、答案纠错、拒绝不适当请求方面具有较优异表现。面向网络视听，以富模态信息为语料基底，类 ChatGPT 人工智能应用未来将进一步有效识别媒体机构、内容创作者、用户等主体的多模态内容需求，提升对用户需求与意图理解的准确性，围绕视听内容相关任务做出快速精准响应，提升人机交互效能。在语料训练与学习过程中，人工智能应用基于对开放性对话、新涌现信息内容等最新数据的自主学习与对比，能够及时更新对用户视听内容生产、传播、营销、消费等意图的理解力，从而以全新的数字记忆为支撑提供高质量应答方案。而面对媒体机构、网络视听平台等内容输出主体，类 ChatGPT 模型基于对平台既有内容积累、用户沉淀、交互数据等要素的深度理解与系统把握，结合视听行业最新发展态势，将在提供高质量垂类发展方案的过程中，形成全方位、系统性、可操作化的实施框架与路径，更好协调和优化内容生产结构机制，提升内容生产力，推动实现视听内容产制与运营的规模效应。

数据加持捕捉新增长点。随着类 ChatGPT 人工智能应用深度介入网络视听，以大数据为加持，人工智能将助力网络视听领域在信息采集、内容生产、渠道分发以及用户反馈等环节实现颠覆性重构，面向个性化、差异化内容消费需求，着力挖掘具有较强吸引力和影响力的新增长点，进一步拓展网络视听创新发展的可能性空间。基于现实空间、数字孪生与元宇宙中的数据集成，人工智能应用将重新定义网络视听内容生产与交互机制，其对信息的感知、搜寻与提取能力得到显著提升，进而增强视听内容体系

的广度、厚度、深度与温度，内容的主题来源、素材来源、创意来源更加多元，数据加持下的人工智能应用进一步延伸了人体感官，将弥补既往技术或人在信息观察与素材采集上的局限性。同理，动态更新的算法与数据在深度合体过程中，亦将衍生出有关视听内容生产、传播、营销、消费等相关节点的新思路、新模式，捕捉并析出助力网络视听跨越式发展的新增长点。在此形势下，人工智能应用所催生的新传播形态、模式、结构等推动网络视听生态不断实现解构与重构，人、媒介、内容愈发融为一体，人工智能全面作用于媒体市场、用户体验等，驱动内容生产效率提升、产品形态丰富、传播效果优化、服务体系延伸、运营模式创新等，进一步强化网络视听行业用户的卷入感、沉浸感、亲近感与认同感。

人机协同打造比较优势。进入智媒时代，新技术应用的有机集合使得网络视听行业的运行逻辑发生深刻变化，移动化、智能化、协同化趋势凸显，尤其伴随新一代人工智能应用竞相涌现，人工智能在网络视听领域的技术基石作用更加显著，在快速提取、有机整合、高效制作、精准分发环节表现抢眼。以类 ChatGPT 模型为例，其基于人类反馈的强化学习（RLHF）促使该语言模型能够高标准完成对话任务。基于此，将类 ChatGPT 人工智能应用套接在网络视听领域，伴随算法优化与数据累积，工具理性与价值理性在人机协同过程中逐渐实现平衡，有助于深度挖掘网络视听领域各相关主体的优势与短板，进而将其置于文明进步、行业转型、跨界融通等更宏观视野之下进行考察，围绕主体自有资源禀赋打造特色鲜明的升级方案，从而推动形成具有较强识别度和竞争力的比较优势。面向未来，网络视听行业在深耕内容“责任田”的同时，或可放眼文旅、教育、乡村振兴、舆情监测预警、大数据管理、智慧天气、智慧交通等，探寻与自身内容、业务等恰当的结合点，精准发力，以跨域思维将发展触角延伸至公共服务、社会治理等领域，形成差异化发展格局，由此亦将进一步推动网络视听领域衍生出更为多元化的产品和服务，契合“增强均衡性与可及性”的发展指向，助力推进中国式现代化。

二、遵循传播规律，创新延展网络视听想象空间

多元化传播场景催化媒体啮合。人工智能能够综合分析用户在特定时间所处地理位置、信息接收场景，同时结合用户使用偏好等行为数据，实现对用户的精准化信息传播，同时提供关联性服务推荐，由此，用户可获取基于全场景传播的综合性信息服务，信息传播的贴近性属性更加突出。基于类 ChatGPT 人工智能应用的自主学习与进化能力，网络视听传播场景向更深层次的延展将为网络视听传播形式、内容、渠道等创新提供想象空间，跨时空、跨场景、跨媒介传播成为可能。在智媒体传播所建构的虚实交织、融合共生情境中，用户可以通过各类数据要素与周边环境实时交互，获取多维度信息内容与服务，进一步增强参与感与互动感，用户沉浸于各类媒体集成共构的富媒体传播场景之中，媒介啮合趋势愈发显著，跨媒体的融合消费成为常态。而随着网络视听领域人工智能应用更趋成熟，物联网发展更加充分，每个智能终端都可以成为多元场景的构建者与接收者，全场景时代到来。基于此，网络视听内容及服务将被置于更加智能化的传播框架之中，技术、内容、数据、资本等要素支撑更加有力，网络视听传播与用户需求痛点实现高效对接，媒体间啮合性连接更加紧密，促使用户在进行跨媒体消费时实现无缝衔接、灵活跳转，进而驱动网络视听行业提质增效扩容。

个性化传播需求形塑认知惯习。智媒时代，每个人、每个终端都将成为信息传播网络中的连接节点，并通过各种智能应用实现有机互联，人们对各种事物的看法与态度都以数据形式对外呈现，个性化需求在大数据环境下更加凸显并愈发受到重视，对用户个性化需求的挖掘与满足是新形势下网络视听价值创造与实现的重要标准。智能传播视域下，人际交互、人

机交互更易实现，不同用户的态度、观念与行为习惯从多维度显露出来，由此使人与人之间的需求差异外显化，具有相同价值取向或行为习惯的人之间较与其他人的联系更加紧密，且随着人工智能介入或主导的信息推送更趋精准，人们对事物的认知或偏见进一步强化，用户个性化需求更加凸显，其认知惯习亦得以形塑。满足用户需求意味着将获得用户的关注与认可，网络视听传播的价值得以体现，但也需认识到，个性化需求外显也意味着社会圈层化的出现与强化，且在人工智能赋能下易造成社会观念分化甚至极化，或产生数字鸿沟、引发新的社会不公。较之应用程序在获取用户需求后输出固定模式与组合信息的人机硬交互模式，以 ChatGPT 模型为代表的新一代人工智能应用呈现出更为显著的软交互特征，既保证了对用户个性化需求感知的精准性与灵敏度，亦兼顾了对用户认知惯习塑造的规范性与灵活性，将有效提升网络视听内容的传播力、影响力和引领力。

沉浸化传播体验变革行业范式。当前，基于人工智能、虚拟现实、全息影像等技术，通过打造虚拟的传播情境，使用户能够在其中体验到较强的沉浸感、在场感、参与感。伴随人工智能应用迭代升级，这一发展趋势将为网络视听传播提供新的转型契机，通过构筑智能交互、深层感知、触手可及的新传播场景，在满足用户个性化需求的同时，潜移默化地重构着行业发展范式。以人机深交互、软交互支撑，用户在进行信息消费时，能够及时获取相应场景中的所有服务选项，于用户而言不再有陌生场景，场景的任意切换都能使用户迅速产生熟悉感、亲近感，建立于人工智能等技术应用之上的沉浸式体验将有效消除不同场景可能带来的突兀与不适。面向未来，借助类 ChatGPT 人工智能应用、虚拟现实等技术，超真实的信息消费与体验场景将愈发普遍，深度嵌入社会生产生活各领域，进一步延伸和拓展人类的感官系统，人体感官的丰富性将得到更大程度还原，网络视听传播空间不断被扩大，传播形式更为多样。于虚拟化、沉浸化传播情境中提供超真实的消费体验，打造科技与内容融合的崭新业态，构建饱含现代感与科技感的网络视听消费新景观，是网络视听行业转型的重要趋向，需要以理性思维和前瞻眼光予以审视考量，从而在数智化转型大势中保持战略主动。

三、增强风险意识，科学精准应对数字治理挑战

坚持开放创新，有效破除技术壁垒。随着人工智能在各领域应用愈发广泛而深入，其受重视程度不断提升，作为关键核心技术，人工智能技术关系到机构、公司、行业乃至国家的核心竞争力，全球各国纷纷加快对人工智能技术研发及与其他学科交叉融合的前瞻布局，围绕人工智能应用愈发形成一定的技术壁垒，新的技术垄断问题不断出现。对此，聚焦人工智能技术开发应用，应在自主创新基础上，鼓励和坚持开放创新，对标对表在人工智能应用开发走在前列的国家、机构、公司，结合我国国情及行业发展基础，探索打通人才、数据等要素流通渠道，优化人工智能学科建设，着力在人才培养、人才引进、资本注入、数据应用等方面实现破局，有效凝聚多方资源形成发展合力，破除人工智能技术开发与应用的技术壁垒，努力于人工智能领域实现高水平自立自强。聚焦网络视听领域人工智能应用，亦应保持开放视野、激发创新创造活力，充分发挥人机协同优势，深度赋能网络视听传播全流程，形成具有中国特色、时代特色的网络视听新格局，进一步增强数字文化产业发展活力与中华文化传播力，从而推动构建更扎实的民族认同。

强化价值引领，规范内容创作导向。数据科学能够促成决策形成或改变，当人们愈发频繁地将决策权交至算法，算法则愈发深入嵌入平台或组织内部，算法的影响力越发强大，但其透明度却进一步降低，算法偏见容易强化既定思维模式、造成观念极化或分裂，并容易夹杂与主流价值相悖的价值取向。从 ChatGPT 模型的应用实践来看，面对不当指

令或请求时，其或会出现包括错误价值观及偏见的不当响应，进而容易对用户产生误导。当前，算法已然成为网络内容建设的一项基础设施，是内容运营逻辑的重要组成部分，摸不透算法模型运行的内在机理，即难以管好相应的网络内容。立足网络视听内容生态建设，要进一步提升对人工智能应用的价值引领，探索将主流价值融入算法设计及应用的全链条，规范引导内容创作始终处于主流价值体系之内，及时识别和预判虚假信息、错误思潮、不良价值取向等相关内容，构筑主流价值形态安全保护的技术屏障。与技术应用相映照，亦应将网络视听领域中的人工智能应用纳入广泛的学术和公众讨论之中，鼓励跨行业、跨机构、跨学科协同研究，从而进一步开拓人工智能赋能网络视听内容创作的实施路径，推动人工智能应用更好嵌入网络视听领域和服务网络视听内容健康生态打造。

健全监管机制，防范技术违规应用。在既有新闻传播实践中，以人工智能应用制造假新闻、操控舆论走势的现象时有出现，数据违规、隐私泄露、版权纠纷等问题屡见不鲜，人工智能应用监管机制有待健全完善。随着类 ChatGPT 模型进一步普及应用，聚焦网络视听领域，应坚持用主流价值驾驭和引导技术应用，以政府监管部门为主导，形成较为体系化和可操作化的人工智能应用发展与监管规范，调动行业协会、社会组织、技术平台及用户等主体的参与积极性，着力化解其在数据获取、数据挖掘、知识产权、价值导向等维度的潜在风险，将技术应用置于主流价值和法律法规的标准框架之内。针对未来传播过程中可能出现的技术安全隐患、数据安全隐患、意识形态安全隐患，应结合前期处置经验及行业发展新特征，建立健全研判预警机制及应对预案，确保人工智能应用可管可控。强化监管的同时，亦应对人工智能应用的拓新保持开放态度，在数据开放获取、内容智能创作等方面探索增强监管的灵活性，允许有条件的机构或平台开展先行先试，并相应建立有效的容错纠错机制，进一步激发创新活力，为网络视听高质量发展、加快建成网络强国与文化强国提供有力支撑。

第二节 短视频创作者的职业发展与转型

短视频创作者作为内容生产与传播的关键主体，承担着各类生产要素的发掘、整合及运用等任务，由于创作者经历不同、经验差异、认知有别，全媒体时代的短视频创作呈现出百花齐放、百家争鸣之态，来自个体的生活记录、心灵感悟共同拼凑出新时代中国式现代化故事。作为资源整合、创意构思与内容生成的实施主体，短视频创作者始终是核心生产要素。于数字化背景下考察短视频生态建设，有必要从短视频创作者这一要素着手，以其创作理念、职业状况等为分析切入点，从中管窥短视频发展的整体样态，为推动构筑健康、可持续的短视频新生态提供着力点。

一、数字化驱动短视频创作的理念变革

当前，数字技术应用正越发深刻地渗透短视频内容生产与传播的各个环节，短视频创作的数字化驱动特征愈发凸显，进而推动短视频的创作理念变革与内容创新，为用户带来更为丰富和贴合差异化需求的视听体验。

（一）运用智能化元素，打造爆款创意

以大数据、人工智能、物联网等技术为基础，短视频平台为内容创作者提供了丰富多样的功能支撑，如人脸识别、语音合成与识别、场景识别，或借助虚拟现实（VR）、智能交互等技术进行短视频创作。智能化元素的注入在一定程度上拓展了短视频创作者的想象空间，以多元丰富的表达手

段展示创意、凸显风格[①]。智能化元素的涌现与融入，冲击和重构着短视频创作者的思维方式和创作理念，要求创作者兼顾自身特色与用户需求，设计、调整短视频创作路线，更好地进行创意表达。以人脸识别技术应用为例，短视频创作者可以借助平台提供的人脸识别功能，为自己的短视频设置多样化的滤镜或特效，使视频中的人物能够轻松变换不同神态、表情或造型，增加视频内容的活泼性、趣味性。基于智能场景识别技术，短视频创作时可根据视频内容智能化适配背景音乐、字幕或特效，提升短视频创作效率和专业水准。另外，在游戏类、竞技比赛类、电影片段类短视频创作过程中，通过嵌入 VR 技术，可以使用户自动代入视频中的人物，参与短视频的情节演绎与故事推进，使其获得身临其境的体验，同时提升了短视频内容的交互性、可访问性与观赏性。当智能化元素越来越多地被融入短视频创作过程中时，短视频创作理念逐渐实现从以人为主导到人机协同共创的转向。智能化技术的应用为短视频创作者的创意表达提供了诸多可能性，以新颖的视听效果和逼真的交互体验获得被用户发现、关注和分享的机会，助力创作者打造出更具传播力和影响力的爆款短视频产品。

（二）聚焦精准化传播，凸显数据导向

随着生产要素的数字化、智能化特征愈发凸显，短视频创作者在内容制作过程中也越来越注重精准化传播思维，坚持和突出数据导向，以提升内容生产与传播效率。这种创作理念的转型既体现出短视频创作拥有丰富的数据分析工具作为支撑，也反映出短视频领域流量竞争的日趋激烈，以及用户多元的内容消费需求。数据作为无处不在的生产要素，在短视频内容创作过程中起到引导性作用。短视频创作者能够通过平台上的用户行为轨迹、热点议题等多维度数据，较为精准、深入地了解用户的内容喜好、

① 刘海明，张铭麟．想象 AIGC：生成式人工智能浪潮下融媒体内容生产的思维特征与操作关键［J］．中国记者，2024（2）：4-8.

价值取向、消费偏好等，同时结合平台或其他主体发起的热门话题，有针对性地创作短视频产品。数据驱动的创作思维使得短视频创作者能够跳脱出既有的主观性和经验性框架，以大数据的客观画像为决策依据开展内容创作，提高短视频内容与用户需求的契合度，从而使内容产品获得更高曝光度，提升传播效果。短视频创作突出数据导向，旨在为用户提供个性化的产品服务和提升观看体验，有助于增加用户对于短视频创作者本人及其创作内容的忠诚度与黏性，促使用户更愿意与创作者进行互动和分享，扩大内容传播范围和影响力。同时，短视频创作者也开始借助数据来评估所创作内容的传播表现与交互效果，结合用户观看、转发、评论等数据，发掘用户的兴趣点，找到内容改进与优化的方向，在把握用户需求与流量走向的基础上，及时调整内容创作思路与方向，保持并增强所创作内容的新颖性与吸引力。

（三）建立准社会关系，强化情感连接

当前，短视频已然成为一种重要的社交语言，人们可以基于短视频进行日常展演与交流互动，短视频平台作为建立社交关系的工具和载体，为人们提供了广泛的社交互动机会，短视频用户可以通过点赞、评论、分享、共创等形式与创作者进行有效互动。基于此，短视频创作者在创意生成与内容生产过程中，也越发倾向于吸引用户建立准社会关系，即短视频用户通过短视频这一媒介形式，在短视频平台等虚拟社交空间中与创作者建立紧密的情感联系①。《2023 抖音创作者商业环境洞察报告》显示，95.8%的短视频平台用户都有自己喜欢的内容创作者②。数字化背景下，短视频创

① 王晓红，郭海威 . 可及性：一个观察媒体融合的理论视角［J］. 新闻与写作，2023（11）：24-33.

② DT 商业观察 .《2023 抖音创作者商业环境洞察报告》出炉，什么样的内容能赚到钱？［R/OL］.（2023-10-13）［2024-07-04］. https://www.tmtpost.com/6741546.html.

作不再仅仅停留于对用户的视听刺激与冲击，而是通过精准把握并满足用户对情绪共振和社交互动的现实需求，打造特定风格或属性的人物 IP，依托真实、生动、鲜活和有温度的个性化叙事，触及用户的内心世界，激发用户情感共鸣，赢得用户好感。通过回应用户评论、参与用户话题等方式增进情感连接，增强用户在短视频观看过程中的参与感、认同感与归属感，以高质量内容产品建立起稳固的准社会关系，并以此反哺后续内容创作。但与“准社会关系”的传统内涵不同的是，数字化背景下短视频创作者与用户之间的关系更倾向于双向平等对话和交流，而传统意义上由用户自我感知和建构的是单向度的准社会关系。因此，数字时代的短视频创作时常通过积极回应用户反馈来强化情感连接与情感依赖，以期形成较为牢固、稳定的粉丝社群和新的生产关系，为短视频创作者的 IP 养成与壮大奠定基础。

二、数字时代短视频创作者的职业机遇

受技术发展、用户需求迭代及社交媒体普及等因素驱动，短视频内容生产与传播的智能化、精准化、多元化程度不断提升，新需求、新技术、新业态有效赋能短视频创作者，为其职业发展与转型提供机遇。短视频创作者应与时俱进、开阔视野，找准实现自身发展、提升影响力的着力点，从而在竞争激烈的短视频领域脱颖而出。

（一）个性化创意表达塑造特色 IP

短视频创作者的个体在认知、经验等方面存在差异，因此在观点呈现与创意表达上亦有不同。受数据导向驱动，为更好满足用户需求，短视频创作者的个性化创意输出与表达更显活跃，包括别具一格的编辑手法、话语习惯、叙事视角等。这种突出个体风格的展演方式有助于创作者建立独

特的个人品牌形象，提高辨识度，吸引更多用户关注。在内容的深度挖掘方面，短视频创作者能够依托大数据、人工智能等技术识别用户需求，并深度挖掘自身擅长的内容领域或题材，以专业知识引导用户深度思考并参与互动，赢得粉丝群体的持续支持，从而提升其在特定领域的影响力与领导力①。短视频创作者基于个性化的创意表达，塑造出具有较高识别度的特色IP，能够有效建构并凝聚粉丝之间的共同认同，形成较为稳固的粉丝基础，对于提升短视频创作者的内容传播力具有积极意义②。长远来看，个性化的表达在塑造IP、吸引关注的同时，将进一步促使短视频创作者进行主动、积极的创新创造，使其与粉丝之间建立更为紧密的连接纽带，获取粉丝信任与依赖，由此也将带动短视频领域及整个视听行业对于内容质量、内容价值等产生深入认知并开展规范化建设，促进短视频内容生态可持续、多样化延展。另外，个性化特色IP的打造与形成亦能够有效提升短视频创作者在商业化转型过程中的竞争力与合作吸引力，为其开展多样化的商业运营提供品牌基础。

（二）新技术加持提升内容生产传播效能

在智能传播背景下，大数据、人工智能、VR等技术日益深度融入短视频创作全流程，短视频创作者纷纷借助新技术提高内容生产力，从创意构思到视频制作再到后期传播，新兴技术都发挥着重要作用。对创意构思及内容策划而言，短视频创作者可以借助人工智能、大数据技术对用户数据进行挖掘分析，迅速了解目标用户的需求与偏好，有针对性地进行内容策划③。同时，ChatGPT等大语言模型不断涌现和迭代更新，亦能够帮助短视

---

① 邹韵婕，韩晓宁．“图书＋短视频”：知识螺旋生产与传播实践研究［J］．编辑之友，2023（11）：67-74.

② 郭海威，赵熳．科普短视频的发展现状、面临的问题及优化对策［J］．科技智囊，2022（8）：68-72.

③ 罗自文，熊庾彤，马娅萌．智能媒体的概念、特征、发展阶段与未来走向：一种媒介分析的视角［J］．新闻与传播研究，2021，28（S1）：59-75，127.

频创作者更为精准、有效地挖掘热点议题，生成创意灵感，提高短视频内容生产的创造力与创新性①。对内容生产效率与质量而言，智能化技术应用能够充分介入视频制作的各个环节，包括视频拍摄、剪辑与后期处理，人工智能技术能够基于精准识别自动生成具有较强视听冲击力的内容产品，使短视频内容更加丰富多样，吸引用户关注与互动。对内容传播环节的技术赋能而言，5G技术的普及应用确保了视频内容的传输速度与质量，高清视频、全景直播等技术使用户获得良好的视听观看与交互体验，有助于提高用户黏性。而大数据分析与算法推荐则能进一步提高内容的个性化定制与精准化供给水平，更好地匹配用户内容偏好、满足用户需求。区块链技术的应用也为短视频创作者的版权保护与内容分发提供了更多可能性，使短视频内容传播流程更加公平、透明，创作者收益更有保障。

（三）多元发展拓宽创作者职业路径

伴随技术赋能与全员参与，短视频创作者正面临着愈发激烈的竞争环境和不断变化的市场环境。同时，新技术、新业态的持续涌现也为短视频创作者的多元发展带来可能，为其拓展职业路径、增加收益提供重要机遇。目前来看，短视频创作者深挖细分领域，基于自身优势尝试依托多平台、多渠道拓宽发展路径，如通过入驻抖音、快手、哔哩哔哩、微信视频号等平台，结合所在平台属性及用户特点，以差异化策略开展内容创作与传播，以跨平台传播扩大影响力与传播力。部分短视频创作者依托自身擅长领域，在知识付费、内容付费领域进行探索，通过开设付费课程、线上直播授课等形式为订阅用户提供内容服务，以此实现内容变现。亦有不少短视频创作者尝试涉足直播带货领域，通过品牌合作推广和线上直播带货获取经济收益并提升个人品牌价值。另外，接受广告投放、举办线下粉丝活动、进

① 喻国明，李钒．生成式AI浪潮下平台型媒体的规则重构、价值逻辑与生态剧变［J］．苏州大学学报（哲学社会科学版），2024，45（1）：167-175.

行 IP 授权、打造内容衍生品等均是短视频创作者多元化发展的具体尝试。飞瓜数据发布的《2023 年短视频直播与电商生态报告》显示，2023 年抖音创作者的主要收益来源包括流量分成、短视频营销、投稿任务、电商带货等，其中腰部以上达人更倾向于通过直播带货实现变现①。但需要注意的是，多元化发展的前提在于短视频创作者拥有一定的品牌积累与能力基础，同时要对所在领域的前沿动态保持关注，注重提升自身的内容制作、营销推广、粉丝管理等能力，在不断的学习积累中把握职业发展机遇，适应智媒时代短视频行业的快速变化，进而实现自身的成长与可持续发展。

三、新形势下短视频创作者的发展困境

数字化背景下，新的生产要素、生产关系有效赋能短视频创作，为短视频创作者的创意涌现、内容策划、视频制作与传播等提供了有力支撑，无疑为短视频创作者的职业发展带来诸多机遇。然而，机遇与挑战并存，短视频创作者在拥抱新技术、新机制、新业态的同时，也面临着内容低质化、同质化，以及难以形成可持续商业模式等问题。锚定短视频领域生产力提升及优质生态建设，有必要从源头着手，厘清短视频创作者所面临的发展困境与瓶颈，为形成可行性的解决方案寻找抓手。

（一）作品追求视听享受而缺乏深度

新视听格局下，随着短视频平台兴起、用户规模迅速扩大，短视频内容产品在一定程度上存在着过于注重视觉冲击和情绪刺激而忽视内在价值的问题，多数作品内容缺乏深度。这一现象既是当前短视频内容生态的具体表征，亦是短视频创作者在内容策划与生产时难以突破的瓶颈。究其原

① 数局．飞瓜数据：2023 年短视频直播与电商生态报告［R/OL］．（2024-02-01）［2024-07-04］．https://www.163.com/dy/article/IPSJP9KA0511B3FV.html.

因，一是短视频平台的商业化运营潜移默化引导或促使创作者在内容制作时突出视听享受，平台通常基于播放量、点赞量、转发量、观看时长等指标来评估内容质量，并据此进行推荐和奖励，由此导致一些短视频创作者为了吸引眼球而追求浅层次的感官刺激，忽视了内容的内在价值与深度。二是碎片化、快节奏的生活状态使得短视频用户倾向于在碎片时间内迅速获取信息和情感刺激，而对于需要较长时间思考和沉淀的内容则容易产生疲劳，由此从侧面促使短视频创作者在内容生产时更注重凸显视觉冲击与快感，弱化对知识、思想等深度内容的融入与呈现，导致情绪化、娱乐化的内容充斥于网络空间。三是短视频创作者自身容易受到算法推荐等因素影响，加之部分创作者抱有快速“爆红”的心态，缺乏持之以恒、长期深耕的定力，使快餐式创作无营养内容成为常态①。要改变这一现状，需要监管机构、平台、创作者及用户各方共同努力，注重短视频的内在价值呈现与精神感召，形成并不断强化优质生产力，在满足用户娱乐休闲需求的同时，引导用户进行深度学习与思考，充盈人们的内心世界。

（二）激烈流量竞争中的文案焦虑

随着短视频用户规模持续增长，越来越多的内容创作者涌入短视频领域，技术赋能带来内容喷涌的同时，也导致流量竞争日趋激烈，内容同质化现象愈发突出，部分短视频创作者在内容策划与生产时力不从心，文案焦虑成为创作者普遍面临的一项难题。在短视频平台上，好的文案能够吸引用户关注、获取曝光度和高点击率，但由于许多创作者自身经验积累或表达能力有限，加之对新技术的掌握不足、运用不充分，所策划的文案往往由于缺乏特色而难以出众。文案焦虑的背后是知识焦虑、技能焦虑和创新焦虑，聚焦短视频各细分领域，相关领域创作者要想在内容洪流中获取

① 任孟山，王琳．新闻短视频的生产与秩序：从赋权到规约［J］．中国编辑，2023（11）：77-83.

用户注意力，往往需要具有一定的专业知识或实践经验，专业化水平不足则容易导致对具体议题的理解不透彻、表达不准确，问题表达或观点呈现缺乏新意，创作的短视频内容缺乏深度、厚度及温度，亦将影响其争夺流量与用户的能力。短视频创作者的文案焦虑与创新匮乏，将直接传导至用户内容消费，使短视频用户对现有内容生态产生审美疲劳，降低对相关创作者的关注度与依赖度。作为创意输出与内容生产主体，短视频创作者应理解和认识到这一问题的根源性所在，从提升自身专业素养出发，坚持以质取胜，提升知识素养、技术素养、创新素养等综合素养，避免因循守旧、闭门造车而陷入同质化、低质化的泥沼，为用户提供有分量、有价值的内容产品，培养和用好跨界思维，从而不断尝试新创意、打造新增长点。

（三）难以建立长效商业变现机制

对部分短视频创作者而言，由于未能探索形成长效、可持续的商业变现模式，短视频内容生产或经济收益不可持续，成为短视频创作者个体发展中的又一难题。短视频平台为广大用户提供了自我展示与社交互动的舞台，但具体到短视频创作者的商业化转型，目前多数创作者仍面临变现难、收益低、商业化不可持续等问题，广告分成、付费打赏等收益方式难以支撑短视频创作者的长期稳定收益。短视频创作者个体能力参差不齐，虽然部分高质量创作者能够以优质内容吸引粉丝、打造专属特色 IP，较为高效地实现商业变现，但仍有大量创作者在创意水平、创新能力、专业能力等方面不尽如人意，其中不乏创作者为获取短期流量或经济效益，通过传播谣言、炒作热点议题、放大社会矛盾等方式，刺激人们的敏感神经，引发舆论纷争，对短视频生态建构造成不良影响和负面冲击。另外，短视频平台的算法推荐规则经常变化，需要创作者不断摸索、调整创作策略，由此也为短视频内容变现带来一定的不确定性。总体来说，由于受到自身素养、内容竞争、平台规则等因素影响，短视频创作者的内容变现充满不确定性和不稳定性，要构建并强化长效变现机制，就需要以系统思维和全局视野对短视频创作进行谋篇布局，提升自身综合素养，做到应势而动、顺势而为，在激烈的流量竞争中占据主动地位。

四、短视频创作者素养提升的着力方向

为促进短视频领域高质量发展、营造清朗网络空间，短视频创作者应从自身实际出发，熟练掌握并运用好新技术，全面提升短视频创作、传播及运营能力水平，不断提升个体综合素养，兼顾记录个体日常与讲好中国故事，满足内容需求与强化价值引领并重，实现自我成长与丰富用户精神世界并行，为新时代背景下视听新生态建设贡献力量。

（一）与时俱进，对技术创新保持关注

面对短视频智能化传播，创作者要充分抓住新技术应用为内容创作与传播带来的新机遇，以前瞻性、未来性、科学性思维对网络空间中各类新兴技术保持关注，并将其有机融入短视频生产与传播全流程，适应新业态发展需求[①]。如运用人工智能技术进行视频的智能制作，用 VR 技术为观众提供沉浸式体验，用区块链技术保护内容版权，以大数据为支撑获取用户画像、找出目前受众的兴趣点等，对新技术保持关注并积极尝试，有助于短视频创作者涌现灵感、产生创意，从而打造和输出具有独特性和创新性的短视频内容。短视频创作者要对新的技术应用、新的视频玩法保持好奇心、培养探索欲，通过自主学习或参加培训拓展创新视野、提高技术水平，使自身成为兼具技术思维与人文关怀的内容生产者。在此过程中，亦应平衡好技术与人的关系。对于技术这一内容创作的辅助工具，创作者应以客

① 杜智涛．技术身体再造虚拟数字人的正面效应与风险研究［J］．人民论坛，2023（23）：44-47.

观理性的态度看待和使用技术，避免盲目乐观或悲观，要始终坚持并不断强化人在技术创新应用中的主导作用。须知短视频最终传播效果的实现在于人与人之间的交流，即创作者与观众，以及观众之间的交流互动，技术创新要始终以服务和提升人与人之间的交流感为目标[①]。据此，以技术创新应用为抓手，短视频创作者将在为用户提供新鲜生动的内容景观的同时，拉近人与人之间的心灵距离，有效提升内容传播力与影响力。

（二）融合传播，兼顾内容专业性与表达通俗性

全媒体时代，面对用户的个性化偏好、多元化需求，短视频创作者应在内容议题、内容形态、话语体系等方面兼顾好内容专业性与表达通俗性，从而使得不同用户在观看其短视频内容时，均能有效理解并引发不同思考和体会。短视频创作者要在该领域实现长远、可持续发展，就需要建立并巩固好粉丝基础，使目标受众对其形成信任感与依赖感，这就要求短视频创作者在提升自身专业知识及技能的同时，注重提升所创作内容的通俗性与普适性，由此进一步壮大创作者的粉丝队伍，为后续的职业转型发展提供影响力支撑。短视频创作者在提升自身综合素养时，要对新知识、新技术、新理念、新表达、新需求等进行全面关注和学习，及时转化、吸收、再输出，真正做到学以致用。要注重提升自身融通表达的能力，即在进行内容创作时，兼顾好严肃性与活泼性、知识性与趣味性、价值性与娱乐性，让用户在观看内容时，感到深入浅出、有趣有用[②]。与此同时，短视频创作者在内容生产过程中，可以探索跨界合作和资源整合，围绕特定议题与其他领域的专业机构或意见领袖进行内容共创，整合专业资源与内容，并以

① 吴兰兰，郭栋 .AI 编辑在内容生产中的应用及创新探析［J］. 中国编辑，2024（3）：64-68.

② 王晓红，魏韬 . 短视频平台传播中华优秀传统文化的媒介逻辑［J］. 中国编辑，2024（2）：11-15.

通俗化语言或形式展现给用户，在为内容增添新鲜元素的同时，亦能够有效提升短视频内容的专业性和权威性，这对于创作者自身品牌建设而言无疑是加分项。

（三）坚守底线，探索多元化商业运营

短视频创作者应坚持内外兼修，将价值引领贯穿渗透至内容策划及创作的全过程，强化技术创新赋能，以优质内容为支撑，开展多元商业运营探索。面对短视频领域激烈的流量竞争，创作者要将短期创新出圈与长期蓄力转型相结合，适时尝试新的运营模式并应势而变，最终通过不断探索形成与自身创作风格相匹配的商业化运营机制。短期来看，短视频创作者要在短时间内以个性化标签创新出圈、收获好感。长期来看，短视频创作者应在紧抓短期出圈机遇的同时，充分依托自身比较优势蓄力提升，做好粉丝运营、IP 打造及品牌建设，深耕所在细分领域，建立良好的粉丝口碑。在此基础上，可尝试通过与其他创作者、品牌商家及孵化机构开展合作，探索以新的运营模式实现内容变现和粉丝价值最大化，提升创作者自身的商业价值。无论是短时出圈还是长期蓄力，短视频创作都应做到坚持底线、不触红线，要将主流价值融入内容创作，在实现个体成长与商业化转型的同时，助力构筑良好的网络内容生态，引导观众在内容消费过程中形成积极向上、健康向善的价值取向。

第三节　基于内容生产的短视频传播效果提升

面对纷繁复杂的网络空间环境，要实现和提升好短视频传播效果，应准确认知、充分利用短视频内容生产所涉各类关键要素，紧跟移动互联网传播的规律和步伐，构建新型传播体系，借助技术、渠道实现好内容赋能，

站在短视频用户视角推动传播方式革新，形成规模化的用户集聚，继而以社交互动实现价值增值，强化以短视频为中介的传播各方之间连接的稳定性，更好沉淀用户、增强对短视频内容和品牌的忠诚度。

一、共情：短视频传播效果提升的叙事前提

短视频内容传播的叙事基础，是对内容本身共情价值的挖掘，有温度的共情叙事，是短视频内容传播能够取得积极成效的关键性因素。在短视频内容传播实践中，并不缺少有价值的传播议题，但却普遍存在对共情价值的挖掘不够深、不够细的问题。如围绕社会治理议题，或重展示轻叙事，急于显示治理成效，或重事实轻关怀，以客观材料为主缺少温情，或重宏观轻微观，突出政府治理雄心却缺乏好的故事支撑，框架有余而细节不足，使相关议题传播难以获得广泛认同①。

（一）视觉共情助益正向联想

认同的先决要素是共情，良好的情绪、情感基础，是对话和交流的重要前提。心理学视域下，将共情划分为两个阶段，一是情绪共情，二是认知共情，从实现的难易程度来看，目标对象形成认知共情的难度更大。进入全媒体传播时代，在碎片化传播、浅阅读特征下，受众读图、读屏的能力显著增强，信息外在形式的丰富性在一定程度上决定了其传播效果，相较文字叙事，短视频的理解门槛更低，以其更加直观的视觉冲击全面调动受众的听觉和视觉，促进受众产生情感共鸣。因此，在情绪共情和认知共情的前期阶段，还应包含视觉共情阶段。视觉共情，即通过视觉传播的方式快速唤醒受众正向情感联想，虽然其持续的时间较短，对情感的调动也

① 辛美玉，郭海威．内容生产视野下短视频传播效果优化路径研究［J］．新闻论坛，2022，36（3）：44-46.

较浅，但在长时间、多频次的视觉刺激下，依然有助于受众形成正向的情感联想。从传播学受众选择理论来看，视觉共情主要发生在选择性接触阶段，在受众决定选择接触哪些信息时，短视频视觉共情实际上已经完成。

如一些来自监控摄像、航拍跟踪等的视频传播材料，运用在短视频内容中，能够最大限度减少“以我为中心”的主体叙述方式，能够突破语言和文化的隔阂与障碍，以更加直观快速的方式抵达受众，通过展示真实的生活场景，能够拉近内容本身、创作者等与受众之间的关系，并与受众熟悉的生活场景迅速连接，将短视频中的温暖情感等传递到受众内心深处。

（二）情绪共情促进价值沉淀

情绪共情是对不同受众普遍情感的唤醒，对沉淀所传递的思想价值具有积极作用，也正因其具有情感上的动员作用，反而要将所传递的思想价值转化为最广泛、最普遍的人类情感价值。良好的情绪共情，需要不断挖掘事件背后的好故事。有研究认为，共情有助于个体产生利他行为和亲社会行为，而群体共情有助于减少群际攻击性行为和群际冲突，改善群际关系。在短视频内容生产与传播过程中，短视频内容本身往往对用户自身的信息储备要求较低，不存在巨大的文化水平差异性。用短视频讲好故事，激发和唤醒人们普遍的情绪，借助某种情感主线，能够为展开短视频共情叙事、获得情感共振建立良好铺垫，形成认知共情，在态度和行为中收获认同，无论在当下还是在未来，都是短视频传播的关键目标。认知共情作为共情传播的最高阶段，有其自身发展规律，不能一蹴而就。但在短视频传播过程中，良好的视觉共情和情绪共情，有助于形成正向情感、正向价值的沉淀，为认知共情提供了生发的土壤。

就情绪而言，文化差异等因素在人们的情绪共鸣上并没有太大影响，那些能够真正触动人们内容的符号、动作、行为等，尤其是通过短视频这种形式，往往能够迅速唤起人们的情绪共鸣和共振。

二、破圈：短视频传播效果提升的方向突破

长期以来，对于类似大气污染防治、水环境治理等专业度较高的新闻议题，因其信息门槛高，缺乏更广泛的公众参与，导致无论是在国内还是在国际舆论场，都具有较为明显的圈层传播特性。且此类议题的既有叙事框架已经固定化，要实现对其传播成效突破，必须突破现有叙事框架和思维定式，实现破圈传播。

（一）可信是破圈的基石

好故事能够破圈传播，前提条件一定是真实可信。尽量减少人为操作痕迹，以更具可信度的方式讲述故事，是短视频内容传播突破现有瓶颈束缚的重要原则之一。但同时也要正视，在当下传播格局中，一些刻板、固定思维的论证说理方式在提升可信度方面显然不如一个真实可信的好故事传播效果更好，动之以情，往往能够使短视频传播能够在短时间内获得最大公约数，引发广泛共鸣。

在短视频内容生产与传播过程中，内容的可信度往往是从真实记录中产生，短视频创作者将镜头作为面对面的朋友的真实表达，是其建立和增加可信度的重要特征和方式，而这种叙事方式也正是短视频内容传播实现破圈、收获信任与认同的关键路径。

短视频内容的可信度的建立通常需要多方面交叉验证，从而建立信任基础。这种可信度不只是内容的可信度，同时还包括内容创作者自身在网络内容生态中的信用基础，短视频下的评论互动同时对可信度建立具有重要影响。因此可以这么说，这种可信度不是从“我”的叙事角度提升，而是从他叙中获得。

（二）话语是破圈的利刃

目前来看，短视频内容传播成效难以突破的原因之一就在于话语隔阂，短视频内容生产、传播者与接收者之间未能建立起良好的共通话语模式，导致基于短视频内容的信息、情绪传递平行错开，不同的话语体系之间由于差距较大，存在一定的理解壁垒和信息沟壑，使得多数短视频传播难以取得好的成效。主动打破现有话语体系，坚持互联网思维和用户思维，探索将观点表达进行大众化“转译”，是短视频传播实现破圈过程中亟须解决的现实问题。短视频在内容生产与传播过程中，应注重摒弃空洞、宏大等叙事话语风格，从细节中挖掘作为个体的人所共通的情感和价值，把曲高和寡的说理论述等变成平易近人的娓娓道来。

如围绕云南北迁象群的短视频传播，该类短视频内容之所以广受欢迎，在于其将爱与回归的主线贯穿其中，以人类共通的情感、价值为内容要素，引发广泛认同。当地政府、民众积极行动，为象群迁徙提供支持，为人们输出并形成了关爱动物、充满爱心、追求人与自然和谐的中国形象。大象旅行团的相关短视频内容之所以打动国内外网友，正是在处理象群迁徙过程中展示出的生态环境保护意识，这与人的普遍情感和价值追求是一致的。在大象损毁财物补偿、保护象群安全、引导大象回归等短视频画面中，没有人象对立的冲突画面，反而传递出真诚与善良。

透过短视频，当地朴实的民风令人印象深刻，“大象也饿了，它们又不是故意的”“这个怎么说，像孩子一样，贪吃点没什么事儿”。监测象群的工作人员接受采访时称“白天监测象群时，看到它们睡觉休息以后，我们会拉高无人机的高度，避免无人机的噪声影响，或者是保持静默，利用红外望远镜、人工观测的方式，尽量不打扰象群休息”等充满温度的细节，看似平淡无奇，却为整个议题的传播注入了人情味，才建构起有血有肉、接地气、追寻爱与回归的传播话语体系。

三、连接：短视频传播效果提升的价值集聚

要实现短视频传播效果优化，应注重思路转变，使得基于内容生产的短视频传播从扁平走向立体，通过建立多点连接，实现价值共创，助益在短视频传播过程中集聚正向价值。

（一）多要素价值连接

一个好故事，其意义必然是多元的，单一、扁平的价值框架，必然影响好故事的传播效果。因此，在短视频内容生产与传播实践中，必须要对故事素材进行多要素价值连接，把偶发性事件变为对现象的深入思考，多角度、多层次、多维度进行价值挖掘，有助于提升好故事本身的传播动力。在同一事件的短视频叙事框架中，往往可以看到多条叙事线索并行交错，其在一定程度上丰富了故事的叙事维度，满足不同短视频用户的个性化、差异化信息需求。通过一条叙事主线，将多条线索、多类要素等串联起来，以丰富的叙事视角、真实的生活图景呈现，能够传递出引发情感共鸣共振的叙事图景。通过多要素集聚，短视频内容生产与传播能够跳出叙事议题本身，而实现更多的社会价值连接功能。

围绕某一个事件，某一个创作者或多个创作者之间能够推出不同视角的故事，从而给短视频用户带来多种价值思考，在此过程中，人们能够从短视频中收获所讲述故事之外的其他内容，实现更为广泛的价值传递和创造。

（二）多主体价值共创

多主体的价值共创是全媒体时代短视频内容传播效果优化的必然选择。价值的创造与传递并非一厢情愿，而应是在多方共同参与的模式下形成共鸣和共创，因此，短视频的内容生产与传播同样应是多主体协同交互的价

值共创体系。在这一传播体系中，不仅包括了内容生产、传播者与接收者之间的互构关系，还包括了不同的内容创作者之间的价值共创，在此过程中，内容生产与传播所涉各方主体都肩负着传递和引领社会主流价值的重要使命任务。从内容生产与传播主体来看，其可以从多重视角讲述故事、传递价值，使得社会价值和意义表达具有多种形态、语态，为短视频内容接收者提供丰富多样的选择，助力社会价值和意见建构的实现与达成。从内容接收者来看，短视频内容接收者在消费内容的过程中，实现对内容的解码，并根据自身知识、经验等积累实现自我理解、吸收和再传播，从而实现了价值创造与增值。在多方共同参与下，短视频的价值共创和价值增值得以实现，助力提升短视频传播效果。

短视频在社会意义建构或者社会价值生成方面，不是依靠某一单一主体就可实现的，尤其是在当前这种人人皆媒体的新传播格局中，价值共创已经成为共识。比如说通过短视频讲好我们奋进新征程的中国故事，不是说一家主流媒体通过新闻生产与传播就能够实现的，还需要广大的短视频用户从自己的视角讲述生活富裕、讲述生态环境改善、讲述交通便利等，只有多主体共同参与其中，才能讲好中国故事。

四、体验：短视频传播效果提升的用户思维

短视频作为一种信息传播形态，其目标仍是为用户提供满足其需求的信息内容。因此，探讨短视频传播效果优化，必须坚持用户思维，从用户体验视角出发，深度挖掘内容、技术、场景等对用户体验和需求满足的促进机制，从而推动短视频传播取得更好效果。

（一）立足用户，挖掘内容价值

面对复杂的信息传播生态，短视频内容生产与传播应始终坚持用户本

位，以用户乐于接受的方式，引导用户参与短视频内容的接续创作、传播及交互，从用户使用习惯出发，从而对用户心理的洞察更加明晰，以更好地了解用户需求。移动互联网时代，立足用户显得愈发重要，技术解放了信息生产力，使得被动的受众转为主动的用户，用户不仅有接收信息的能力，更有与传播者共同创造、传播信息的能力，对用户的心理、行为及媒介使用习惯等方面的精准把握和分析，有助于短视频内容生产与传播者从用户视角更好地挖掘内容价值，并通过不同话语模式、呈现形态等进行价值赋能，达到意想不到的传播效果。

短视频内容生产或者传播，本质上来说是为了更好地迎合或称之为满足用户的需求，这其中包括审美需求、情感需求、互动需求等，我们做算法开发，包括算法的自主学习，目的在于通过对已有行为数据的分析、挖掘，找到用户的行为习惯，预测用户可能的使用偏好，进而推动精准决策。

（二）技术应用，创新产品组合

在当前以用户为中心、讲求个性化服务和体验的“去中心化”移动互联网新时代，短视频类社交媒体的勃兴，不仅使得信息的传播模式发生改变，也促使短视频内容生产与传播主体运用互联网思维开展传播和交流活动。运用互联网思维，即“贴近群众”，尽可能地让用户接触到更全面的信息，进而促成不同观点、思想的交流互动。新技术环境下，通过嵌入新兴技术应用，将打造沉浸式短视频、交互短视频等多种内容形式，通过不同内容产品组合为短视频传播效果优化提供更多可能。

（三）打造多维用户体验，拓展传播空间

“跨屏时代”的到来使得“时间中心观”向“空间中心观”转变，如何对空间进行有效利用，成为短视频传播效果优化必须思考的重要议题。一些短视频内容生产与传播通过推出各类话题、人气打榜等形式，有效提升

了相关议题的活跃度，进而促进更多优质内容生产与输出，形成良性循环。在这其中，短视频用户通过各种交互方式参与内容消费与体验，在此过程中，内容主题、社会主流价值更加深入人心。

通过打造多维用户体验，不仅有助于拉近创作者与用户、用户与用户之间的关系，也有助于短视频内容生产与传播从时间维度向占领空间维度拓展，增强传播的有效性。

五、共治：短视频传播效果提升的协同路径

在当前的短视频内容生产与传播过程中，受到大数据、算法等的影响和驱使，短视频内容生态的价值导向不时出现偏差，一些博眼球、追求爆款的短视频内容层出不穷，且其往往在特定规则之下，以打擦边球的形式实现内容输出，难以被察觉，导致短视频内容生态风险系数不时增加，为网络空间治理带来新的难题。这其中，基于过去数据的训练运算，不同数据系统、不同平台的大数据在格式、存储方面都存在较大差异，特别是一些短视频平台已经意识到大数据的商业价值并利用技术手段防止平台数据被不当采集，作为智能算法基石的大数据存在着数据瑕疵，也就意味着智能算法可能出现“以偏概全”的风险，并出现无法预估的情况。比如对于弱势群体的歧视和伤害，因为算法设计人员无意识选择或原始数据存在瑕疵，一旦进入智能算法中就会形成闭环并有可能被放大。

（一）以算法底层数据为治理突破口

作为短视频内容生产与传播的关键性、主导性因素，算法治理需要引起重视。从国际智能算法的治理实践来看，欧盟将智能算法视为一种对数据的逻辑运算，并没有单独对智能算法进行管理和规制，而是对构建智能算法的大数据较为重视，形成了一系列关于网络大数据保护的相关法案，

并将智能算法视为网络软件的一部分，作为整体来予以保护。因此，对于算法治理，如果仅就算法谈治理，则治理的张力不足，治标不治本。在算法治理中，加强对支撑算法的底层数据的监管，将成为短视频领域算法治理的重要突破口，确保进入智能算法领域的数据是合法、合规，不存在非法数据采集及个人数据滥用等问题，由这些底层数据所架构起的算法将会降低治理的难度和挑战，为短视频传播效果优化提供基础支撑。

目前相关监管部门已经就用户数据采集与使用出台了相应条例，对数据的规范化采集和使用起到监督和引导作用，这样一来，就有助于从根基着手优化数据要素使用，对网络内容建设与管理具有促进意义。

（二）多方参与的协同治理框架

短视频作为当前社会主流传播形态，未来将有更广阔的发展空间。围绕短视频治理，以政府为主导的治理格局，在新传播环境下，其局限性愈发凸显。短视频内容生产与传播体现出较强的公共属性，人人都可参与，因此围绕短视频内容生态的治理同样具有公共属性。应在具体实践中吸收治理理论中的多元、协同等观点，形成政府、行业协会、平台、创作者、用户等多方参与的短视频内容生态治理框架。其中，政府治理应发挥压舱石作用，行业协会应发挥协调作用，以行业协会为主导建立完善短视频平台的自查自审机制，有助于激发短视频平台自我治理的能动性，将互联网治理的关口前置，可有效减少指令手段的事后调节。短视频创作者、用户应注重提升自身媒介素养，为良好短视频内容生态建设贡献力量。

第五章

网络意识形态领域风险挑战与战略因应

在世界发展进程中，以互联网为代表的信息技术日新月异，创造了人类活动新场景，推动了社会发展新变革，开拓了国家治理新方式，丰富了人类传播新手段，同时也正在深刻变革着人们的生产生活方式，有力地促进了人类文明发展与进步。当前，互联网发展在为舆论传播提供新平台、新场景的同时，也正成为意识形态斗争的主要阵地。

第一节　我国网络意识形态发展现状及风险防范

互联网已经成为舆论斗争的主战场，在互联网这个战场上，我们能否顶得住、打得赢，直接关系我国意识形态安全和政权安全。当前意识形态领域斗争依然复杂，要不断增强意识形态领域主导权和话语权，建设具有强大凝聚力和引领力的社会主义意识形态，使全体人民在理想信念、价值理念、道德观念上紧紧团结在一起。目前，网络意识形态发展正逐渐趋于多样化和复杂化，政府对社会舆论的引导难度不断增加，如何客观理性地认识当今网络意识形态的发展状况，有效防范网络意识形态所带来的风险、维护好网络意识形态安全，对于实现国家长治久安和促进社会和谐稳定发展意义重大。

一、网络意识形态的源流

意识形态的概念最早由法国思想家托拉西在《意识形态原理》中提出，

他认为意识形态表示一种全新的观念科学，是服务于人类社会、促进人类社会不断走向良性发展、位居所有社会关系之上的思想体系，而非单纯的诠释性理论[①]。马克思、恩格斯认为意识形态是社会上层建筑中的社会思想意识内容，是一种观念。马克思主义提出，意识形态是能够完整、有效地反映社会经济基础和上层建筑的思想体系，从中可以观察到特定阶级、集团的长久性的政治和经济利益所在，具有较为鲜明的阶级性[②]。马克思、恩格斯对当时统治阶级的资产阶级意识形态进行了系统性的批判，认为资产阶级的意识形态是资产阶级从自身利益出发所设定的思想幻想，从而遮蔽社会现实的精神力量[③]。从意识形态提出至今，关于其概念的界定与解释一直没有统一的认识，伴随研究的深入与拓展，意识形态的概念内涵也愈发丰富和复杂。但是作为政治性和现实性很强的概念，目前认识较为统一的是上述马克思、恩格斯所提出的意识形态的概念，主要指作为思想和观念上层建筑的意识形态，具有鲜明的阶级特征，服务于社会的经济基础。因此，本书认为，意识形态是指在一定的经济基础上建立、服务于所代表阶级或社会集团、又反过来指导所代表阶级和集团行动的思想观念体系。

但是，在学术研究和实际使用中，经常存在将意识形态与舆情和舆论混淆的情况，这三者虽然具有一定的联系，但是在概念和指涉范畴上仍存在一定的差异性[④]。首先，就舆论和舆情来说，二者既存在交叉的共同范畴，也存在各自的独立领域。有研究提出：一方面，以民众表达的公开性作为出发点，凡是民众所想的，无论这些想法和意见是否公开表达，都是舆情，

---

① 周恩远 . 意识形态概念综述［J］. 经济师，2012（4）：41，48.

② 李彬彬 . 马克思恩格斯“意识形态”概念再析［J］. 哲学动态，2015（6）：23-27.

③ 付绯凤 . 虚幻与超越：马克思恩格斯对意识形态“虚假性”的批判及其当代价值［J］. 湖北社会科学，2014（6）：18-22.

④ 黄冬霞，吴满意 . 网络意识形态内涵的新界定［J］. 社会科学研究，2016（5）：107-112.

而舆论则是想法和意见的公开表达；另一方面，舆情是民众的观点与态度的集合，而舆论除了包含民众的声音，还包括国家和政府以及媒体的声音，也就是说，舆情的主体主要是社会民众，而舆论的主体则包括社会民众、国家、政府以及新闻媒体。由此可见，舆情和舆论没有显著从属关系，而是各自具有独特的本质特征，其中，关于想法和意见是否公开表达以及表达的主体是区分舆情和舆论的关键因素。其次，正如以上所讨论的，意识形态是在一定经济基础之上形成的人们对于世界和社会较为系统的思想观念体系，这其中，政治、哲学、艺术、道德、宗教、舆论等都是它的具体体现，是上层建筑的组成部分。而舆论是民众或国家、政府等社会主体对于社会公共事务大致相同的意见和态度，舆情则主要是民众对社会公共事务的具体看法和意见的集合，二者都是人类社会活动的产物，归根结底都是由生产活动决定的。由此可见，意识形态对舆论或舆情具有一定的支配作用，舆论或舆情则是意识形态的具体体现，同时也会以特定方式维护和巩固其所体现的意识形态，并对其产生一定影响[①]。

随着互联网虚拟空间与现实社会、网络社会个体同现实社会个体在当前信息环境中相互融合渗透、边界愈发模糊重合，以互联网信息技术为基础和平台的意识形态新形式——网络意识形态由此产生。网络意识形态不是现实社会中意识形态在互联网上的单纯映射，也并非单纯指网络空间中的意识形态，而是表示人们通过网络空间进行交往实践而逐渐形成的意识形态的新样态。综上所述，可以说，网络意识形态就是网民们对社会事件的解释框架。

近年来，我国互联网发展突飞猛进，网络普及率不断提高，中国互联网络信息中心发布的报告显示，截至 2024 年 6 月，我国网民数量近 11 亿，互联网普及率为 78%；手机网民规模达 10.96 亿，手机上网使用率为

① 杨军，黄炎春 . 谈舆论与意识形态的关系［J］. 克山师专学报，2002（1）：109-111.

99.7%。然而，在互联网为人们带来更广阔言论空间的同时，其自身形态的多样性也决定了互联网安全治理的复杂性，随着当前互联网已然成为意识形态斗争的主阵地，加强网络意识形态安全建设成为极为紧迫和关键的战略任务。

基于此，我们更要深刻认识到当前网络空间中意识形态领域的斗争极具复杂性和尖锐性，要在善于利用互联网的同时，做好网络意识形态领域的监督和管理，牢牢把握和增强网络空间中意识形态工作的主动权和主导权，使马克思主义在意识形态领域的指导地位更加鲜明，以巩固全党全社会思想上的团结统一。

二、新媒体环境下网络意识形态的新特点

（一）影响范围扩大化

作为工业革命后最具颠覆性的技术力量，互联网打破了时空界限，消除了国与国、人与人之间的传播隔阂，为人们在信息获取方面带来前所未有的便捷，世界已成为一个“地球村”。如今，全球化成为世界发展的必然趋势，这也直接促成了网络意识形态影响范围的持续扩大。网络意识形态影响范围扩大包含两层含义：首先，互联网发展的全球化促成了网络意识形态内容传播范围的扩大化，互联网的互联互通特性使得各种意识形态都能出现在网络空间，提供了被人们接触的可能性；其次，互联网的全球化意味着网络意识形态影响范围和效果的扩大化，在全球化过程中，互联网的连通性为发达国家向发展中国家输出意识形态提供了极为便捷有利的传播途径，且此时的意识形态输出与渗透在形式上更加隐蔽，渠道也更加多元，其目的是通过向发展中国家灌输西方意识形态而使其逐渐改变甚至放弃自身意识形态，最终实现意识形态入侵。

（二）结构类型多样化

法国著名思想家皮埃尔·布尔迪厄在其后现代主义理论系统中使用“场域”概念来表示由社会关系网所组成的抽象空间，他认为场域中控制资本的行动各方不断为控制有价值的资源而进行斗争，这些行动者因占据资本类型与数量的不同而呈现出多元结构特征。同样，网络空间也可以被视为各种意识形态为扩大影响力而进行“跑马圈地”斗争的场域，网络空间中意识形态的多元化结构类型体现在两个方面：一是在互联网所搭建的全球网络虚拟空间中，多种网络意识形态同时存在；二是在某一特定国家的网络信息环境中，同时存在多种不同类型的意识形态。

对于发达国家来说，虽然其国内存在多种意识形态，但是其所处统治地位的资产阶级意识形态始终牢固占据主导地位，无论在其国内还是在国际上，都具有较强的主导性，不会轻易动摇。然而对于发展中国家来说，由于其在互联网场域中处于弱势地位，自身主流意识形态往往会受到发达国家意识形态的强势渗透，主流意识形态面临被消解的风险，与此同时，“本土”网络意识形态的多元化也会对主流意识形态造成冲击和影响。

（三）交流交锋自由化

作为各种思想意识的聚集地和社会舆论的放大器，互联网已经超出了单纯信息技术的范畴，进而涵盖了众多社会意义。借助互联网的开放、平等、互动等特性，多元思想文化在网络空间相互交流、交锋，尤其是各种错误思潮也开始陆续登场，“新自由主义”即是典型代表，主流意识形态面临挑战。基于互联网自由、共享的精神，网络意识形态自身表现出自由化的特征，主张在维护社会正常秩序的法律框架内，民众可以自由地参与网络讨论、发表各自言论与主张。然而，当前网络意识形态领域中的“新自由主义”通常是世界上主要发达国家刻意无限放大网络中的民主和自由精神，将其绝对化后向发展中国家传播，使其成为网络意识形态斗争的工具。网络意识形态领域“新自由主义”思潮的泛起对发展中国家主流意识形态带来一定风险，主流意识形态的社会引导功能在一定程度上被削弱，最终容易导致发展中国家的社会主流意识形态弱化。

（四）区域发展失衡化

互联网控制产生于互联网信息技术的发展之后，所以在互联网领域中一直秉承着先入为主的“制网权”规则。制网权即国家网络权力，主要是指主权国家对互联网空间的控制权和主导权，是互联网时代的新型国家权力。蒂姆·乔丹（Tim Jordan）曾提出网络权力是管理和控制网络空间的权力形式，涉及网络空间的内容管控和规则制定等。约瑟夫·奈则指出这种权力取决于对与互联网和计算机有关的资源的创造、占有和控制，包括硬件设施、软件、网络以及对这些资源的使用技能。美国是计算机和互联网信息技术的发源地，占据着世界互联网运行的主要基础设施，操控着世界主要信息内容的生产，同时控制着互联网的地址资源和根服务器的管理权，对世界互联网具有最大的控制权。从全球范围来看，不同国家的经济、社会、文化等发展程度不同，间接或直接决定了网络空间中的话语权的强弱，从而导致网络意识形态在不同国家或区域间的发展过程中出现失衡现象，网络空间中的意识形态纷争也不时出现。

（五）渗透方式隐蔽化

在网络意识形态的众多影响因素中，网络文化对其影响最为巨大。网络文化是网络意识形态的重要载体形式，某一网络文化内容本身即代表特定的意识形态类型，所以在网络空间不同意识形态的纷争中，不同网络文化之间的竞争也比较激烈。从国家或区域间的意识形态输出形式来看，其正不断从直观输出走向隐形渗透，尤其是在当前全球网络互通的情况下，以文化为中介、以网络为载体的意识形态渗透正愈发大行其道，其中以发展中国家感触最为深切，发达国家通过输出裹挟本国意识形态的文化产品，在实现经济效益的同时，也在影响和改变着输入国民众的思想认知，而且这种意识形态渗透方式正表现得愈发隐蔽而难以被察觉。

（六）安全管控复杂化

网络意识形态自身具有隐蔽性，可以借助多种载体形式在网络中快速传播，导致针对非主流网络意识形态的鉴别难度加大。网络意识形态本质上是人的内心思想意识的反映，而人的思想本身表现出不稳定性和易变性，这也直接造成网络意识形态的难管控性。虽然目前依靠信息技术能够在一定程度上实现对网络内容的监管，但随着互联网接入门槛降低，民众通过接入互联网实现自我赋权，各种思潮迅速涌入网络空间，多元社会思潮相互交织激荡。另外，伴随全球化趋势愈发显著，复杂的国际形势以及国内仍然存在的不稳定因素使得网络意识形态领域斗争日趋激烈，网络意识形态面临的挑战不断增多，网络意识形态安全时刻面临风险。

三、我国网络意识形态发展现状

（一）主流意识形态网络感召力持续提升

近年来，我国主流意识形态巩固和创新不断取得新成果，在网络空间中的引导力、感召力和凝聚力进一步得到提升。网络新媒体对于社会主义核心价值观的传播整体呈现出宣传角度新颖、宣传手段多样、宣传形式多元等特点。如近年全国两会新闻报道充分借助 AR、VR、5G、人工智能等技术创新传播方式，主动适应移动化、可视化、生动化的网络传播规律，全方位、立体化、多层次对“两会”进行宣传报道，取得良好的传播效果。

同时，伴随主流意识形态在网络空间中的影响力不断提升，网络正能量明显汇集、主流舆论不断壮大，网民的是非意识显著增强、是非辨别能力提高。另外，近年来通过立法来维护社会主义主流意识形态等举措也得到广大网民的普遍支持，网络上不断掀起自觉捍卫革命先烈、英雄人物名誉等各项活动。这些行动表明，主流意识形态正不断扎根于网民心中。

（二）网上意识形态阵地得到新拓展

近年来，大规模全网联动恶性事件逐渐少发，网上舆论生态总体向上向好，全党动手抓网上意识形态工作的成效初显。随着《中华人民共和国网络安全法》《党委（党组）意识形态工作责任制实施办法》《党委（党组）网络意识形态工作责任制实施细则》等重要法律法规、文件的出台和深入贯彻，广大党员干部学网、用网意识明显增强，明责担责、追责问责成效显著，主动担当、敢于亮剑的趋势明显向好。大量网民积极参与传播正能量、批驳错误观点，在网上产生良好反响。网络空间中由政府、媒体、民众等多元主体参与，内容丰富、形式多样、动员力强的网上意识形态传播格局基本形成，网上意识形态阵地进一步得到巩固壮大。在重大舆情事件中，大 V 慎言发声、中 V 异军突起、小 V 积极参与、沉默的大多数被唤醒的格局逐步形成。如在庆祝中华人民共和国成立 70 周年宣传活动中，广大网民自发展示新时代中国特色社会主义建设的伟大成就，发掘感人故事，传播正能量，网上主流价值阵地逐步拓展，网民自我教育和引导能力明显增强。

（三）爱国主义和民族自豪感不断被激发

互联网环境下，借助网络新媒体的便捷性、即时性、互动性等传播优势，关乎国家形象和民族荣誉的重大事件往往可以在瞬间引爆舆论，民众的爱国主义和民族自豪感被激发，并借助各种传播手段得到及时而生动的表达。面对变幻莫测的国际形势，中国不断加强同世界各国的联系与互动，致力于维护国际秩序、推动全球发展，充分展现大国担当，获得国际社会的认可与尊重。但与此同时，国际舆论场中不时充斥着“中国威胁论”，对中国的发展与崛起做不友好的揣测与评论，并借助一些重大事件抛出敏感议题，对我国社会主义发展成果及内政外交进行歪曲解读，甚至攻击社会主义制度，这些都直接引发了国内网络空间中的爱国主义情绪高涨。借助新媒体手段，网民自发表达爱国情感，有效增强了民族凝聚力和认同感。另外，改革开放以来我国社会主义建设取得的一系列重大成就，并为国际社会贡献中国理念、中国方案，中国自信和中国风采在网络空间得到充分展现，中国声音更加响亮。如港珠澳大桥正式通车、举办第一届国际进口博览会、隆重庆祝改革开放 40 周年、工信部颁发 5G 商用牌照、首届亚洲文明对话大会成功举办、北京大兴国际机场正式投入运行、庆祝中华人民共和国成立 70 周年大会、中国政府采取有力措施有效防控新冠疫情等重大事件都充分展现了中国实力，凸显了大国地位、大国影响，激发了广大网民浓厚的国家荣誉感和民族自豪感。

（四）社会思想舆论格局不断调整和重塑

得力于信息技术迭代升级，各种崭新的媒介形式不断出现，互联网正在成为社会思潮和意识形态获取、传播、扩散的主要渠道。伴随知乎、哔哩哔哩、喜马拉雅等网络社区获得广泛关注和应用，抖音、快手等短视频平台也愈发成为新的舆论场，国内社会思想舆论格局在调整中不断得到重构。与此同时，网上思想舆论生态持续向好形成舆论引导新格局。网上舆论出现“圈层”与“社区”、“广场”模式并重、多平台协同影响网上舆论走势的新变化，知识人群与理性声音逐渐成为大多数，网上主流意见群体和权威声音更好地发挥了正本清源、激浊扬清的作用。当前，“00 后”等逐渐成为大学生主体，该群体具有较强的爱国热情，乐于用新颖的形式在网上进行爱国表达，联动参与也是该群体进行网上表达的一大特征。如2019年元旦前后，全国多所大学先后开展了“我和我的祖国”快闪活动，这一活动由大学生自导自拍自演，充分体现了网络时代的参与性、互动性、娱乐性的特点，通过中央广播电视总台与微博、微信等新媒体的广泛传播，取得了很好的传播效果，有效振奋了大学生群体的爱国热情，增强了民族自信心和自豪感。但与此同时，大学生群体心智尚未完全成熟，有时在网络表达中由于缺乏理性而呈现出一定的极端化倾向，需要引起重视。

四、网络意识形态领域滋生的新问题

（一）新兴增长领域活跃

近年来，以微博、微信、新闻客户端以及抖音、快手等短视频平台等为代表的媒体联动性持续增强，各种思想、观念以前所未有的速度在网络空间产生、传播和扩散，对传统互联网场域中的价值体系产生了重大影响。与此同时，互联网中出现众多新兴增长领域，如各种短视频和网络直播平台十分火爆，这种新形势在使网民拥有更多话语权的同时，也对主流媒体的舆论引导作用带来压力和挑战，对舆论场中主流意识形态的主导权造成冲击。网络上的舆情事件时有发生，不断进入公众视野，其中不乏一些包含非马克思主义甚至反马克思主义的意识形态热点舆情事件，持续影响和冲击民众对政府的信心，大肆宣扬同主流意识形态相悖的思潮、主义，使社会主流意识形态面临巨大风险。

（二）错误思潮借机发力

网上错误、有害思潮通常被别有用心之人利用，借时、借事、借史、借势，浑水摸鱼、混淆视听，质疑乃至攻击国家现行制度。

（三）网络舆论暗流涌动

在全媒体时代，各类声音纷至沓来。系列网络意识形态管控措施的出台进一步规范了网上舆论环境，网民素养不断提升。与此同时，非马克思主义意识形态的行动轨迹正在发生变化，简单粗暴的输出模式成为过去，取而代之的是更加隐蔽难以辨别，且极具诱导性的方式方法。在目前的网络舆论场中，有不少来自各领域的意见领袖发表涉及国家和社会各项建设的相关文章或言论，从单一的内容中或许并不能看出有明显的态度倾向，但是整体来看，则可以发现这些内容往往包含各种不良情绪，容易对网上舆论形成误导，从而为非主流意识形态的传播、渗透提供更多机会。如针对中兴、华为事件，虽然多数网民表现出理性爱国情绪，但是也有部分网民只强调“美强中弱”，或是一味批美反美，后两类情绪或是对中国冷嘲热讽，或是表现出非理性的民族主义，此类声音不时泛起，营造“众人皆醉我独醒”的氛围，使不明真相的网民认为其观点独特，从而接受表面个性、理智实质非理性甚至极端的思维模式，加大网络舆论所面临的风险压力。

（四）意识形态屡遭“碰瓷”

当前网络意识形态领域的“圈层化”现象依然存在，“圈层化”主要是指一些公知、大V在网络空间遥相呼应、抱团发声，试图扰乱或引导舆论走向。如民粹主义思潮时有出现，在圈层化效用下借助热点事件和民生问题绑架网上舆论，虽然政府及时介入处置，但仍有人借助网络媒体推波助澜，变相炒作为舆论热点，并极力“碰瓷”意识形态，使网上舆论具有情感煽动力、舆论爆发力与街头动员力，严重扰乱社会秩序与意识形态安全。值得警惕的是，部分网民由于缺乏辨别力而容易受到诱导鼓动，由此形成的“街头性”骚乱现象，或有可能成为某些势力对主流意识形态的攻击由头与“颜色革命”的利用工具。

（五）内外舆论互动加深

互联网打破了传统意义上的时空界限，实现了跨边界的实时传播互动。国际上的热点事件可以轻易传播到国内，国内网络中的热点议题也可以迅速传播到国外，国内外网络舆论的互动频率增加，相互作用的程度加深。当前来看，网络舆论工作面临着愈发复杂的国内外环境，网络的开放性决定了网络舆论场的开放性，境外网络舆论对中国事务关注度持续提升并热衷于同国内网络舆论进行互动，热点议题上升为国际议题的可能性增加，其所产生的国际影响力不可小觑。在此过程中，国内外意识形态间的激荡与斗争也将日趋激烈。

五、有效防范化解网络意识形态领域风险

（一）制定意识形态底线标准，推进法治化管理进程

网络意识形态、网络舆情舆论、谣言传播复杂交织，网下社会矛盾呈现为网上舆情舆论，意识形态“碰瓷”现象屡见不鲜，意识形态对峙及其批评时有表现。为此，需建立长效净网专项行动机制，坚持依法管网、以网管网和信用管网，制定网络意识形态底线标准势在必行。厘清、调整有关网上意识形态安全各项法律法规关系，完善衔接配套，以建立网络综合治理体系为目标，积极完善网上意识形态立法机制和法规体系，为新时代网上意识形态管理提供制度保障。有步骤研究制定纲举目张的底线标准框架，不断总结论证、细化条款、完善细则、有效落实，通过不断实践来丰富内容，在合适时间正式形成部门规章制度。加快建立长效净网专项行动机制，落实意识形态工作责任制，加强网上意识形态阵地建设与管理，强化主流意识形态存在感。重点整治网上意识形态领域突出问题，严厉打击

各类网上违法违规行为，营造清朗的网络空间。在风险管控上强干立枝，有效区分意识形态与非意识形态内容，让各社会主体有法可依、有章可循、有例可遵。

（二）增加网络内容有效供给，疏导网络舆论“堰塞湖”

加强网上内容有效供给，不断增强网络意识形态内容的传播力、感染力和影响力，疏导网上舆论“堰塞湖”，是防止网络意识形态极化、网络环境恶化与社会成本加大的重要治理举措。具体可从以下几方面着手：一是在重大节日、重要节点上，加强网上议题设置，组织权威专家消除意识形态事件“标签化”，有效防止极端历史思潮撕裂历史共识、文化共识与社会共识，防止网上异化史观泛滥。二是要做好内容建设，重在实施马克思主义理论研究和建设工程网上传播行动计划，加强习近平新时代中国特色社会主义思想网络传播，重视舆情监控、网评引导及网络文艺宣传工程建设，并用好新技术传播社会主义核心价值观。三是因地制宜分类实施，精准正向创新网上内容传播。思想文化多元多样多变，不同区域、不同组织与个体对内容建设标准与关注重点不一样，内容建设主体也不一样，因此要准确把握不同区域网民对网络意识形态的参与度、关注度，精准创新网上内容传播。四是落实网站主体责任，加强对主流社交媒体、知识社区等平台的内容监管治理。利用新技术手段，紧盯社交网络新应用领域潜在风险传播。把控涉宗教极端、民族分裂、暴力恐怖等网上言论，同时谨防资本、技术与商业行为干扰或营销网络意识形态事件。

（三）坚持走好网上群众路线，提升民众网上获得感

网上“对比陷阱”加大了社会成本，容易使社会问题泛政治化，产生社会心理情绪波动，从而使其成为攻击主流意识形态的靶子。要走好网上群众路线，一是对网民观点与想法要多一些包容和耐心，以消解线下社会

消极情绪。对网上一些过激言论，或“泛政治化”的一些舆情，如只是网民情绪发泄，没触及制度安全、国家法治、社会道德底线的，允许存在探讨，发扬广大网民的爱国责任感。对相关国际问题、地缘政治、涉周边国家关系的问题适当放开、加以引导，弘扬网上爱国主义精神，成为政府采取适当行动的舆论力量。在激发网民爱国主义精神的同时，时刻保持警惕，避免出现民族主义、民粹主义倾向。二是组建中央网上舆情联动应答系统，加强全国舆情共振应对，由中央网信办统筹，把涉中央部委、各省级行政区的网上重要舆情整合到该系统，各部委各省区在规定时间通过该系统统一发布、解疑释惑。三是顺应移动化趋势，加快移动政务建设。全面推进政务公开，提高权力运行的信息化监督能力。支持各级、各类政务部门有效利用政务网站、社交媒体、移动互联网等新型手段，建设政务新媒体矩阵，打造全方位便捷化综合信息服务模式，让亿万人民充分共享互联网发展成果。

（四）加强海外公共关系建设，凝聚海外网络正能量

如今，国际舆论场从传统媒体转向网络媒体、社交媒体。针对全球传播以及海外反华势力侵扰，亟须从战术防御转向战略进攻，重视践行互联网络战略布局，拓展我国网上社交“朋友圈”，反制海外舆论反华话语空间，改变“墙内干净墙外脏”的状况。一是做好国际媒体与知名互联网企业工作，如有效利用世界互联网大会等主场会议，通过“走出去”的媒体、企业、学者等，以及网络平台、技术、资本、广告的海外输出，深入所在国家地区，发掘深耕人脉，发出中国声音，深化中国认同。二是既面对西方国家，也放眼重要周边国家和广大第三世界国家，加强全球网络舆论场建设。通过党政机关、主流媒体在海外的社交媒体账号，以“三贴近”精神，及时澄清事实，解疑释惑，讲好中国故事，宣传我国发展成就、对外政策，吸引海外网民、媒体积极参与讨论，促进海外新生代认同中国发展

成绩与发展模式。三是主动把握话语权，在海外敢于积极发声；强调法理道义，抢占道义高地，通过国际利我规则解决问题。形成共识，不避问题，不怕挑衅，不畏指责。另外，在开展对外传播工作过程中，应把握好宣传的“度”，一方面应积极宣传中国所取得发展成果和对世界所做贡献，提升国家形象；另一方面应适当遮蔽锋芒，以免成为少数国家宣扬“中国威胁论”的新由头。四是加强网络空间的全球治理，积极推介“中国方案”，推动我国主导的国际网络规则制定与国际立法，积极利用各种机会、各种场合进行宣介，使“中国方案”成为世界各国在网络环境下生存和发展的基本理念与践行原则。

（五）推进网络意识形态教育，强化意识形态认同感

全媒体环境下，积极推进网络意识形态教育是化解意识形态风险的迫切要求，也是建设新时代中国特色社会主义伟大事业的内在需要。网络意识形态教育重点在于通过培育网民养成良好习惯，使“四个自信”更加深入人心、渗透生活，这是一项建设网上网下同心圆的战略工程。具体可以从以下几方面着手：一是以国民素养要求强化作为新媒介素养的网络意识形态教育；二是将其视为基础性教育，在中小学教材中融入网络意识形态理念，让中小学生知道并遵守意识形态的主要内容、基本底线与社会责任；三是要融入社区教育，要加强重点人群、主流人群培养，即融入“90后”“00后”等“网生代”群体，紧抓全国9900万党员和7400万共青团员，培养青年大学生等后备力量，引导网络大V，有效夯实网上意识形态基础。

信息技术的迭代更新在变革社会生产方式的同时，也极大改变着人们的生活方式，推动着社会生产力的快速发展。但与此同时，其也为我国主流意识形态带来严峻挑战，错误思潮趁机混入网络空间扰乱人们的价值观念，不良信息的广泛传播持续冲击着社会道德底线，西方意识形态的渗透方式更加隐蔽，网络意识形态领域斗争日趋激烈，网络意识形态安全面临巨大风险。

因此，必须高度重视网络意识形态工作，积极构建网络空间监管与治理体系，不断增强网络安全保障能力，确保人们对社会主义主流意识形态的认同感，增强主流意识形态的凝聚力和引领力，切实维护网络意识形态安全。

第二节　泛娱乐化消解主流意识形态现状及对策

当前，新技术应用在信息传播领域的嵌入程度不断加深，催生新传播形态、新消费业态，介入社会生产生活的方方面面，解构和重塑着社会图景与价值取向，为中国式现代化贡献创新力量。在万物皆媒、人人皆媒的全媒体传播时代，娱乐文化创新发展势头强劲，为人民日益增长的美好生活需要提供了丰富内容选择，在讲好中国故事、时代故事和个体故事的同时，延展了中国式现代化的想象空间。但亦需意识到，新形势下的娱乐文化发展时有出格和越轨现象，泛娱乐化问题凸显，加之网络空间中不良社会思潮泛起、境外错误思潮涌入，对我国主流价值传播、意识形态安全、社会认同建构带来严峻挑战。立足“建设具有强大凝聚力和引领力的社会主义意识形态”，阐明泛娱乐化消解主流意识形态的内在逻辑，归纳其多元表征，提出可行性应对方案，是进一步形成和扩大网上网下同心圆、增强社会主流意识形态认同感的现实需要。

一、泛娱乐化消解主流意识形态传播的内在逻辑

社交媒体时代，伴随新的文化形态悄然兴起，泛娱乐化现象不断向经济、社会、文化等领域渗透蔓延，强势裹挟各个年龄群体，无形中对社会主流价值的培育与传播形成阻碍，主流意识形态安全风险不容小觑。厘清泛娱乐化消解主流价值传播的机制逻辑，剖析其现状图景，对于更好地把

握泛娱乐化消解主流价值传播的风险点具有重要意义。

（一）建构感性叙事范式，煽动情绪化表达冲击权威

信息技术的发展改变用户信息消费习惯，碎片化、移动化、个性化特征明显，媒体市场竞争逻辑也相应改变，在信息洪流中攫取有限的注意力资源，诉诸情感的话语表达更能获得用户关注，也有益于发挥舆论引导作用。然而，当感性叙事范式被嵌套在具有较强舆论敏感性、爆发性的议题上，对于感性叙事与理性叙事的不均衡把握，容易出现非理性表达，进而造成情绪极化、矛盾激化、舆论分化等问题，娱乐权威、质疑权威、解构权威的现象愈发常态化出现于各类舆情事件中。在后真相的社会语境中，一些传播主体受逐利性驱使，借助感性叙事，致力于创造爆款产品收割流量，将情绪化表达置于信息传递的首位，将不良情绪导向与敏感议题相结合，其中亦有不负责任的诱导操纵、愚弄欺骗，贩卖焦虑、不安等，撩拨和挑起阴暗情绪，冲击社会主流价值观念[①]。用户在负面和不良情绪裹挟下，理性与智识被盲目冲动所替代，事实与真相不再是讨论和探究重点，片面认知、极端表达成为网络常态，严肃和意义受到消解[②]。

（二）娱乐领域讨论泛化，话题嫁接滋生关联化攻击

娱乐对象超越娱乐本身，进入他者领域，造成娱乐泛化，穿越剧对严肃历史进行天马行空的演绎和不负责任的解释，热门游戏人物形象引发争议，革命英雄、模范人物被戏说恶搞，等等。它们以娱乐的浅薄代替历史与人文的厚重，脱离文化传统，给历史虚无主义的滋生与泛起提供了可能

① 郑磊，陈国华．生成、渗透及批判：网络泛娱乐化的三维逻辑透视［J］．江西理工大学学报，2022，43（6）：96-103.

② 罗红杰．论意识形态感性叙事及其正向建构［J］．思想教育研究，2022（12）：88-94.

性空间。当娱乐泛化现象愈发突出，娱乐性、消遣性等常规议题充斥各类社交媒体平台，具有重要新闻价值、关乎国家发展和社会进步等议题内容的关注者甚少，媒体的娱乐功能被过度强调，舆论引导、文化传承、价值引领、环境监测等功能受到削弱，由此容易使用户在情趣、审美、智识上流于平庸和浅薄[①]。随着娱乐消费泛化至政治、经济、文化、科技、宗教等不同领域，有传播主体出于特殊目的进行话题嫁接、关联想象，制造轰动效应，模糊事件焦点，忽视和遮蔽议题背后反思性、深层次的意义表达和价值追问，有意或无意中对主流意识形态安全造成威胁。

（三）掺杂意识形态暗示，隐蔽化解构主流意识形态

全媒体传播视域下，新的媒介技术创新与应用有效促成了人们的自主表达，同时也为舆论引导、主流价值传播带来新渠道、新模式与新机遇，推动意识形态国家机器职能在一定程度上从现实世界的物理存在转移至网络空间的虚拟映像，微博、微信、抖音、快手等社交媒体平台成为人们日常生活中基础设施型的重要应用，在帮助用户建立连接、增进了解、联络感情的同时，也为舆论场中诸多杂音噪声的生成提供了发酵繁殖的温床。在泛娱乐化的内容消费中，制华反华势力不断尝试在内容产制与传播过程中掺杂意识形态暗示，在娱乐化的消费场景和语境中植入对社会主义意识形态的质疑、批评与攻击，妄图以此解构主流价值观念的凝聚力、影响力和向心力，侵蚀主流价值传播格局与主流话语生态，为社会发展增进不稳定、不确定、不安全因素，试图引发社会冲突，而泛娱乐化表象下的用户往往对此浑然不觉并甘之如饴[②]。

---

① 李森，李明．视觉文化视域下主流意识形态传播的风险挑战与应对策略［J］．理论导刊，2023（1）：106-112.

② 王凌敦．泛娱乐主义对青年价值观的不良影响及应对策略［J］．青年学报，2022（6）：100-104.

（四）耦合不良社会思潮，增加意识形态风险爆发点

CNNIC 数据显示，截至 2024 年 6 月，我国网民规模近 11 亿，互联网普及率达 78%。网络空间中开放共享、自由平等的传播属性与特征有效建构、形成和巩固扁平化、去中心化的空间架构，基于技术赋能促进信息高效流通、即时交互。受人员专业性不足、算法推荐存在价值偏向、不良思潮隐蔽传播等因素影响，网络信息审核与把关机制仍有待健全，信息的良莠不齐、真假难辨加大了人们获取有效信息的难度。新自由主义、历史虚无主义、消费主义、民粹主义、普世价值论等观念以娱乐之名游走肆虐于网络空间，主流价值内容被稀释和淹没在信息洪流之中，难以发挥价值引领作用。在此形势下，泛娱乐化思潮易与其他不良思潮耦合共生，通过娱乐化包装将与社会主义意识形态相悖的思想观念藏匿于各个舆论场，无形中扩大了意识形态斗争的覆盖面，使意识形态风险爆发点增加。

（五）炒作社会敏感议题，引发意识形态交锋与对峙

我国在实现中国式现代化过程中，不可避免会衍生出一系列社会问题，如社会阶层分化明显、贫富差距加大、不平等现象突出、男女性别对立加剧等，社会不满情绪容易形成累积。有媒体或出于把关不严，或出于别有用心，不时突破行业底线，炒作社会敏感议题，刺激大众神经，引发群体对立。在《回村三天，二舅治好了我的精神内耗》舆情事件中，从朋友圈刷屏到翻车，其中多次被质疑内容真实性，有网友认为作者消费苦难，在此过程中，一些主流媒体未进行信息核实便进行大规模转发，更引起了别样解读，搅动舆论场。针对社会敏感议题，由于不同主体利益诉求不同、思想观念不同，容易引发不同思潮的辩论、交锋与对峙，意识形态纷争在所难免。网民在获得空前表达和交流机会的同时，却没有在更高程度上达成共识，反而有着重返部落化的危机，倾向于对抗而非对话，消解真相与共识，陷入“后真

相”和“群体极化”的困境，致使社会撕裂与分歧更加严重。

（六）捆绑意识形态营销，市场化思维消费主流价值

年轻人总是处在令人眼花缭乱的社会变迁的最前沿，追求新鲜事物、注重感官体验是当下青年群体个性化生活方式和价值观念的真实写照，社会经济的繁荣、消费观念的变迁为年轻人开放了丰富的可支配资源，其本身也成了资本和市场围猎的目标，为资本捆绑意识形态进行商品营销提供了契机与可能。具体可感的消费单品、形形色色的影视化形象、各具特色的价值符号渗透进人们的日常生活，因其微观、可视、可感更易对人们的价值观念和思维方式产生潜移默化的影响。人们在强烈的感官刺激下诱发内心渴望，非正常、无意识的需求与渴望被激发，进而容易迷失在丰盈的物质景观和愉悦的感官刺激中。资本从生产“商品”到生产“消费者”，衍生出一系列超前消费方式以达到商品售卖目的，校园贷、分期付款、花呗、借呗、白条等，在某种程度上与中国传统的勤俭节约、量入为出的消费习惯相背离，追求奢侈、超前透支的享乐主义、精致利己主义受到追捧，甚至成为潮流，快乐至上、娱乐至死的意识形态大行其道，社会主义核心价值观的主流意识形态则将面临空前挑战。

二、泛娱乐化消解主流意识形态传播的多元表征

在资本操控、技术驱动、算法推荐、新自由主义盛行等影响下，泛娱乐化不断催生主流价值认同危机。立足新传播生态，多种因素涌动合谋，“文化成为一场滑稽戏”，严肃意义生存空间被挤压，崇高价值领域被入侵。

（一）资本作用导致消费主义盛行，主流意识形态边缘化风险加剧

“泛娱乐化”现象背后潜藏着商品消费的资本逻辑，是资本入侵意识形

态领域对文化的商品化和产业化改造。资本天然具有逐利性特征，在高额利润的驱使下，商业资本以先进文化为依托在现实空间与网络空间大行其道，已然致使部分用户沉溺其中无法自拔，成为马尔库塞所描述的“单向度的人”，对快乐进行一种纵欲式的追逐，放弃理性的思考，缺乏对意义的追问和对现实的思考[①]。综艺节目《乘风破浪的姐姐》宣传“三十而奕，落子无悔，乘风破浪，爱无返顾”，高扬“女性主义”大旗，却进一步加剧普通女性“年龄”“容貌”“身材”等外在形象的焦虑，一边宣扬“年龄”“打破偏见”，一边见缝插播化妆品“梵蜜琳”和新氧医美的广告，以“女性主义”之名，行“消费主义”之实。在资本的作用下，新的消费方式和消费心理逐步形成，丰富多元的社会价值评判标准也呈现出单一化、极端化、浅薄化和流俗化的发展趋向，并愈发在青年群体中发挥作用。与此同时，主流意识形态在资本逻辑的剧烈冲击下，一度出现“失语”“失声”“缺位”的情况，进一步加剧了被边缘化的风险。

（二）技术驱动场景体验趋向具身，后真相催生社会价值认同危机

在新媒介技术的不断加持下，万物皆媒，人类可视、可听、可感的范围得到空前延展。随着元宇宙、数字孪生等概念从设想走向应用，ChatGPT、Bard、“文心一言”被相继推出，新技术应用驱动传播场景逐渐体现出更强的具身性，新型沉浸式的虚拟交互为用户带来更具参与感和在场感的内容消费体验。以元宇宙为例，其既是对原有经验的数字模拟，亦是对新的知觉经验和身体实践的拟态塑造，形成数字身体在场和物质身体缺位的媒介景观。技术与媒介的迭代演进加速了事实的土崩瓦解，后真相时代的来临，使得媒体在对事实进行选择和传递时，有意或无意间更倾向于以一种煽动情绪、强化偏见、加剧对立的形式传播，而忽视对事实真相

① 郭明飞，杨俊哲 . 资本逻辑视角下的泛娱乐主义批判与引导启示［J］. 思想教育研究，2023（1）：83-89.

的挖掘与澄清、对社会情绪的安抚与慰藉，真相并未缺席，只是被人们漠视[①]。社交媒体时代网民以节点化形式生存，对于真相的认知偏向无序化、多线程、无组织，基于刻板印象进行价值判断，偏离事实真相，导致舆论场的非理性特征显著，社会共识建构机制面临失效风险。

（三）数据算法合谋迎合用户需求，网络内容生态低级化特征显露

基于用户行为数据、深度学习、协同过滤等，算法模型能够实现对用户的较精准识别，继而进行差异化、个性化的内容推荐。然而，算法推荐容易放大用户的惰性思维，用户容易被束缚和局限在同质化、低俗化、浅层次内容的茧房之中，由于拥有相同兴趣爱好、共同价值取向的人群大量聚集，对内不断强化群体认同，对外持续加固圈层以外的区隔，网络巴尔干化现象显著。本质而言，算法模型以数据为支撑，其是对社会现象的化繁为简，是提出了无法归类因素后的一种结构性框架，并非完全是对现实世界的再现或模拟。因此在运用算法进行信息筛选过滤及推送时，需要考虑到算法黑箱的存在，但多数情况下，对算法是否合理、是否存在偏见与歧视、数据使用是否客观规范、算法设计是否兼顾技术与伦理等问题难以做到准确判断。在各类社交媒体平台、新闻聚合平台上，不同平台每日的热点事件排行差异较大，其背后所依据的算法模型、权重指标等内容，用户无从得知。个性化推荐是用户将信息价值的判断能力与权力转让给算法，如何协调工具理性与价值理性的平衡，在发挥传播的娱乐功能的同时，提升技术对现实社会的感知和对人文价值的判断，是算法应用未来发展的难点与痛点。

（四）社会责任意识淡薄问题堪忧，新自由主义阻碍社会共识达成

对社会责任意识的强调展现出对集体主义的推崇，这是共产主义道德的

① 薛永龙．从“载体”到“本体”：作为意识形态出场的网络技术［J］．中国石油大学学报（社会科学版），2022，38（3）：99-105.

基本原则，是贯穿于马克思主义各项规范的重要核心，也是党取得无产阶级政权、实现民族复兴、国家富强和人民富裕的重要遵循。从宏观层面看，集体利益与个人利益存在一致性、统一性，增强社会责任意识实现集体利益是满足个人需求的前提条件。从"延乔路"到"繁华大道"，从"抗美援朝保家卫国"到"岁月静好负重前行"，宣传表述随时代发展不断更新，但最终的价值落脚点都在国家、民族、社会、人民等，内在取向并未发生变化，仍旧凸显出鲜明的集体主义倾向。这一价值导向的合理性在历史的演进中得到确认和正名，但是随着现代社会的发展个人主义、新自由主义等思想在华丽的文体和新潮的术语包裹下，进入并影响年轻一代的思想。泛娱乐化背景下，个人主义、新自由主义的兴起反映出现代社会对个体意识的突出强调，将个体从集体中剥离，个人的欲望与需求超越社会责任和集体利益，个人主义、新自由主义思潮乘势入侵各类舆论场，持续否定和解构社会责任、集体主义等崇高精神，名为宣扬意识形态多元化，实为抢夺意识形态领导权，歪曲和污蔑社会主义核心价值体系，阻碍社会共识的达成[①]。

三、泛娱乐化背景下主流意识形态安全风险的应对方案

意识形态在凝聚社会力量、建立价值认同、调控社会秩序方面发挥着重要作用，面向泛娱乐化对主流意识形态传播带来的风险挑战，亟须以动态性、前瞻性、发展性思维对其进行综合研判，形成可操作化的解决方案，助力化解意识形态安全风险。

（一）加快融通话语体系建设进程，创新表达深入人心

话语在承担沟通、表意等基本职能时，无形中也宣示着规则制定权和

① 郑晶晶．新时代科学研判社会思潮演变的逻辑理路［J］．宁夏社会科学，2022（6）：85-92.

“游戏”主导权。“话语即权力”，即指话语对社会实践主体具有较强的支配力和控制力。当前，世界格局“东升西降”态势显著，但我国在国际舆论场中仍面临“西强东弱”的窘境，国际话语主导权依然把控在美西方发达国家手中，加之全球网络互联互通，其常态化借助娱乐文化、大众文化的掩护，将其意识形态触角渗透延伸至网络空间的每个角落。加快话语体系建设进程，创新话语表达，牢牢把握话语主导权是应对意识形态安全风险的重要着力点①。要坚持立足中国、借鉴国外，立足传统、烛照当代，做好核心话语概念的更新、阐释与翻译工作，既要突出中国特色，又要尊重话语构建的发展规律和演化逻辑，只有这样，才能做到深入人心广泛传播。如“构建人类命运共同体”等具有鲜明中国特色、反映中国文化理念的词语被写入联合国决议中，成为世界广泛接受的概念和表述，《流浪地球》突破好莱坞科幻电影叙事模式，展现中国人的世界观、思维方式和行为逻辑，拓展了人类对未来的想象与期待。加快建成融通话语体系，融入具有中国特色和时代特色的思想与价值观念，是有效抵制非主流意识形态渗透，切实维护主流意识形态安全的应然选择。

（二）积极作为增加主流价值供给，巩固壮大既有阵地

主流意识形态作为一种行为文化、生活文化，要获得大众的认可与接纳，在关注宏大理论与崇高价值的同时，更要深入人们的社会生活，紧随时代潮流，把握社会痛点，回应心理需求，引导社会精神文化发展。信息传播技术的更新迭代使人们社会交往、信息触达、思想表达等行为愈加浅表化、虚拟化、感性化，思想灌输式的主流意识形态宣教在当下更易引发年轻一代的对抗式解读。在眼花缭乱的文化景观中，积极作为增加主流价值有效供给，是维护我国意识形态领域安全的重要保障。要尝试推进意识

① 葛学彬．智媒时代主流意识形态传播转向的三重阐释［J］．思想教育研究，2023（1）：97-102.

形态感性传播，唤醒广泛的情感认同，使抽象的思想理论、政策规划、历史传统、文化观念以新的形式和样态打破认知壁垒，提高主流意识形态传播力、引导力和影响力。《典籍里的中国》以“戏剧 + 影视化”的复合形式，捕捉文化亮点，梳理文明脉络，赋予中华优秀传统文化新的时代内涵，复活文化典籍中的古汉字，展现其中蕴含的时代智慧和中国方案，实现破圈传播。“奉旨旅行”行李牌、“朕就是这样汉子”折扇、朝珠形状的耳机、国宝色口红等故宫文创产品进行跨界互动，借助现代技术手段和创意思维让古老文化走进生活，“飞入寻常百姓家”，为冰冷沉寂的沧桑殿宇赋予人间烟火气，收获青年群体的点赞关注。以优质内容供给、媒介平台联动、表现手法迭代等为创新路径，对于进一步拓展主流价值的内涵与外延，增进认同、凝聚共识，扩大主流价值影响力版图，具有重要的促进作用。

（三）坚持协同参与走好群众路线，凝聚力量发出强音

泛娱乐化背景下化解主流意识形态安全风险，要深刻认识到人民群众的磅礴伟力，要坚持融合创新，走好新时代群众路线，把握群众心理，回应群众诉求，凝聚民心民力，壮大主流舆论阵地①。当前，我国网民规模已近 11 亿，互联网普及率达 78%，这一形势对践行群众路线提出了新的要求，要加快改变传统思维定式，顺应时代发展潮流，强化互联网思维，把握舆论动向，运用网络了解社会心态，适时调整工作方向；积极作为设置议题，引导群众参与，群策群力讲好中国故事，讲好中国的历史、现在与未来，讲好中国的光荣与屈辱，筚路蓝缕与民族复兴；面对抹黑、污蔑中国形象与发展成就的言论，要针锋相对积极斗争②，鼓励网民用个体视角呈现事实与真相，进而助力廓清思想迷雾，以正视听，避免落入塔西佗陷阱。

---

① 陈晓庆 . 论当代中国主流意识形态的群众话语维度建构［J］. 西部学刊，2023（3）：22-25.

② 梅宁华 . 坚定维护意识形态安全［J］. 前线，2023（1）：4-9.

维护我国意识形态安全要发挥广大群众的集体力量，走好网络群众路线，坚持协同参与、集思广益，营造风清气正、向上向善的社会环境，增强主流意识形态的说服力和向心力。

（四）明确意识形态领域底线红线，强化法治建设支撑

一些制华反华势力尝试通过拉拢、培植代理人等手段达到对主流意识形态侵蚀渗透的目的，迷惑性强，危害性大，严重威胁国家意识形态安全。法律作为治国理政的利器，彰显着社会价值的核心，是公民行动的重要依循和衡量标尺。完善法治建设，明确底线红线，是提升意识形态安全治理合法性和有效性的重要途径。面对制华反华势力的鼓噪与骚动、试探与越轨，相关领域的立法进程不断加快，《反分裂国家法》《中华人民共和国香港特别行政区维护国家安全法》《中华人民共和国英雄烈士保护法》《中华人民共和国网络安全法》等相继出台实施，有效填补相关法律漏洞，实现精巧、规范、高效的意识形态安全治理，对意识形态领域的不法行为形成有力威慑。自《中华人民共和国英雄烈士保护法》实施以来，英烈荣光充分获得法律捍卫，有力震慑了丑化、歪曲、恶搞英烈形象的恶劣行径，营造出崇尚英烈、学习英烈、缅怀英烈、捍卫英烈的良好社会氛围。当前我国仍处于大变革大转型阶段，发展面临诸多困难挑战，意识形态领域安全风险始终处于动态变化之中，由此对相关法律的适用性、包容性提出更高要求，加快健全完善涉意识形态安全的法律体系是实现国家治理体系和治理能力现代化的题中应有之义。

（五）严格落实意识形态工作责任，细化完善管理措施

习近平总书记在2013年的全国宣传思想工作会议上指出："意识形态工作是党的一项极端重要的工作。"面对泛娱乐化对主流意识形态传播的干扰与侵蚀，需进一步将意识形态工作摆在重要位置，纳入重要议事日程，

严格落实意识形态工作责任制，坚持党管媒体不动摇，坚持党性和人民性相统一原则，尊重新闻传播规律，将社会效益放在工作首位。维护意识形态安全需要多部门、多主体协同合作，将意识形态工作融入常态性、持续性工作议程中，充分调动各战线意识形态工作的积极性与主动性，推动各部门责任深化、细化，做到齐抓共管、各司其职。倒逼监管部门、主流媒体、商业媒体等将意识形态工作落到实处，时刻绷紧安全神经、拧紧责任链条、强化风险意识、划清责任边界，完善监督考核机制，明确意识形态工作考核的内容、程序及奖惩机制，严格落实追责问责机制，对导致意识形态安全风险等严重后果的责任主体要严肃追究责任，形成全方位、多角度、立体化的意识形态内容建设与治理新格局[①]。如在胡鑫宇事件中，一些网络账号发布误导信息，将失踪案件恶意解读为悬疑剧、阴谋论，蹭热度博流量，挑唆对立，突破道德底线，制造社会恐慌，网信部门督促相关媒体平台落实网络内容管理主体责任，开展排查整治，严厉处置违法违规账号，有效打击了恶意炒作行为。

（六）健全意识形态安全风险预案，确保处置联动高效

冰冻三尺非一日之寒，意识形态风险爆发也并非一蹴而就，是风险潜伏、淤积和引爆的长期过程，这也为应对意识形态安全风险提供了监测预警、分析研判、管控评估的可能。健全意识形态安全风险预案，掌握意识形态斗争的主导权，才能抢占先机，赢得战略主动。要加强网络舆情监测预警机制，了解舆情动态，跟踪敏感议题，锚定苗头性问题，做到心中有数，防微杜渐，将舆论危机扼杀在萌发初期。要对风险进行系统性、前瞻性分析研判，透过事件表象找到问题核心，把握舆情演化趋势。面对网络空间中各种唇枪舌剑、谣言、杂音、噪声，需进一步提高警惕性和鉴别力，

---

① 狄国忠．建设具有强大凝聚力和引领力的社会主义意识形态［J］．图书馆理论与实践，2023（1）：1-6.

分析其性质、特点和发展动向，对症下药，以免事态升级，防止具体问题演变成政治问题、局部问题演变成全局性事件。要完善意识形态风险管控评估机制，委托专业评估机构结合大数据、算法模型等手段，对当前社会面临的潜在危机进行鉴别、量化和测评，对风险发生的内在动因、爆发可能性、社会危害性进行科学评断[①]。健全完善应急预案应始终贯穿意识形态风险防范的全过程，进而推动做好事前、事中、事后的联动处置，将意识形态安全风险系数降至最低。

社会主流价值观念是国家发展进步、社会稳定繁荣、人民成长进步的精神引领和思想保障。新形势下，信息技术的迅速发展迭代为主流意识形态传播与培育提供了新的社会生态和文化土壤，主流意识形态传播的机遇与挑战并存。厘清泛娱乐化消解主流意识形态传播的内在机制，认清其对社会心态、集体共识、内容生态等方面造成的强烈冲击，坚持多措并举、协同联动、精准发力，营造积极进取的价值生态，培育向上向善的文化追求，将为确保舆论安全、意识形态安全提供强有力的保护屏障。

第三节　智能算法对意识形态安全的挑战及治理

习近平总书记在 2013 年的全国宣传思想工作会议上指出：“意识形态工作是党的一项极端重要的工作。”以习近平同志为核心的党中央引领中国进入了一个新时代，把党对意识形态工作的重视提高到了一个新的历史高度。用“极端重要”来强调意识形态工作，是精准研判改革开放以来的意识形态形势，尤其是直面意识形态领域存在的一系列挑战、问题和考验而做出的科学判断。

---

① 史献芝，尹潇．系统论视域下新时代国家意识形态安全风险防控：分析框架与实践进路［J］．理论探讨，2023（2）：94-102.

互联网时代，网络空间战略地位日益提升，网络空间已经成为国家或地区安全博弈的新战场。西方政治思潮不断涌入我国，多渠道“内容搬运”，逐渐渗透，西方源源不断地输入价值观，对我国主流意识形态有很强的腐蚀性和破坏力。进入人工智能时代，以智能算法为代表的技术应用进一步改变了现有的媒介生态环境，为意识形态安全带来更多风险与挑战。

一、对智能算法的再思考

随着人工智能时代的到来，深度学习、神经网络等技术应用均离不开智能算法。所谓智能算法，是在数据资源的基础上，由计算机来模拟某些人的思维和智能，实现和完成某种特定功能的输出，以替代或增强人类实现某些任务的能力[①]。从前景来看，智能算法已经广泛应用在新闻类、直播类、视频类、资讯类 App 中。大数据作为网络世界客观存在的信息数据，可以被采集，对其进行过滤、处理、加工、应用，则涉及智能算法。智能算法可以被视为现实世界与网络虚拟世界二元世界的转换与连接，是一切网络活动的内部规则，是人工智能时代的本质和基石。

据第 54 次《中国互联网络发展状况统计报告》显示，截至 2024 年 6 月，全国网民规模近 11 亿，互联网普及率达 78%；手机网民规模为 10.96 亿，我国网民使用手机上网的比例达 99.7%。面对如此庞大的网民规模及高比例的手机上网，对当前智能算法进行再梳理、再思考意义重大。

（一）智能算法的价值目标

面对浩如烟海的网络信息，如果离开智能算法，网络用户将会陷入信息的泥淖。从智能算法的分类来看，与网络用户关系最为密切的是算法推

① 吴靖．“算法”具有自由意志吗？——算法主导社会行为背后的几个悖论［J］．中国出版，2019（2）：7-11.

荐。算法推荐让过去的“人找信息”变成如今的“信息找人”，推动了信息传播方式的革命性变革[①]。在固定的时间内，网络用户所接受的信息量是有限的，网络平台只有通过智能算法，才能最大限度地占有网络用户的使用时长。基于领域的算法主要包括基于用户的协同过滤算法和基于物品的协同过滤算法两大类[②]。无论是何种商业智能算法，其最终的价值目标都是网络用户。但以“网络用户”为本并非“以人为本”，而是以特定的利益为出发点和落脚点，也为特定的利益而存在[③]。智能算法的价值目标实现了网络流量最大化，网络用户在网络平台获得使用的满足后，用户黏性逐步增加，网络平台收割流量，进而提升其商业价值。

（二）智能算法的底层逻辑

智能算法极大地提升了互联网使用的便捷性，使互联网更具有“一对一”定制化的使用体验。有关智能算法技术异化，如智能算法与网络空间治理、智能算法与网络用户主体意识的关系、对信息的凸显与遮蔽、信息茧房、回声室效应、后真相、过滤气泡效应、马太效应等一直是学界关注的重点。从媒介技术论视角来看，智能算法的算法逻辑是“技术中立”，但分属于不同的商业网络平台，这也就决定了其逐利的底层逻辑。智能算法从学习、训练阶段获得的大数据就是来自网络，大数据的公共性决定了智能算法本身具有公共属性，但公共属性与网络平台逐利往往难以平衡，这带来了一系列有关智能算法价值理性和工具理性的论争。网络平台还可为其赋予不同的价值导向，进而影响意识形态安全。

---

① 薛永龙，汝倩倩 . 遮蔽与解蔽：算法推荐场域中的意识形态危局［J］. 自然辩证法研究，2020，36（1）：50-55.

② 蒋成贵 . 算法推荐对网络意识形态建设的挑战及应对［J］. 思想理论教育，2019（7）：78-82.

③ 张爱军，李圆 . 人工智能时代的算法权力：逻辑、风险及规制［J］. 河海大学学报（哲学社会科学版），2019，21（6）：18-24，109.

（三）智能算法的现实争议

智能算法基于网络平台大数据，是一整套有关内容标签化处理、网络用户画像、机器语义分析的逻辑推演，并可以通过机器学习更加智能。但智能算法并不完美，比如，无法更有效地甄别虚假和低俗内容并控制其传播，网络平台价值导向错乱，“过滤气泡”效应进一步加剧社群分化与意识形态极化，工具理性与价值理性难以平衡，网络平台受商业价值影响主动公开算法的动力不足，网络用户缺乏对智能算法的基本了解，智能算法模型在数据收集、标签化处理、用户画像方面存在歧视、不公平、不正义等问题。随着智能算法的逐步发展和完善，学界关注重点也从最初的消极视角转变为多维视角。

二、智能算法对意识形态安全带来新挑战

智能算法存在各种现实争议，加之各类智能算法本身具有意识形态和价值导向，因此坚决捍卫主流意识形态安全极为重要。中国知网文献数据显示，有关智能算法与意识形态的讨论自 2018 年开始逐年升温，特别是短视频、社交媒体的智能算法对意识形态的影响，是近年来学界研究的重点方向之一。

（一）网络真实对中高龄群体带来的消极影响被长期忽视

现有研究中，学者多关注互联网、智能算法对青少年群体的意识形态冲击，对中高龄群体关注不足。根据第 54 次《中国互联网络发展状况统计报告》显示，截至 2024 年 6 月，我国 40—49 岁网民占比为 16.7%，50 岁以上网民占比为 33.3%，互联网持续向中高龄人群渗透。一方面是中高龄群体成为近年来互联网发展新的增长极，是各大网络平台积极争取的网络

流量；另一方面是中高龄群体存在网络使用技能缺乏、文化程度不高以及年龄因素影响等多重困境，普遍缺乏媒介素养。

从传播学“对社会真实的媒介建构”来看，真实包含客观真实、媒介真实以及主观真实。三个层面上的“真实”往往并不一致。互联网世界智能算法建构出的“网络真实”，同样会影响网络用户对“真实”的认知。智能算法的过滤筛选机制会在用户出现某些网络行为后触发相关内容聚合，存在错误意识形态导向的“网络真实”将对中高龄群体产生持续性冲击。中高龄群体虽然在“三观”方面已经固化，但将某类信息通过智能算法“推给”中高龄网络用户时，持续性的网络渗透仍可以不断消解权威、解构历史、蚕食社会认同，使理想信念崩塌。这类信息一旦通过智能算法进入中高龄群体视野，就可能通过跨平台“病毒式”传播，逐步扩大其负面影响。以微信群为例，其即时性和非公开的传播特征使得跨平台二次传播的信息难以被及时监管，潜藏错误意识形态的信息将使主流意识形态面临被消解的危险。

（二）智能算法稀释了主流媒体的引领功能

智能算法带来的媒介生态环境变革，对主流媒体的功能和话语权提出了挑战。智能算法“去中心化”的特征削弱了主流意识形态内容供给的有效性，也稀释了主流媒体的引领功能。在“黑天鹅事件”与“灰犀牛事件”频发的风险社会中，脱离传统精英控制的算法带来了意识形态宣传与舆论引导的不确定性①。

从新闻把关理论视角来看，技术变革带来了媒介生态环境的变化，也对新闻信息的把关原则和目标提出了挑战，新闻信息把关从现实中具有一定专业素养的新闻人变为智能算法技术把关为主、人工为辅的把关模式，

① 喻国明，陈艳明，普文越．智能算法与公共性：问题的误读与解题的关键［J］．中国编辑，2020（5）：10-17.

解构了传统新闻的价值观。议程设置理论视域下，算法即权力，网络平台可以通过智能算法来为不同信息做隐性加权处理，影响信息曝光的频次和网络用户心理，从而改变网络用户的某些观念或行为。2018 年，一家名为“剑桥分析”的政治咨询公司被爆出从 Facebook 获取了约五千万用户的私人数据，用于政治营销而干预多国选举。

（三）智能算法的“公开”悖论及治理挑战

智能算法离不开人的驾驭，有些网络平台为了增加“透明度”，公开其算法，让更多的用户参与智能算法的修正，以期实现公众监督，但这依然难以保证其价值取向及舆论导向。第一，由于智能算法是基于过去式大数据的逻辑推演，是多重要素协同的结果，一些过去没有出现过的新情况，难以被智能算法立即深度学习，因没有“计算到”而出现的价值导向偏差问题，是现阶段技术层面客观存在的问题，也对算法治理提出了时效性要求。第二，智能算法作为网络平台的核心竞争力，是其商业价值的最大保证，舆论倒逼算法公开，其“透明度”依然难以保证。第三，由于一部分网络平台自身并不是内容生产者，其运营逻辑是将内容生产者生产出的内容，通过智能算法投放给精准画像的网络用户。一旦算法全透明，被内容生产者不当利用，对意识形态安全可能带来更大挑战。

由于智能算法分属于不同的网络平台，涉及不同领域，又应用在不同类型的 App 中，这增加了监管难度。尽管一些网络平台内容推荐中增加了“主旋律算法”“正能量算法”等，但从研究来看，基于网络用户猎奇心理、负面偏好理论，网络用户更加偏好阅读或搜索负面信息。早在 2018 年，今日头条就在其智能算法改进中增加了“正能量内容池”，但从部分实证研究来看，负面信息引发的传播扩散、网络评论更为活跃。

2019 年 7 月，国内第一款专为青少年定制的搜索引擎“花漾搜索”App 正式发布。该应用试图阻断暴力、色情、赌博等不良信息，为孩子打开美好的网络世界。青少年并非长在温室里的花朵，跳出现有的App格局，为青少年定制专属搜索引擎的初衷固然是好的，但此类定制化App很难与商业搜索引擎竞争，另起炉灶的专属定制智能算法并不是解决当前智能算法现实困境的有效办法。

三、对智能算法的治理对策

通过对中国知网与“算法”“意识形态”有关的82篇文献主题的研究发现，对策研究涉及价值引领、数据伦理、技术逻辑三个方面，所涉主体包含政府、行业组织、网络平台、网络用户等。

（一）重视算法前端内容管理

从全球范围看，媒体智能化进入快速发展阶段。我们要增强紧迫感和使命感，推动关键核心技术自主创新不断实现突破，探索将人工智能运用在新闻采集、生产、分发、接收、反馈中，用主流价值导向驾驭“算法”，全面提高舆论引导能力。由于一部分网络平台并不生产内容，只是通过智能算法将内容推送给网络用户，加强智能算法前端的内容管理十分重要。2020年开始施行的《网络信息内容生态治理规定》，不仅以“算法推荐模型+人工干预+用户自主选择”三者有机结合的解决方案，解决算法推荐带来的种种弊端，还对互联网内容生产提出了明确的方向和要求。此前的一些研究高估了单一智能算法的影响力，而对内容生产重视不足。网络内容生产主要包括用户生产内容（UGC）、专业生产内容（PGC）以及机构生产内容（AGC）。只有对各类型网络内容生产者进行前端管理，在信息源头即展开治理，良性的内容生产才能在智能算法中不断实现正面宣传、营造社会共识、精准传播主流价值观。

（二）加强负面信息全链条传播

由于智能算法改变了传统新闻信息生产的把关链条，碎片化传播叠加智能推荐，“拼盘式新闻”“标题党新闻”“碎片化新闻”在网络舆情事件中不断推波助澜。2024 年 4 月，第二十一次全国国民阅读调查显示，我国成年国民数字化阅读方式的接触率为 78.3%，成年国民人均每天手机接触时长为 106.52 分钟，成年国民网上活动行为的娱乐化和碎片化特征明显，深度图书阅读行为的占比偏低。娱乐化、碎片化、浅阅读的网络阅读特点在一定程度上助推了网络舆情事件“后真相”，出现了舆情事件爆发后负面评论声浪高，舆情处置和事实反转关注度低的现象。这对舆论引导工作、意识形态安全工作都带来了挑战。近年发生的多个“真相反转”网络虚构事件，都系个人利用网络舆论自导自演。虽然当事人事后澄清，但负面影响已经形成，公权力形象受损难以短时修复。当负面信息出现时，如网络用户点击浏览，类似标签的网络信息将在智能算法的引导下大量涌向网络用户，“偏轨”问题一旦发生，算法推荐将助长负面信息的传播[①]。对于此类负面信息，网络平台应提供完整的传播链条，有始有终，不能简单地以碎片化传播一发了事。应在智能算法中对舆情事件负面信息附加完整的信息链条，以信息“区块链”的形式展现事件全貌，这在一定程度上可以矫正舆情事件中碎片化传播可能带来的负面影响。

第四节 我国网络空间治理现状及发展趋势

依托人工智能、大数据等技术，网络空间日益成为与现实空间相互映射、协同共进的超真实空间系统。当前，网络空间活动趋向多样化和复杂

① 骆郁廷，李勇图．抖出正能量：抖音在大学生思想政治教育中的运用［J］．思想理论教育，2019（3）：84-89.

化，一些新的治理难题与挑战随之出现，网络空间治理的必要性与紧迫性更加凸显，治理难度不断增加，客观理性地认识我国网络空间治理的整体状况，把握网络空间治理所面临的新机遇，助力网络空间治理思路创新与成效提升，对于推进国家治理体系与治理能力现代化、实现国家长治久安和促进社会和谐稳定发展具有重要意义。

一、我国网络空间治理的新特点

在技术、政策等因素驱动下，互联网对人类生产生活的介入程度逐渐加深，网络空间治理作为国家和社会治理的重要组成部分，其重要性也持续提升。以党的创新理论成果为指导，以营造清朗的网络空间为目标，我国网络空间治理在方法手段及机制模式等方面不断拓新，形成具有鲜明时代特征和中国特色的网络空间治理格局。

（一）坚持协同视野，网络空间治理主体趋向多元化

技术的迭代升级与创新应用在变革传播格局与生态的同时，赋能各类主体，用户拥有更多主动权和主导权，多方共同参与成为网络空间发展新常态，价值创造与体现逐渐从传统媒体环境下的一元主导转向价值共创。新传播格局下，我国网络空间治理日渐趋向多方协同联动，在政府引导下，监管部门、技术平台、媒体、行业协会、用户等都成为网络空间治理的重要参与者。从内部协同来看，各主体内部要素加快统筹协调、配置优化，有力推动了主体参与网络空间治理的最优动力输出。从外部协同来看，各参与主体间通过有机交互实现资源共享和优势互补，在充分发挥主观能动性的基础上形成共建共治合力，比较优势得以有效凸显，网络空间治理的新模式、新方案不断涌现。在多主体协同视野下，我国网络空间治理的系统性、全面性持续凸显，治理能力与水平显著提升，监管、履责、监督、

自律的网络空间治理格局逐渐形成，网络生态不断向上向好发展。

（二）坚持人本视野，网络空间治理方式趋向科学化

习近平总书记在2016年的网络安全和信息化工作座谈会上强调：“我们要本着对社会负责、对人民负责的态度，依法加强网络空间治理。”这一重要论述为我国网络空间治理指明了方向、提供了遵循，以人为本、服务于人始终是网络空间治理的核心目标。在人本视野下，我国网络空间治理的战略优势不断凸显，以政策法规、新兴技术等为支撑，网络空间的治理方式愈发向智能化、人性化、精细化趋势迈进。一方面，网络空间治理旨在维护好网络空间的良好生态，通过调动和引导多主体共同参与，实现要素集聚，积极化解网络空间中的各类安全风险，推动营造清朗的网络空间；另一方面，网络空间治理致力于释放网络空间更大发展活力，让网络能够更好地服务和满足人民对美好生活的需求。基于此，网络空间治理不只局限于对阵地的拓展与巩固，而是聚焦于对人的发展需求的满足，从而更好地争取人心、凝聚共识。

（三）坚持全局视野，网络空间治理维度趋向立体化

互联网打破时空限制，消除人与人、国与国之间的隔阂，作为各种思想观念、行为偏好及社会舆论的集聚地和放大器，已经超出了单纯信息技术的范畴，涵盖更多社会意义。由此，网络空间中的问题挑战也趋于多元多样，以维护网络空间秩序、推动构建网络空间命运共同体为己任，我国网络空间治理正逐渐走向全面治理、系统治理和日常治理。从治理范围来看，当下网络空间治理主题从以往的内容治理拓展至网络内容、技术、行为等的综合治理，围绕网络内容生态建设、防范技术滥用与技术欺凌、规范网络空间行为等出台系列措施，采取多种行动，网络空间治理层次不断实现深化。从治理模式来看，网上网下相结合进一步拓展了治理维度，畅

通网上网下双向沟通渠道，有助于及时精准感知社会态势，使网络空间治理更具全局性。

（四）坚持世界视野，网络空间治理理念趋向国际化

随着全球化进程不断提速，网络空间的互联互通程度进一步加深，网络空间日益成为国际竞争新领域，在此背景下，我国网络空间治理坚持世界格局、全球视野，创新治理理念，将国际化与本土化相结合，从而实现网络空间治理提质增效。一方面，以世界的眼光洞察网络空间发展态势，积极借鉴其他国家及地区网络治理的先进经验，在与本土实际相结合的基础上，制订实施符合中国国情、体现中国特色的网络空间治理解决方案。另一方面，积极推进全球网络空间治理，同国际社会开展交流合作，以构建全球网络空间命运共同体为目标，主导和参与国际网络空间规则制定，以开放、共赢的姿态推动达成国际共识，建立健全全球网络空间治理体系。治理理念的国际化在一定程度上保障了我国网络空间治理的前瞻性与发展性，进而有效增强制网权，为网络空间的健康稳定发展提供坚实支撑。

二、网络空间治理凸显的新问题

以技术升级、消费升级、营销升级等为驱动，网络空间持续向纵深发展，移动化、智能化、人性化特征愈发凸显，网络生态向好向优。然而，爆发式增长与升级所带来的弊端与问题随之凸显，尤其是受到全球新冠疫情影响，技术滥用、网络攻击、隐私泄露等问题受到广泛关注，网络空间治理在前瞻性、全面性、规范性等方面短板突出，亟须加以优化。

（一）网络空间动态发展与静态治理不平衡

作为一个开放性的活动场域，网络空间始终处于动态发展过程中。人

工智能、大数据等技术的深度嵌入与应用为网络空间发展升级提供了重要驱动力，一些新场景、新业态、新模式应运而生。而技术的便捷化、智能化升级不断降低网络接入门槛，使网民规模持续增长，网络空间主体身份更加多元，网络生态也趋于复杂化。伴随网络空间发展势头迅猛，其所衍生的数据安全风险、数字鸿沟等问题也随之而来。然而，与网络空间的快速发展相比，网络空间治理体系表现出较为显著的滞后性，传统的治理方法与手段已经难以应对不断变化的现实局面，亟须加快构建能够适应新格局、新形势的新型治理机制，从而能够对动态性的治理议题匹配前瞻性、及时性的解决方案，优化网络空间治理格局，提升治理成效。

（二）治理规则广度与治理需求精度不对称

党的十八大以来，作为国家治理体系和治理能力的重要组成部分，网络空间治理受到党和政府的高度重视，以习近平总书记关于网络强国建设等主题的重要论述为指导，网络空间治理在建章立制方面取得重要成效。如《中华人民共和国网络安全法》《国家网络空间安全战略》《App 违法违规收集使用个人信息行为认定方法》《信息安全技术—个人信息安全规范》等相继发布，“净网”“剑网”“清源”“护苗”等系列治理行动持续开展，推动网络空间治理规则在广度上不断拓展。随着人工智能、大数据等技术在网络空间中的嵌入与应用程度逐渐加深，算法黑箱、唯数据导向等问题凸显，而现有治理规则在专业化和细分化方面表现出明显不足，导致网络空间治理的执行力、处置力受到阻碍，增强网络空间治理的精准性、垂直性显得更为迫切，需在治理精度和深度上进一步拓展。

（三）应用场景拓展与技术善用边界不清晰

当前，以 5G、人工智能、大数据、云计算等为代表的新兴技术不断开拓新的应用场景，并以各种方式渗透至社会生产生活的各个环节，应用方式日新月异，在一定程度上解决了行业痛点，并有效满足了多样化的用户需求，为经济社会发展提供了更多可能。然而，在具体应用过程中，技术善用与滥用的边界模糊，导致网络安全风险增加，如违法违规采集和保存用户信息，利用大数据杀熟等技术欺凌现象时有出现，这些都给网络空间治理提出了新的挑战。就本质而言，解决此类问题的关键在于摸清和增强技术应用的透明度，即需要厘清技术应用背后的逻辑，涉及技术应用方式、程度、效果等，从而对技术应用形成客观判断和理性反思，继而为网络空间治理找到着力点，确保网络空间中的技术应用可管可控。一些前沿技术的滥用往往具有一定的隐蔽性和复杂性，这就导致技术治理需要较强的专业性，目前我国在此方面的治理机制尚不健全，划清技术应用边界、促进技术善用依然任重道远。

（四）网络霸权主义与谋求多边协作不协调

网络空间是全人类共同的活动空间，这就决定了网络空间治理是一项全球性议题，需要多边共同参与，以构建网络空间命运共同体为目标，增进国际和区域间合作，谋求对网络空间的共建共治共享。面对世界百年未有之大变局，坚持协商、强化合作、实现共赢是全球网络空间治理的必然路径。然而，现实图景却不容乐观，尤其在新冠疫情背景下，一些国家鼓动推进网络空间政治化、军事化进程，打着“清洁网络”等旗号，实施技术封锁、舆论操纵，逆全球化趋势而为之，霸权主义、单边主义依然存在，对全球网络空间的和平稳定发展构成巨大威胁与挑战。把握新发展阶段，立足新历史起点，瞄准新发展目标，掌握全球网络空间治理主动权、主导权，化对抗为对话，建立良性竞合关系，推动形成多边共同参与的网络空间治理新机制，构建网络空间新秩序，是我国在当前和今后一段时期面临的一项重要任务。

三、网络空间治理面临的新机遇

在新一轮科技革命和产业变革驱动下，国内国际发展格局不断实现创新变革，一系列新模式、新业态、新理念的出现，为我国网络空间治理提供了有力抓手与契机，网络空间治理迎来前所未有的历史机遇、时代机遇和现实机遇，能否把握和抓住这些机遇，不仅关乎网络空间治理格局，更关乎国家治理体系和治理能力现代化进程。

（一）跨界协同合作创新网络治理机制

围绕互联网在国家管理和社会治理中的作用，习近平总书记在中共中央政治局第三十六次集体学习时强调，要推进技术融合、业务融合、数据融合，实现跨层级、跨地域、跨系统、跨部门、跨业务的协同管理和服务[①]。这一重要论述为数字化、智能化背景下的网络空间治理提供了新思路，依托跨界协同，能够有效集聚不同领域的资源要素，实现知识、认知、思维等的跨界交织与碰撞，为网络空间治理的机制创新提供关键驱动力。面对经济社会发展的新变化、新需求，跨界融合创新愈发成为实现增长与升级的新趋势、新路径，在开展网络空间治理过程中，应牢牢抓住并用好跨界融合的重要机遇，推动治理模式变革升级。新传播格局下，以政府为主导，企业、技术平台、媒体、用户、行业组织等均成为网络空间治理的重要主体，借助开放、平等、交互等互联网特性，各主体背后的领域、行业、部门等之间的边界趋于模糊、重合甚至消失，其固有的认知方式、思维模式、创新体系等在一定程度上能够实现跨界融合，从而迸发出强劲的创新动力与活力。以此为支撑，网络空间治理将在跨界协同与合作中实现观念、

① 习近平在中共中央政治局第三十六次集体学习时强调：加快推进网络信息技术自主创新 朝着建设网络强国目标不懈努力［N］. 人民日报，2016-10-10（1）.

方法等的突破性、前瞻性创新，治理机制亦更能适应新的发展局势，有效增强网络空间治理在具体操作过程中的判断力、执行力。

（二）新兴技术应用丰富网络治理手段

近年来，以人工智能、大数据等为代表的新兴技术在社会治理过程中表现出显著优势，如新冠疫情防控期间，各类新兴技术被广泛应用，有效赋能疫情防控、经济复苏、社会发展，成为国家治理体系和治理能力现代化的重要驱动力，治理效能提升显著。以新兴技术应用为支撑与驱动，社会治理的数字化、智能化转型提速，社会治理格局实现变革重塑，我国制度优势进一步凸显。基于此，结合我国在新兴技术研发应用方面的突出优势，将新兴技术有机嵌入和应用于网络空间治理，无疑将对治理手段创新、治理效能优化具有重要促进作用。在此过程中，不能仅仅将技术视为治理工具，而应注重“以用促治”，将治理理念与行为融入其为用户等主体提供服务的过程中，强化对技术的源头管控与治理，注重前瞻性治理，提升对技术应用过程中的风险感知和预警能力，营造良好的网络空间秩序。要对技术本身可能潜在的风险保持关注，提升技术应用的透明度，针对可能出现的信息茧房、数字鸿沟、技术欺凌等问题要及时对技术进行优化升级，最大限度减少技术应用可能带来的负面影响。此外，突出技术导向并不意味着唯技术论，要坚持网络空间治理的人文性与技术性并重，走好群众路线，以人性化治理激发广泛的社会参与，进而形成网络空间治理的良性循环。

（三）数字素养提升夯实网络治理基础

数字素养主要是指对数字资源的理解、获取、使用等能力，作为数字化社会的重要素养之一，数字素养是数字化生存的前提和基础，也是经济发展和社会进步的重要支撑，因此其也成为全球各国共同关注的重要议题，并以各种形式制订实施数字素养提升的相关规划，如欧盟的“数字素养框架”、美国的“21 世纪技能”框架、新加坡的《数字化就绪蓝图》等。随着我国网信事业的快速发展，经济社会各领域数字化水平不断提高，我国民众数字素养提升也进入快车道，有效推进了数字化转型进程。数字化时代的网络空间治理主张多主体共同参与，全民数字素养的提升为网络空间治理提供了基础能力支撑与保障，以数字素养提升为驱动力，将有效唤醒和激活全民参与网络空间治理的主动性、创造性，从而助力探索更为高效的网络空间治理模式。数字素养能力提升意味着多元参与主体对网络空间发展过程中所面临问题的预警能力、发现能力、解决能力、执行能力的增强，其将不断推动网络空间治理工作再上新台阶、取得新进展，提升网络空间治理的综合效能。

四、推进网络空间治理的新思路

我国网络空间治理在探索实践中，以技术创新、政策创新、模式创新等为驱动，推动网络空间发展持续向好向优，治理成效显著。随着我国现代化建设步伐加快，网络空间治理所面临的时代环境、技术环境、社会环境等不断发生深刻变化，机遇与挑战并存。面对新任务、新需求，要进一步推动构建网络空间综合治理体系，提升网络空间治理效能，亟须变革治理的方式方法，创新治理理念，形成网络空间健康良性的可持续发展格局。

（一）建立健全网络空间综合性评估体系

网络空间治理的实施前提是对网络空间发展情况进行系统性评估，基于当前网络空间治理的迫切性与复杂性，有必要构建形成网络空间综合性的评估体系，为网络空间发展现状、趋势等提供系统性、多层次的分析框架，进而为解决方案的设计实施提供参考。网络空间作为一个完整的社会子系统，其与现实空间既有联系，又有本质区别，因此，在网络空间综合性评估体系建构过程中，既要注重网络空间的社会性、动态性，又要兼顾多样性与统一性，重视网络生态的自我修复与积极干预的影响，坚持活跃度与有序度的统一。确定网络空间发展态势的评价指标，搭建网络空间综合性评估体系，能够以科学、客观的方式分析和评估网络空间概况，对于政产学研等各界了解网络生态，更好地推进网络空间治理、构筑良好网络生态具有重要促进作用。

（二）推动提升网络空间治理法治化水平

为维护网络空间秩序，打造良好网络生态，我国在网络空间治理体系建设方面不断花大力气、投入巨大精力，相继发布实施一系列规章制度，为网络空间治理的高效开展提供了法制保障。但从具体治理实践来看，目前关于网络空间治理的法治建设仍存在多头治理、深度不足、渠道不畅等问题，难以满足当下精细化、垂直化的治理需求，对监管带来一定阻碍。应加快厘清、调整有关网络空间治理的各项法律法规关系，完善相关衔接配套，以建立健全网络空间综合治理体系为目标，积极完善网络空间的立法机制和法规体系，注重治理的基础性、操作性、前瞻性与交叉性，强化网络空间治理的制度支撑。有步骤地研究制定纲举目张的网络空间底线标准框架，不断总结论证、细化条款、完善细则、有效落实，并加快建立长效治理工作机制，加强网络空间建设与管理。

（三）打造高水平网络空间治理人才队伍

人才队伍建设作为网络空间治理的关键要素，直接影响着治理进程与实效。随着人工智能、大数据等技术在网络空间的嵌入和渗透程度加深，智媒时代的网络空间治理对人才提出了新的要求，复合型、全能型人才的稀缺影响和制约着网络空间治理的现代化进程，培育打造一支知识结构丰富、具备强大实战能力的网络治理人才队伍显得极为迫切。结合网络空间发展态势与治理需求，网络空间治理人才队伍建设应从两方面切入。一方面，网络空间治理涉及对网络空间发展态势的发现力、研判力、执行力、处置力、引导力，要打造全面覆盖的人才梯队；另一方面，网络空间新发展格局为人才提出了更高、更新的要求，既能准确把握网络发展规律，又要对大数据、传感器、物联网等技术有较高的认知和掌握水平，同时能在治理思路与理念方面做到与时俱进、守正创新。

（四）增强网络空间发展性共识输出能力

加快网络空间治理能力建设，在注重增强态势感知能力、风险防御能力、参与斗争能力及协同合作能力的同时，应增强发展性共识的输出与供给能力。对国内网络空间治理而言，要持续加强网络空间中的主流价值内容供给，不断增强主流价值在网络空间中的传播力、感染力、号召力和影响力，这是防止网络意识形态极化、网络环境恶化及社会治理成本增加的重要治理举措。对于国际网络空间治理而言，要主动融入全球性网络空间治理新格局，积极参与制定国际网络空间治理的规则标准，同时结合不同国家和地区实际，创新性地将我国主流价值传播触角向海外延伸，增强我国在国际网络空间治理领域的话语权和影响力。强化发展性共识输出与供给能力建设，形成有利于网络空间健康可持续发展的社会共识、国际共识，使治理与建设并重，将有效助力构筑良好网络生态。

第六章

网络空间优质内容供给与业态创新发展

“发展新质生产力是推动高质量发展的内在要求和重要着力点。”① 聚焦中国式现代化建设和高质量发展，发展新质生产力即调动好全域化生产要素、构建新型生产关系、高质量提升生产力水平。得益于技术赋能及多主体参与，网络空间内容生产理念与方式不断发生颠覆性变革与重构，网络内容生态持续向高科技、高效能、高质量方向挺进。科技创新赋能背景下，网络内容生态在提质增效扩容中向好向优发展，无疑是新质生产力在视听领域的重要映射与鲜明写照。

第一节　多频道网络模式创新广电高质量发展新业态

多频道网络即 MCN（Multi-Channel Network），与互联网平台的迭代创新密切相关，是一种上游内容供应和下游平台连接的中介组织，聚合众多能力相对薄弱的内容生产者帮助其更好地实现分发和商业变现。从本质上说，MCN 机构是一种中介组织，能整合生产供应链上的内容产品和渠道流量资源，打造多方共赢、良性互动的生态系统，实现传播价值最大化的目标。

早期的 MCN 机构起源于美国，主要表现为 YouTube 平台帮助内容创作者进行内容营销的合作伙伴计划。而随着传媒巨头对中小 MCN 机构的收购，美国的 MCN 市场逐渐萎缩，MCN 向 MPN（多平台分发网络）转

① 习近平 . 发展新质生产力是推动高质量发展的内在要求和重要着力点［J］. 人民之声，2024（11）：1.

化。相比之下，中国 MCN 机构伴随着国内的短视频浪潮蓬勃发展。MCN 机构于 2013 年引入我国，2016 年随着短视频的快速发展而兴起，2018 年在资本入局、平台扶持和网红经济的多重作用下快速增长。在机构数量和市场规模以外，我国 MCN 机构经历了基于社交平台的内容型、基于短视频平台的网红型、基于电商平台的网红直播带货等 3 个阶段①。与国外 MCN 公司不完全相同的是，我国的 MCN 机构大都是从组织内容生产开始，在多方支持下保障内容的持续输出，从而实现商业变现②。

我国 MCN 本土化发展的一条特色路径是，作为官方的广播电视媒体纷纷入局 MCN，以应对生存挑战和探索融合发展的新风口。MCN 红海向广电媒体的推进引发了学术界的广泛讨论，学者们探究其底层密码、运作机制和发展方向。唐瑞峰认为，广电 MCN 本质上是一种新型视频媒体机构，广电 MCN 通过嫁接市场 MCN 模式结合广电媒体本身资源禀赋实现内容再造③。熊忠辉认为，广电 MCN 需要围绕价值、效率，审慎思考并积极谋划未来之路，采取“MCN 机构 + 社群运营”的模式，进行组织再造，让多媒体服务供应商成为广电 MCN 发展的下一站④。与此同时，有学者认为广电媒体进入 MCN 并不意味着其能如期获得收益，广电存在体制机制、运营模式、生产链条等诸多问题。本书在此基础上，进一步聚焦广电媒体如何利用其核心优势，在 MCN 超级风口的转型升级中“亮相入局、加速布局、实现破局到突围控局”，从而创新广电高质量发展的新业态。

---

① 郭全中 . MCN 机构发展动因、现状、趋势与变现关键研究［J］. 新闻与写作，2020（3）：75-81.

② 潘薪宇，郭海威 . 从入局到控局：借力多渠道网络模式创新广播电视高质量发展新业态［J］. 科技智囊，2022（2）：46-51.

③ 唐瑞峰 . 广电 MCN 调研报告形成特色的成长路径和运营机制，助推广电融合转型［J］. 电视指南，2020（8）：20-23.

④ 熊忠辉 . 多媒体服务供应商：广电 MCN 发展的下一站［J］. 视听界，2020（2）：26-29.

一、把握风口，广电 MCN 纷纷亮相入局

在广电 MCN 的布局上，地面频道和城市台走在前列。2018 年 7 月，中广天择 MCN 成立，率先开启 MCN 模式尝试；9 月，成都广电以经济资讯服务频道为试验田开展云上新视听的内容孵化；10 月，湖南娱乐孵化出基于短视频头部平台的 DramaTV。2019 年下半年，布局广电 MCN 已成为行业共识，各地广电陆续入局 MCN。浙江广电推出“黄金眼”MCN、黑龙江广电携手贝壳视频开启短视频和直播带货之路、山东广电重磅推出“闪电 MCN”机构——LightningTV。2020 年，广东广电、江苏广电、河北广电、安徽广电、南京广电、沈阳广电等广电 MCN 机构接续亮相，广电 MCN 继续呈现燎原之势。目前，部分广电 MCN 的成功经验为广电媒体指明了融合发展之路，但整体上仍处于入局阶段，呈现出市场化程度低、影响力有限、灵活度低等特点。如何利用自身优势，掌控战略资源，在市场化成熟的 MCN 中突围，是当前广电 MCN 值得深思的问题。

二、借势而进，加速广电 MCN 产业布局

（一）内容矩阵——节目转型保障持续输出

当前，广电布局 MCN 内容矩阵主要是以广电节目为核心的 PGC 模式、个人 IP+广电专业生产的 PUGC 模式、签约达人的 UGC 模式。PGC 是广电 MCN 的初始内容，也是其进行主流价值传播的重要依托。PGC 主要包括精品电视节目拆条多次分发、衍生节目和自制短视频节目 3 种。广电拥有强大的媒资库和独家资源库，通过短视频的形式进行节目精编和周边节目制作，不仅能提高 PGC 内容制作和分发效率，还可以实现用户导

流。例如，成都广电王牌栏目《深夜快递》的衍生节目《云上深夜快递》便是一次成功尝试。PUGC 是广电 MCN 的主体内容，也是广电媒体深耕垂直领域的主要实现路径。PUGC 主要包括广电主持人 IP 和自主孵化 IP 两类。挖掘具有潜质的 KOL，以其为核心打造 IP，进而深耕垂直领域，将个人优势与广电内容相匹配。例如，DramaTV 的“张丹丹的育儿经”、中广天择的“晏大小姐 Vivi”已经发展为百万级的主持人账号。UGC 是广电 MCN 的重要内容，也是广电 MCN 内容的补充来源，以吸引网红入驻、赛事征集、指导运营等方式为主，成都广电拓展与高校合作联合孵化高校网红的新模式。MCN 机构需要内容垂直细分，而 PGC 和 PUGC 不能覆盖所有细分领域，因此签约达人，给予其资金、流量、运营指导，并从中实现收入分成，是大多数广电 MCN 的选择①。

（二）组织架构——产业化运作与商业合作

当前广电 MCN 在组织架构的布局上主要采用两种方式：一是自主建立 MCN，并寻求与其他广电媒体合作；二是采用与头部短视频平台、头部 MCN 合作共建的方式。其中，自主建立 MCN 的代表有湖南广播电视台娱乐频道（湖南娱乐）、长沙市广播电视台、成都市广播电视台、无锡市广播电视台、浙江电视台钱江都市频道等早一批入局 MCN 的广电媒体。在自主建立的广电 MCN 除自身经营外，争取抱团成长。湖南娱乐提出“MCN 全国裂变矩阵”计划，组建全国广电 MCN 同盟会；中广天择为其他广电媒体的短视频账号提供支持，打造“千台千号一网”模式。但大多数广电媒体还是采用合作共建的方式，如山东广电与抖音合作共建 LightningTV，推出了流量政策及扶持计划；黑龙江广电、济南广电与贝壳视频合作，共同探索孵化 IP。在实际运作中，多数广电 MCN 都是将原有的组织机构打破，减少中间

① 李丹阳．短视频 MCN：广播电视融合发展的新路径［J］．现代视听，2019（12）：10-13.

环节，重新进行了符合互联网思维的扁平化组织架构。通过组建工作室、实行项目制等形式，建立扁平化的机构运作模式。例如，DramaTV 设立了达人运营中心、内容工作室、市场运营中心、芒果工会等部门，各负责人直接向频道总监汇报，频道总监只做导向上的要求，事前不干涉具体业务。

（三）商业变现——独家 IP 转化流量变现

MCN 机构的商业逻辑是通过 IP 和版权内容吸引流量，进而实现流量变现。变现的主要方式有广告营销、流量分成、电商抽成、内容版权、知识付费、平台补贴等。MCN 是一个基于新媒体的营销和服务机构，MCN 模式并不是电视购物、电视广告的互联网简单升级版，而是在直播、短视频等场景下，主播、用户、产品、专业知识、平台力量共同加持的商业整合变现行为。湖南娱乐已经摸索出一条“引入达人→产出内容 / 直播→平台运营→广告 / 电商推广”的骨架式商业变现链条。湖南娱乐预计该频道 MCN 收入超传统电视广告板块收入（占比超 50%），这为传统广告市场萎缩的广电媒体提供了转型路径。浙江广电的布噜文化通过为平台提供微短剧和微综艺，依靠“版权分账 + 广告”的模式，实现增值。而在广受关注的电商直播领域，广电 MCN 能够通过在垂直细分领域的网红 IP 孵化，更为精准地连接消费者、生产链、销售链，形成基于广电媒体的直播电商商业闭环，为商业变现提供更多可能。

三、立足基因，依托核心优势实现破局

（一）内部孵化降低边际成本

广电 MCN 内部孵化依赖强大的内容基因和原有的存量市场进行资源重新调度配置，不仅容易操作，且边际成本极低。广电在内容创作、专业

化生产以及广告营销方面有着完整的生产链。DramaTV、中广天择、“黄金眼”MCN 等，起初在广电的资源后盾、头部地面频道的强势内容、大量版权节目等有竞争力的存量内容中杀出血路。广电内部拥有专业的媒体运营团队及优秀人才，具备商业机构不可比拟的优势。成都广电以经济资讯服务频道为转型试验田，从 360 多名员工中抽调 50 多名专职从事云上新视听的内容孵化；无锡广电“百室千端”项目打造以“主持人 +”为核心的 13 个融媒体工作室，深耕垂直领域。广电内部孵化具备垂直领域专业素养的“KOL”，依托媒体自身强势的主播和内容资源形成流量优势及变现优势，部分先行者已经具备了一定的 MCN 形态且形成了良好的内容和主播的变现能力和模式。

（二）独家品牌 IP 打响知名度

独家品牌 IP 是广电 MCN 吸引用户的重要因素。独家 IP 的核心优势体现在优质内容的持续产出能力和产品迭代能力上。MCN 是一个兼具整合营销能力的 IP 孵化器，广电 MCN 以其长期的内容制作积累、IP 创作能力及品牌影响力，进行矩阵化 IP 孵化以及传播体系构架，进而实现营销变现。浙江电视台民生休闲频道的优质调解类栏目《钱塘老娘舅》，抖音号开设短短几个月，粉丝数量就迅速超过 100 万，且粉丝活跃度高、黏性强。无锡广电“百室千端”战略孵化“评评理工作室”“飞翔工作室”等一批融媒体工作室，其中《我心飞翔》节目在蜻蜓 FM 的收听人数曾居全国生活类广播第二名。成都广电旗下的云上新视听，孵化打造了“云上星娱乐”“云上深夜快递”“主持人的日常”等一批具有影响力的品牌 IP，“主持人的日常”在百条作品的体量内已经积累了近 200 万粉丝，总播放量超 3 亿次，部分短视频作品多次登上抖音热搜。广电 MCN 在独家 IP 的支撑下，在复制见长、同质化严重的 MCN 中脱颖而出。

（三）强大的社会公信积累用户

广电作为官方媒体拥有权威性和话语权，能够为其内容产品带来关键的信誉背书及用户导流。广电 MCN 作为官方正规的媒体渠道，其功能、特长、特质等依旧具备媒体内在属性，在某种程度上代表着官方形象，在媒体融合转型、政府形象代表、社会重大舆情引领上起着一定的作用。广电媒体在长期发展中积累的社会资源是纯商业的 MCN 机构难以比拟的。广电 MCN 借助品牌节目的原始用户积累实现精编节目、衍生节目的用户导流，用户在互动参与中带动热点话题，吸引流量，从而实现大小屏联动。而广电媒体的强大社会公信力使其更受用户青睐，MCN 的流量变现也更容易实现。更重要的是，与纯商业 MCN 机构相比，广电 MCN 具有良好的政策法规方面的风险控制能力，能保障生产传播的安全。广电 MCN 导向更加正确、内容更加真实，更符合社会主义核心价值观。

（四）资源与渠道优势相融通

作为传统主流媒体，广电媒体积累了专业的内容资源和深厚的社会资源，拥有“后来居上”的基础。短视频和视频直播与广电原有基因和结构有着天然的适配性，广电媒体自身具有专业素养的团队、内容判断及制作能力、媒体资源以及生产机制的先天优势，能够从内容生产和消费两端实现调控，形成匹配。广电 MCN 的专业技术基础、拥有良好观众基础的 KOL、内容垂直细分的特质，以及在政治、经济、文化、社会等领域广泛的资源链接，使得广电媒体与 MCN 有着天然的高适配性，相对于纯商业的 MCN 机构，广电 MCN 抗风险能力强、根基深厚，因此融汇与打通资源优势与渠道优势是其转型的重要着力点。

四、战略转型，未来赛道如何突围控局

（一）多元化塑造头部 MCN

广电 MCN 实现破局可利用母体强大的内容基因和广电原本的存量市场进行资源调度配置。但依靠存量并非长久之计，想要控局需要跻身头部，成为前 5%。头部 MCN 巨大的影响力为 KOL 的孵化带来更适宜的创作环境、更频繁的曝光机会和更优质的商业变现机会。广电 MCN 只有快速转换思维方式、把握技术发展方向、优化人才队伍结构、塑造核心主角，才能掌握战略资源，实现突围。但值得注意的是，广电媒体依靠自身优势塑造头部 MCN，关键在于拥有具备网络影响力的媒体人、具备运行能力的组织机构。警惕体制内活力不足、激励机制不完善、人员“两边守”效率低、传统影响力难以向线上延伸等问题。作为后来者的广电 MCN 突围控局需要扎稳脚跟，多元化发展，提高抗风险能力。成熟的 MCN 机构不会拘泥于一个板块，尤其在疫情期间，“多条腿走路”的优势凸显出来。这为广电 MCN 提供了可资借鉴的经验，优势板块带动其他板块，多元化布局将成为广电 MCN 机构发展的必然。

（二）协同化打造爆款 IP

广电 MCN 实现控局，需进行现有主持人资源、IP 资源内容触达方式的改变。明确区分不同类别节目主播在短视频平台的内容风格垂类市场的定位与人设塑造，是打造爆款 IP 的前提。主持人的广电媒体属性及其节目属性使其个体自带媒体特定的光环，这个光环需要结合主持人的节目特点与主播人设进行风格适配。部分黏性较高的垂类领域短视频产品或视频直播产品的人设，应考虑打造一致的协同 IP，避免风格及题材的过度跳跃，

保持用户稳定。而部分日常生活分享类账号所表现出的“反差萌”也成为一大看点，电视节目主持人一改端庄严肃形象，轻松幽默接地气的内容，如新闻主播揭秘西装加短裤的穿着、新闻主播的假发、外出采访的行李箱等短视频引发用户热议，如《法治天下》的主持人德格玛雅就凭借“反差萌”吸引了一众粉丝。总之，将公域流量转化为私域流量，继而实现商业变现，是爆款IP生成的有效途径。

（三）规模化市场模式运作

广电长久以来形成的体制化的组织架构为MCN运营模式带来阻碍，成为广电MCN实现控局的一大难点。原有的电视媒体运行机制与MCN运作模式在管理理念、流程上都存在很大不同，落实融媒体在MCN上的纵深发展，并非简单的传播介质迁移、内容表达方式转变。广电MCN需进行体制机制变革以更好地适应市场的发展，从根本上转变逻辑、调节机制，变内容导向为市场导向，如此才能减少机构运转阻力，适应当下短视频领域的市场规律，向市场化运营靠拢。广电MCN转变运营理念，鼓励自主运营，分离原有从业者，组建工作室从事专职化工作，并引进和培养短视频、营销领域人才，以市场模式增加其业务的绩效考评权重，激发员工活力。在先行试点后逐步推行，形成“一有客户，二懂产品，甚至还有后端供应链”的优势，从而实现内容、广告、流量、电商、变现等多维度的规模化、市场化、一体化运营。

（四）在地化立足本地社群

广电MCN实现控局不应一味寻求全网流量，而应立足社群的在地化。在地化的影响力和资源能力，可以说是广电媒体有别于商业机构的一大优势。广电媒体应调整定位，因地制宜地打造“区域综合信息服务平台”。在保证和强化媒体属性的同时，延伸媒体的“工具属性”、扩展平台的应用场景，从而加强媒体与当地百姓的情感连接[①]。采取“MCN+社群”的运营模式，发挥地方广电成为本地 MCN 的核心竞争力。2019 年，济南广电鹊华 MCN 推出商河网红副县长王帅带货商河扒鸡短视频，掀起了全国县长带货的风潮。2020 年，钱江视频以浙江电视台钱江都市频道知名栏目品牌《范大姐帮忙》为基础，推出了“社区合伙人”项目，通过本地化营销，以社区团购为抓手，挖掘各社区及社群 KOC（关键意见消费者），上线 1 个月，加盟合伙人超 500 人。广电 MCN 的带货直播应植入在地的生活场景，开发新的消费场景进行主播的直播带货。结合地方广电的地域特色进行特定区域受众的深度探索，借助短视频平台强大的信息流技术，做到“内容找对人”，打通品牌与消费者的最后 100 米，以应对全新竞争环境带来的挑战。

对于原生制播机构的广电媒体来说，MCN 的新赛道充满挑战。任何一个阶段只有晋升头部才有机会胜出，而头部难以复刻。因此，广电 MCN 只有依托自己的核心优势，挖掘自身潜力、巩固自身内容基础、锤炼核心能力，才能在此基础上探索和寻求具有广电特色、适合广电运营模式的生存和发展逻辑，从跟随入局、深入布局到逐渐破局，再到实现控局，避免高起低落，跻身前 5%，从而在竞争中突围。

第二节　聚焦精品内容供给的媒体发展叙事

文化强国战略背景下，数字化发展机遇与现代传播体系建设不期而遇，媒体高质量发展成为中国式现代化的闪亮名片与鲜明注脚。媒体高质量发展不仅是一项关乎新闻传播研究范式更迭的理论问题，更是一项牵动舆论

① 王晓红，李一凡 . 我国城市台深度融合发展的问题与路径研究［J］. 现代传播（中国传媒大学学报），2019，41（11）：12-16.

引导、文化传承与创新、数字经济发展等议题的实践问题。推动媒体高质量发展，需要统筹好自主优势与外部机遇、效益增值与责任担当，如此方能与时代同频共振，在回应诉求、满足需求、阐释思想、引领旨趣的实践中建构媒体现代化的发展叙事。

一、河南广电：走出文化传播的“中原路径”

近年来，基于自有资源禀赋，河南广播电视台持续推进思想方式、管理方式与生产方式的创新变革，制定实施“双平台、多品牌、强支撑”战略，发挥并放大集群效应与文化传播先锋作用，生动阐释和讲述中国式现代化故事，在推动中华优秀传统文化创造性转化和创新性发展方面，逐渐探索出一条具有鲜明时代性、高度科学性、未来前瞻性与显著示范性的文化传播的“中原路径”。

（一）完善融媒矩阵，巩固壮大舆论阵地

河南广播电视台紧盯媒体智能化、平台化发展趋势，重视创新技术的牵引赋能，将聚力打造“双平台”作为加快建设新型主流媒体、支撑未来发展的核心战略，基于大象新闻客户端和“大象元”元宇宙平台，着力构建完善全媒体传播体系，巩固壮大舆论阵地。其中，大象新闻客户端累计下载超 1.5 亿人次、日均点击量 135 万次、日活用户数 13.6 万，在广电媒体自建移动平台中名列第一，较具代表性和示范性。“大象元”元宇宙平台作为 AI 创作与应用平台，能够为用户提供“传统文化 + 广电基因”的元宇宙体验，为各行业提供专业高效的数字化、一站式解决方案。

在新媒体矩阵建设方面，河南广播电视台千万级粉丝量账号稳居省媒新媒体账号第一阵营，传播触角实现全方位、立体化延伸。同时，河南广播电视台开展实施大 V 孵化打造计划，并着力培育网络红色意见领袖兵

团，以传播队伍建设为基础，提高网络舆论场中的正能量声量，致力塑造主流舆论新格局。以此为支撑，河南广播电视台在新闻融合传播方面表现出较强劲的活力，其新闻融合网络传播、短视频传播指数已连续三年居省级台首位，推动主流思想、主流价值的传播效能持续提升。

（二）强化品牌建设，筑牢稳健发展根基

河南广播电视台坚持文化强台，深入践行习近平文化思想，从河南丰富的历史文化资源中汲取养分和力量，以全新节目样态赋能优秀传统文化创新传播，使之焕发时代光彩，实现优秀传统文化的创造性转化和创新性发展。“中国节日”系列节目自出圈以来，在内容及形式上不断推陈出新，表征着中国式文化现代化的建设成就与发展进程，3 季 21 期在全网收获超 1000 亿次阅读量，社会反响强烈。同时借助主流媒体旗下海外账号及海外社交媒体平台，该系列节目成功“出海”，将中华优秀传统文化推向全球。

基于文化节目“多品牌”战略，《中国节气》《节气唱游记》《中国家宴》等文化类节目崭露头角，节目集群效应持续凸显和强化，河南广播电视台文化强台以及河南作为文化大省的形象深入人心。《节气唱游记》以幽默有趣的传播方式将节气文化展现在大众视野，让正能量在欢乐的氛围中影响观众，6 期节目播出后，全网点击量累计超 10 亿次，节目相关话题获得热议和热转，100 多个话题登上各类平台热榜。同时，“河南春晚官方”“中国节日”等多个海外账号陆续在 YouTube、X、Meta、MetaPage、Instagram 等主流平台持续推送，使《节气唱游记》在全球范围内受到广泛关注。

在差异化竞争策略引导下，河南广播电视台深耕少年文化垂类市场，《阳光少年报》发行突出 150 万份，乘势推出的初中版《大少年》上线 3 个月，发行量即突破 12 万份，全域营收破千万，实现“创刊即赢利”。2023 年，《阳光少年报》进一步夯实运营支撑体系。其中，线上渠道扩大与头部

大 V 合作范围，部分销售典型案例被业界广泛关注；物流系统、仓储硬件持续完善和优化，订单包裹吞吐能力大幅提升；品牌系统、销售支撑能力更进一步，手办手创全面推进，《了不起的大国榜样》《少年新知漫画》等新品图书逐一落地；线下邮发突破邮政固有政策，推动 7 省单独与《阳光少年报》签订区代协议。

（三）探索融合经营，提升多元变现能力

在传媒行业遇困突围的大环境下，河南广播电视台积极调结构、促提升、拓市场、抓项目，实现了经营创收的稳定增长。

一是夯实广播电视基本盘，树立市场思维和用户思维，打出用好内容全渠道分发、品牌全介质传播、价值全方位延伸的“组合拳”，为客户提供立体化推广方案和定制化营销服务，增强吸金力、话语权，从而稳住经营大盘和存量客户。在此基础上，准确把握和顺应受众多样化、品质化的精神文化需求，推动 IPTV 智能视听转型升级，构建“智慧 TV”生态体系，为受众提供海量视听内容和极致视觉体验，目前已实现全省用户数超 2000 万。

二是拓展文化产业链条，将内容优势转化为产业优势，构筑内涵丰富、内容饱满的文化消费新生态。如围绕唐宫文创品牌，依托“IP+N”模式，打造文化 IP 产业项目集群，开发唐宫 IP 衍生产品和文创业态，打造线下沉浸式体验空间，使传统文化走进日常、可亲可近、可听可看。在品牌建设与集群打造过程中，将产业拓展规划前置成为常规动作，即提前厘清、科学规划供给侧与市场侧的需求匹配，推动综合运营效能提升。

三是以热点节目播出为契机，面向省内外开展广域合作，搭建完善涉创意、策划、制作、发布、运营等环节的全链路服务体系，巩固壮大自身“视听 +”商业版图。如与节目取景地进行联动合作，开发推出实景演艺等沉浸式文旅项目，或聚焦乡村旅游、城市 IP 打造与形象建设、特色研学游

等提供系统性品质服务。

（四）推进机制革新，激发创新创造活力

在人事薪酬改革方面，河南广播电视台已建立实施全台统一的收入分配机制。该机制模式下，身份、职级、工龄等概念被淡化，全台人员统一基础工资，调整固定工资与绩效工资占比，人员的努力程度与贡献指数直接与绩效工资挂钩。同时，现行收入分配体系对宣传一线、创作制作等关键岗位予以政策倾斜，激发干部职工的工作积极性，提升全台创新创造活力。

在岗位管理方面，河南广播电视台配套出台了相关办法，基于双向选择、竞争上岗、合理分流等方式，优化选人用人机制，对改革所涉及部门人员进行合理统筹，鼓励人员向一线部门流动，形成集约高效的岗位管理机制。以工作室制和项目制改革为驱动，河南广播电视台着力推进内容生产机制的创新重构，每个人既是创作者，亦是创业者。包括编导在内的相关人员不再被局限于台内的固定化栏目制作，而是拥有了向外部多领域延伸拓展的尝试空间，为人员职业发展提供了更大可能，推动提升工作获得感与成就感。针对年龄较大、工作经验丰富的干部，河南广播电视台通过设立“专家委员会”优化人员退出机制，在选人用人机制优化上成功走出一条新路，既能让这些积累了扎实经验知识的干部为台内改革发展发挥重要作用，也为青年人才的成长与发展提供了更广阔的舞台和空间。

在资源整合方面，河南广播电视台开展事业部改革，实现组织架构的重塑。在合并河南卫视与全媒体营销策划中心的基础上，构建成立一体化运营团队，实现生产要素的系统整合与集约配置，全要素协同有效提升了整体运营效能。同时，河南广播电视台实施新闻资源一体化改革，通过整合全台主要新闻力量，组建大象新闻中心，对“策、采、编、审、发”统一指挥，统一作战、形成合力，实现了新闻宣传的全媒体、全业态、全覆盖。

二、《天下黄河》：光影流动中的信念传承

《天下黄河》节目聚焦被称为百川之首、四渎之宗的黄河，纪实呈现黄河流域生态保护和高质量发展的生动景象，于光影闪动中带领观众看美丽中国的山河辽阔。生态环境保护与治理是绿色发展、高质量发展绕不开的重要议题，《天下黄河》节目循着九曲黄河探寻自然景观、走进百姓生活，在文明溯源中讲述老故事，在时代变迁中展现新变化，真实记录黄河流域人民不懈奋斗、创造历史的时代风采，为保护弘扬黄河文化、传承人与自然和谐共生的朴素信念留下影像记忆。

（一）多维叙事视角彰显人与自然和谐共生的生态保护愿景

丰富多样的议题线索充盈黄河故事的叙事内涵。立足中国式现代化发展进程和美丽中国建设，讲好黄河故事的关键在于找到切入点，即解决好讲什么、落脚到何处的问题。《天下黄河》从追溯黄河源头开始，将生物多样性、文化多样性、黄河水源保护、黄河流域乡村振兴、发展现代畜牧业等议题悉数纳入记录议程，既有反映生态保护、脱贫攻坚、乡村振兴、产业升级、科技创新等成效的宏大叙事，亦有对朴实无华的百姓生活场景的微观叙事，在传统与现代、个体与集体、保护与治理等对比叙事视野下，黄河故事、黄河文化愈发饱满充盈。观众在影像记录中跟随多条叙事线索穿梭于自然和人文之中，构筑出生态环境建设与保护的差异化认知和理解框架，让生态保护意识从网上、屏上走到人们心上，无形中完成了生态保护愿景的价值传递与宣导。

人物对话与交流书写黄河故事的时代记忆。在《天下黄河》的影像叙事中，既有来自记者采访与感悟的主导叙事，又有来自当地牧民、文化学者、非遗传承人等的个体叙事，对或宏大、或细微的话题展开交流，共同

建构形成人们对于黄河的集体记忆，同时也表征和映射着黄河流域人与自然和谐共生的现实图景。在人物对话与交流中，观众可以畅游黄河两岸，领略“黄河青山入画图”“若诗若画若尔盖”“水润河套赛江南”等不同地域的风土人情。置身黄河之滨，当宏观与微观交融、横向与纵向交织、共时与历时交错，多元视角的对话交互不仅直接呈现出镜头前人物的心理感受与活动，也间接反映出黄河流域的经济社会发展变迁，将黄河这一文化符号和景观立体建构于影像内外，进而生发出广泛而深刻的文化归属与认同。

全场景叙事延展黄河故事的文化想象。《天下黄河》集聚了丰富的视听元素，在草原、山丘、城市等多元化场景中记录发生在黄河流域的鲜活故事，既有对“黄河入陇美在玛曲”的生动展演，也有对“乐动金城品读兰州”的细致临摹，抑或是对“贺兰山下塞上江南”的纪实解读，将黄河故事通过场景化叙事投射在观众眼前，营造出激荡古今、包罗万象、贯通东西的黄河文化景观，延展观众对于黄河文化的想象空间。多样的叙事场景为人们呈现的不只是社会生产力提升、人民生活水平提高、生态保护提质增效，同时在更深层次表达出黄河流域人民对生态环境保护的信念坚守与传承，当下黄河流域高质量发展的现实图景正是人与自然和谐共生的真实写照。全场景叙事为观众带来对比鲜明、生动可感的视听体验，使其在场景切换和光影流动中深刻感悟黄河文化。

（二）共情传播推动绿水青山就是金山银山的理念可见可及

《天下黄河》将视听元素进行合理适配，激发起观众广泛而深刻的情感共鸣，这对于阐释和传递黄河流域生态保护和高质量发展的价值理念具有重要意义。共情传播实现了由微而窥大、由寡而聚众，推动“绿水青山就是金山银山”的理念可见于影像、可及于人心，形成具有中国特色和时代特色的生态保护理念认知图谱。

影像叙事击中观众共同痛点，产生具有强感染性的情感张力。新传播生态下，对象化、分众化传播占据愈发重要的主导性地位，但基于共通情感的内容传播与价值传递依然有效。《天下黄河》将黄河、草原、羊群等能够触动人们内心的景象、事物，全方位、立体化展现在观众眼前，无形中建构起影像内外、观众之间的和谐与对话，在仪式化的符号互动与专业化的情境实践中，《天下黄河》为观众提供了共享性的情感体验，从而形成并不断强化观众对黄河故事、黄河文化的潜在认同。基于对人物、景观的纪实表达，《天下黄河》能够将观众情绪集结在山花烂漫、青山入画、曼陀铃声、民歌吟唱等载体之中，具有强劲的冲击力和感染力，在强化情感归属与认同中形成价值认同。

降维消除价值传递鸿沟，增强生态保护理念可及性。《天下黄河》通过轻松愉快的叙事手法，使其内容表现出易理解性、易接近性。节目通过对各类动静、虚实元素的调配、糅合、均衡等处理，为观众营造出直观且赏心悦目的视听环境，为观众的心理认知奠定基础。当生动易懂的讲解与生态保护、高质量发展等宏观战略及抽象理论相碰撞，场景化表达刺激着观众的感官释放，召唤着共在的情感。《天下黄河》通过影像记录的方式，对传统闭塞的话语结构进行降维处理，以日常对话的形式讲述黄河故事，使得生态保护脱离艰涩的理论情境，将观众带入开放的对话场域之中，观众与影像中的人、事、物、景、情融为一体，围绕生态保护议题汇聚形成价值共同体，使生态保护理念内化于心。

由浅至深创新内容表达，推进生态保护的价值共创。围绕“绿水青山就是金山银山”这一生态保护的理念宣导，《天下黄河》在内容表达与价值引领方面做到了内外兼顾、深入浅出，从多个层次和视角切入对生态保护理念进行具体阐发。《天下黄河》在叙事推进过程中，通过树立富有人情味、贴合观众心理的自然或人文 IP，推动打造出有温度、有深度、有高度的黄河形象，以面对面口语交谈的对话形式拉近影像内容与观众之间的距离。浅表性的说教与灌输容易导致反感情绪的滋生，《天下黄河》在演绎黄河故事时由浅入深，通过对细小议题或事物的探寻，以及对于事物发展的不断追索，使其内容愈发充盈、持久且深刻，围绕黄河流域生态保护和高质量发展的价值认同与价值共创也在此过程中予以达成。

（三）兑现历史承诺为全球生态治理贡献中国智慧和中国方案

党的十八大以来，习近平总书记多次就生态保护做出重要论述，“把保护生态环境摆在更加突出的位置”“建设生态文明是中华民族永续发展的千年大计”“提升生态系统多样性、稳定性、持续性”。这些重要论述正是我党向人民、向历史做出的庄严承诺，黄河流域生态保护的显著成效正是我党兑现历史承诺的生动例证。

立足人类命运共同体高度，总结提炼生态治理的中国经验。《天下黄河》以黄河为切入点，讲述中国式现代化故事，其中体现出与西方式现代化的不同之处，即中国式现代化既要思考和解决提高生产力问题，同时又秉持人类命运共同体理念面向未来，思考世界向何处去的问题。从冰川融化到水源保护、从草场恢复到科学放牧、从环保调查到民生保障，《天下黄河》以强烈的人文关怀和赤子之心，关注、记录和参与有关人类健康、生态保护、文化多样性等重要议题，向世界展示中国式生态保护与治理历程，试图从中找寻对人类社会发展有参考和借鉴价值的中国经验。面对世界百年未有之大变局，以生态保护这一全球共通性议题为抓手，《天下黄河》既发掘和讲好了有关中国发展与进步的时代故事，也契合了人类共同追求的价值理念。当人们被共通性的情感连接在一起，彼此将更易得以从“他者”视角展示自我，文化交流、文明互鉴的达成也将更加高效，新形势下加强国际传播能力建设，应理解好、运用好这关键一环，加快构建中国话语和中国叙事体系，同时兼顾不同文化的审美偏好，在融通传播中建构认同。

兼顾中国特色与世界眼光，营造和谐交流的传播情境。在塑造和建构国家形象过程中，与传播对象的平等对话、和谐交流至关重要。《天下黄河》在讲述中国式现代化故事和黄河故事时，既有“黄河”这一大的中华文化 IP，亦有牧民、基层干部、青少年等个体行动的点缀，处处凸显着人性化元素和人本导向，将严肃的环保议题与普通的生活场景相糅合，将刻板的经济数据与灵动的现代产业相交互，在影像内外都营造出平等、和谐、美好的交流氛围。以此为参照，对外讲好中国故事要兼顾好中国特色与世界眼光，立足具有中国特色的实践经验，以高度的道路自信、理论自信、制度自信和文化自信，友好传递能被国际社会普遍接受和理解的新概念、新范畴、新表述，在深化交流互鉴中赢得认可、增进认同。同时，面向智能化、移动化、社交化的传播趋向，对外讲好中国故事亦要用好全媒体时代的社交网络，借力全球网络互联互通，运用短视频、直播等传播形态进一步挖掘和释放文化 IP 价值，不断增强中国智慧与中国方案的传播力、影响力与感染力。

第三节　文化传承类国风创演节目的下沉式探索

2020 年 12 月 25 日，由中央广播电视总台文艺节目中心推出的国风少年创演节目《上线吧！华彩少年》（简称《华彩少年》）播出。该节目是在我国大力倡导“文化自信”，深入贯彻习近平总书记在党的十九大报告中指出并高度重视的“推动中华优秀传统文化创造性转化、创新性发展”的时代背景下创作的文化传承类节目。《华彩少年》不同于以往《典籍里的中国》《国家宝藏》等节目的深沉庄重风格，在角色的年龄主体、节目创作方式以及节目传播平台上，均采取了“下沉”的策略，通过当代青少年最易接受的方式，借助科技的手段，将传统文化转化为青春洋溢的“国风”形式传递到青少年群体中，润物无声，起到提升青少年主体文化自信的作用[①]。

一、年龄的下沉：从接受主体到创作主体的思维性转变

青少年是我国传统文化的继承主体，如何实现传统文化的顺利“交接”成为文化类节目乃至全社会关注的重心。《华彩少年》一改以往文化类节目的凝重风格，实现了文化传承主体由接受者到创作者的创新性转化。

（一）创作主体的年轻化选择

中国传统文化自带“厚重”属性，因此在以往的文化传承类节目中，“庄严凝重”是节目营造的主要氛围。在《典籍里的中国》《国家宝藏》这类精品节目中，演员要用“老”戏骨、道具要用“旧”文物。这类节目对中华传统文化的有效传承主要体现在节目成为“网红”或“爆款”后，促进了传统文化在年轻群体中的广泛传播。

仅仅将青少年视为接受主体，是文化传承类节目一贯的思维，其认为年轻人对厚重传统文化的理解不够准确，无法成为文化传承类节目的创作者。但是，年轻人和传统文化之间不存在认知鸿沟，通过自己的独特方式，年轻一代完全可以承担传承传统文化的重担。

在当今社会，国风已经成为“新风尚”。从国家宝藏掀起的博物馆和文创热，到西安大唐不夜城的“不倒翁小姐姐”火爆全网，再到河南卫视“奇妙夜”系列的热播，都可以看出年轻人对“国风”是高度认可和关注的。在日常生活中，青少年着汉服、追国风，也成为随处可见的景观。这种生活方式早已形成了既传统又时尚的文化浪潮，而青少年就是这种文化浪潮的主要推动者。

---

① 杨圣煊，郭海威．科技视域下文化传承类国风创演节目的“下沉式”探索［J］．科技智囊，2022（3）：66-71.

《华彩少年》将青少年当作传统文化当代化表达的创作主体，将喜欢和拥抱中国传统文化的年轻人集结起来，是对“青少年成为传统文化现代化创作者”的探索。节目组选择的青少年来自五湖四海，包括国内专业艺术院校院团的学生、海外名校的高材生、非遗技艺传承人、归国华裔等。节目的目的就是要把热爱中华优秀传统文化的青少年转化为创作主体，将戏曲、民族舞、民乐、快板、木偶戏等传统艺术形式创新地融入创演舞台中，探讨当代青少年如何以“国风创新演绎”讲述传统文化魅力的时代课题。

（二）厚重文化与青春主角的反差整合

传统艺术毕竟经历了时间的沉淀，因此《华彩少年》的节目风格并不是主打“展现”而是“反差”，通过营造当代年轻人对传统文化表达方式的巨大反差来彰显文化碰撞与交融。例如，方书剑、彭鑫成、方洋飞、张乐瑶这 4 位国风少年在《皮黄新韵》的表演中呈现了国粹京剧与说唱的碰撞，吴善宇在原创《少年的你》中实现了民谣与黄梅戏的融合，这种“反差”彰显了国风少年的使命感、担当、创新和年轻人敢想敢做敢为的勇气。《华彩少年》让受众感受到了传统与现代的碰撞，文化认同感由此而形成。

节目的整体氛围年轻化并不代表节目的轻浮，传统文化的厚重感不能缺失。因此，对于参与节目制作的年轻人，节目组设置了笔试环节，目的在于让参加节目的少年们认识到差距，督促其深入学习传统文化，在真正理解传统文化内涵的基础上，个性化地把国风文化表达出来。

传统文化的传承，“守正”是根本。专家们的“引玉”是让大家认可少年们用现代方式传承传统文化的基础。每期节目中以董艺和王珮瑜为代表的“华彩少年上线官”会从专业技能、国风融合、创意创新这 3 个维度对少年进行综合评判，决定是否为少年进行“添彩”。与创演舞台同步进行的另一条支线，是贯穿节目播出始终的“国风少年成长计划”，与互联网平台动辄淘汰一半选手营造业态残酷不同，该计划邀请传统文化各领域的名师名家如豫剧名家小香玉、中国舞蹈家协会副主席山翀、男高音歌唱家刘和刚、知名青年歌手周深、青年京剧演员谭正岩组成的“国风少年成长计划助力团”，为少年们进行再培训指导，经受过指导的华彩少年会重返舞台，再次接受观众的检验。传统文化各领域的名师名家深度参与每一个小组的国风创演全流程，各施所长，解读经典，对少年们的表演进行专业的培训和指导，助力最终“华彩时刻”的绽放，真正做到育新人。

传统文化和华彩少年这两个时空与心理距离相差悬殊的主体在节目中形成了一种矛盾的融合，体现出鲜明的时代构思，也展现出《华彩少年》与其他文化传承类节目的不同追求。

二、形式的下沉：科技赋能传统文化与当代文艺的融合

传统文化之于现代，常有“曲高和寡”之态，京剧虽贵为“国粹”，在当代的传承也面临着困境。中华传统文化的继承与发展，要把握中华民族最核心的文化基因，使之与当代的科技文化相适应、与现代社会相协调，让传统的“高雅文化”与当今的“平民文化”相结合，让最先进的技术手段为古老的传统文化赋能，使传统文化有新的时代内涵，也是《华彩少年》播出的现实意义。

（一）形式上的融合：人工智能形象跨次元加持国风传承

人工智能与虚拟现实技术的使用，极大地提升了《华彩少年》的影像表现力和艺术魅力。在第二期《华彩少年》的新媒体端完整版中，“翎”这一角色对整个节目产生了画龙点睛之效。“翎”是国内首个国风虚拟人物，该人物仅在新媒体端出现。她在节目中传神再现了梅兰芳先生《天女散花》中“云路”一折“西皮流水”的歌唱与舞蹈，俨然成为真实人物之外的另一个“华彩少年”。“翎”带来的不仅是设想与技术的新奇，更是引发观众

在新的生活与科技环境中，对京剧等传统文化的价值与活力、坚守与发展、传统与时尚、深沉与鲜活等诸多辩证关系的思考，形象、直观地勾勒出传统与传承的动态图画。

梅派京剧依托人工智能技术被完美地复刻至一个虚拟人物的一举一动中，同时又利用虚拟现实技术让这一形象与真实选手同台竞技，这对传统文化类节目来说是一个巨大的跨越。“翎”这一角色更深远的意义在于，实现了科技和国风、现代和传统的完美交融，是将现代科技运用于传承发展中华传统文化的绝佳范例，为新兴科技助力传统文化传承提供了借鉴。

2021 年 11 月，新华社上线的元宇宙形象“热爱”（REAI）打响了央媒布局元宇宙的第一枪。事实上，传统文化是新兴科技传播的抓手，借助人工智能与虚拟现实技术，一个“不畏冬夏之长，无惧山海之远”的虚拟世界正向现代社会招手。

（二）理念上的融合：传统文化与科技手段、流行文化的融合发力

正所谓“文章合为时而著，歌诗合为事而作”，一时代之文艺也正表达当下的时代。历史车轮滚滚向前，有很多传统艺术形式都是用来呈现那个时代背景下的故事或者情感的。因此，利用传统文化对当下的时代进行呈现与表达，“把原始文本中潜在可解释的意义范围缩小了，引导观众把某些立场的解读优先置于其余立场和解读之上”是传统文化传承发展的最佳方式。

“少年智则国智，少年强则国强”，建设文化自信是《华彩少年》甚至整个文化传承的大背景。近年来，国风受到越来越多的年轻人认可，在这种潮流趋势下，《华彩少年》以“国风”为核心，以传统文化和当代文化的交融积极宣传国风，这是对文化自信更加深刻的诠释。

《华彩少年》将中国的戏曲元素与现代流行文化艺术相融合，在打破传

统的同时，不断推陈出新，为中国传统文化注入新时代的新鲜血液，“国风 + 现代流行元素”模式对于各年龄段群体均有吸引力，青春且充满正能量。以这种年轻化表达形式展现中华传统文化，并通过交融化进行文化传承的策略，对社会主义核心价值观的塑造与传播具有重要的借鉴意义。

《华彩少年》的理念是打破传统文化与当代文化的形式“壁垒”。在万物互联的融合时代，借助科技，不仅仅是媒介，艺术形式之间也呈现出了“融合”的趋势。在这一背景下，传统文化不可能高高在上，完全区别于当代文化。《华彩少年》中的青少年，通过自己的方式，表达出了流行的当代文化如何与传统文化相结合。与传统文化类节目在剧院中依托略显陈旧的置景道具机械地演绎不同，《华彩少年》的舞美设计使用大量的灯光变化和 LED 屏幕，如仰望天空的灯带形象，嵌入候场间的青瓦飞檐，都既传统又新潮。

融合的前提是传承者对“传统”与“当代”都很熟悉，因此实现这种融合并非易事。少年刘丰将传统京剧“大三弦”演奏出了摇滚的质感，田轩宁将朝鲜族舞蹈里独有的“柳手鹤步”演绎得活灵活现，融合与再现要求这些少年对传统与现代两种文化都很熟稔，同时对二者的巧妙结合也颇费心思，这种融合何尝不是“华彩少年”们匠心的体现。

三、平台的下沉：新媒体科技倒推网台联动，多平台“共振”

《华彩少年》打出了首档“台网互动”国风少年创演节目的招牌，除在 CCTV 综合频道播出，还选择在央视频、西瓜视频同步播出，实现了从主流媒体到大众媒体的下沉。同时，《华彩少年》还在抖音、微博等多平台播出，真正实现了多平台“共振”。

（一）电视平台的下沉与新媒体科技的崛起

在媒介融合的新环境下，电视这一扎根传媒领域40余年的传统媒体的传播优势已不复从前。随着生存空间不断被挤压，选择在电视节目的基础上推出融媒体产品成为电视融合创新的常态化举措，集合文字、图像、影像、网络等多元媒介形成全新的融合形态电视节目，为传统电视获得新媒介环境下的广泛关注发挥了独特而有效的作用①。

《华彩少年》既注重电视平台的播放，通过权威媒体发声，让传统文化更具受众覆盖面大、传播到达率高等优势，也注重在央视频、西瓜视频等网络媒体端播出，并根据新媒体传播规律进行转化。

（二）多平台基于技术长处，个性化助力新媒体宣传，实现“共振”

所谓“多平台共振”指的是台网联动，这是媒介融合时代节目传播的巨大形式转变。《华彩少年》除了在央视频、西瓜视频等网络媒体端播出，还在宣传方面实现了与西瓜视频、抖音等新媒体平台的“共振”。

节目打造了“华彩少年 × 家乡”网络推广曲《谁不说俺家乡好》，为在西瓜视频全网独播的2020年国庆档电影《我和我的家乡》造势，成为一档和电影形成联动的话题性节目。

西瓜视频在视频赛道上布局了“国风”系列，因此《华彩少年》与其不谋而合。西瓜视频可借助央视平台提高自己的平台层次，同时吸引更加广泛的国风内容爱好者与生产者，借助自己新媒体平台的优势为节目的收视与流量赋能。央视可借此良机，借助PUGC视频平台的传播势能，深入互联网领域，为节目收获一定规模的受众群体。

① 胡智锋，陈寅．融合背景下传媒艺术生态格局之变［J］．社会科学战线，2021（4）：173-179，282.

抖音作为《华彩少年》的合作伙伴和独家冠名商，在节目筹备期间上线了“寻找华彩少年”话题，同时还设置了“华彩少年—抖音人气榜”活动专区，增加节目在互联网平台的互动性。

央视频作为中央广播电视总台自有的新媒体旗舰平台，在节目播出期间推出了《上线吧！华彩少年》添彩专区，打造粉丝“花菜团”为自己喜爱的华彩少年浇水添彩的互动概念。平台在H5专区内嵌入“花菜培育基地”和“我的华彩瞬间”两个链接，其中“花菜培育基地”是用户参与传统文化题库答题获取助力机会的互动平台，将节目观众对于选手喜爱的内生动力，转化为学习传统文化知识的学习动力，形成良性互动。央视频是PGC和PUGC的内容集成平台，“G拍技术”是目前平台唯一可供UGC内容发布的专区，《华彩少年》通过“我的华彩瞬间”概念让喜爱节目的观众上传自己的互动短视频，为节目有效征集海量的新媒体资源，并为《华彩少年》这一IP的后续衍生提供了可能。

《华彩少年》积极运用其他有影响力的平台对节目进行宣传，在微博热搜、抖音热榜以及央视内部的互联网矩阵，《华彩少年》都没有缺席，通过积极宣传，提高自己的知名度与影响力。

四、对“下沉式”探索的辩证反思

《华彩少年》让一批推动“国风”浪潮的青年群体成功“破圈”，走进了公众的视野。“新国风”是“古为今用”，是用基于当下日常生活和流行文化的目光去审视源自中华传统的文化元素，在秉承传统文化精神的基础上对之进行活的运用[①]。在《华彩少年》的舞台上呈现出的青春洋溢的“新国风”影像，让观众在感受传统经典的同时感受到当代文化扑面而来的勃勃生机。

① 王茵．“新国风”文化的荧屏呈现及其审美性集体记忆重构［J］．中国电视，2019（9）：56-59.

《华彩少年》的“下沉式”探索仍有值得思考之处。首先，节目中传统艺术与当代艺术的结合方式依旧存在着争议。对于传统艺术与当代艺术“是否要融合”以及“如何融合”的问题学界始终争论不休。其次，节目的模式与内容未能脱离传统演艺竞技类节目的既定框架。虽然节目使用了一系列新技术，但依旧是为了大屏节目播出的收视率服务，后续 IP 运营后劲不足，衍生产品影响力较小。多方原因导致该节目仍有进一步完善的空间。但是，节目的创新与坚守是值得肯定的，对于传统文化如何进行传承，是一个需要长期讨论并不断探索实践的课题。因此，中央广播电视总台文艺节目中心推出的《华彩少年》，率先做出这种创新性尝试，也体现出了其担当与勇气。

虽然《华彩少年》仍有待完善之处，但在深厚的文化底蕴支撑下，其担当与创新的方式值得肯定。处于当下市场化背景下，综艺节目层出不穷，年轻人的心态十分浮躁，娱乐似乎已成为“电视上所有话语的象征”。而《华彩少年》将一批具有匠心、能够沉得住气坚守文化的年轻人聚在一起，实属不易。将科技与国风元素加入选秀节目中的大胆尝试，未尝不是坚守文化自信，传承中华优秀传统文化行之有效的路径。总之，好的文化类综艺节目应植根于中华优秀传统文化，将实现对我国传统文化的传承作为根本。

第七章

网络空间基于知识分享的社会共识建构

信息技术的突飞猛进催生了各种网络新媒体，并借助其即时性、便捷性和互动性等特征得以迅速普及，与此同时，用户借助新媒体应用进行知识传播和分享也越发便捷和频繁，知识传播机制与格局发生了新变化。随着社交媒体的普及应用，网络空间中长期存在着事实与谣言博弈、情绪宣泄与建设性对话交织的现象，网络舆论场中充斥着不稳定、不确定因素，社会共识的撕裂与挖掘风险时有凸显。在此形势下，知识分享有助于在嘈杂的网络舆论场中引导人们看到事实与真相、建构社会共识，形成并巩固社会凝聚力和向心力。

第一节　网络空间中知识分享特点及影响因素

近年来，随着高度信息化的知识经济时代到来，知识内容的生产、传播与使用在社会的经济发展与文化素质提升方面发挥着越来越巨大的推动作用。互联网信息技术的发展所催生的各种新媒体应用成为知识内容传播、接收与分享的重要平台和渠道，知识信息在此实现集聚和扩散，网络空间中的知识分享愈发受到关注。大学生群体作为当前社会中一个重要的知识群体，处于不断汲取和积累知识以满足社会需求的学习阶段，知识分享作为其获取知识内容的重要途径之一，关系到大学生知识水平及综合素质的高低，同时也映射着社会共识的总体建构水平。因此，有必要对其知识分享现状进行考察，这对于明晰大学生知识分享过程、寻求知识分享效果以及社会共识度提升的方法与优化路径具有重要意义。

一、网络空间中的知识传播生态

互联网信息技术的迭代升级正在加速变革着信息传播格局，同时也在不断解构和重构着知识传播生态，尤其伴随移动互联网发展提速，新媒体应用正在向人类生产生活的各个领域渗透，其影响也愈发深刻。具体来说，网络空间中的知识传播生态呈现出以下特征。

（一）知识形态愈发多元

网络空间中，知识传播生态较传统媒体环境下最显著的变化之一，就是知识内容的呈现形式更加丰富多元。与此同时，受 VR/AR/MR、人工智能、大数据、云计算、类脑计算、5G 等前沿技术加持助力，H5、Vlog、直播、短视频等新兴信息形态应用愈发普遍，可以从多种视角切入进行信息表达，以往通过单一媒介形式难以充分展示的知识内容在网络空间中能够实现全方位、立体化、系统性、口语化的呈现，使得人们更易获取和理解，知识传播的效率效果得到双重提升，其中尤以视听媒介的表现最为突出。在知识形态多元化的过程中，一条核心理念始终贯穿其中并引领媒介形态变革，即不断还原人的感官体验，成为人体感官的一部分。王晓红提出，“每一个新技术的使用，都在人与世界之间构建起新的关系，它折射了人类传播在两个层面上的追求：一是不断追求身体感觉丰富性的还原，二是不断追求交往互动的深化”①。新媒体应用的发展普及正是基于这一主线，不断还原和接近人体的真实感觉，并最终成为人体的延伸。对于知识传播来说，形态的多元化使得知识呈现和表达形式更加多样，人们分享和学习知识的欲望不断被激发，社会中知识传播氛围持续改善，其对于提升人们的素养

① 王晓红 . 新型视听传播的技术逻辑与发展路向［J］. 新闻与写作，2018（5）：5-9.

和知识水平具有显著促进作用，能够有效助力人们追求和实现美好生活。

（二）话语体系更加丰富

在网络空间中，社会话语权下放，网民借助新媒体应用实现了自我赋权，可以通过互联网自由地发表自己的观点，传统媒体环境下以主流媒体为代表的严肃性话语体系的主导地位，在当前新媒体环境下有所动摇，生活化、日常化话语表达开始占据网络空间，网络中知识传播的话语类型也愈发丰富。一方面，不同群体的人群能够同时在网络空间中发出声音，多元话语共现于新媒体环境下的网络空间；另一方面，在社交媒体环境下，主流话语正尝试逐渐改变传统的话语类型，向生动化、活泼化、生活化和日常化的话语表达转变，且这种“网上群众路线”一经尝试就取得了很好的效果，受到普遍欢迎，主流话语的传播力、引导力、影响力、公信力得到大幅提升。而且从近年来我国新媒体发展情况来看，“专业媒体机构和自媒体纷纷在内容领域发力，扩展内容生产的边界”①。针对特定用户的个性化、精准化知识传播受到重视，新媒体环境下的知识内容生产更加勃发，进一步丰富了网络空间话语体系。在知识传播领域，话语体系的不断丰富无疑为知识内容的有效传播提供了更多选择，同一知识内容可以使用不同的解读方式，以面向不同知识水平和需求的用户群体，使得知识传播的目标受众范围得到拓展，知识传播效果得到优化。如近年来针对诺贝尔奖的解读话语正不断走向平民化，运用数据新闻、虚拟动画、真实图像等元素和工具的组合，通俗易懂地向百姓讲解当前科学发展的最前沿成果，为大众陌生的“实验室科学”祛魅。

（三）互动属性不断增强

新兴互联网信息技术的发展进步催生了一大批具有互动属性的新媒体

① 黄楚新．当前我国新媒体发展状况、问题及对策［J］．人民论坛·学术前沿，2018（19）：79-87.

应用，新媒体环境下知识传播的在场感持续增强，互动交流情境的建构效果愈发突出，并不断地向面对面的人际互动方向发展演进。在互联网这一场域中，互动属性的增强有两方面的影响：一是使得信息内容能够迅速得到确认核实，虚假信息、谣言等内容在网络空间中难以遁形；二是信息加工与再生产变得更加易于实现，尤其是借力社交媒体应用，人人都可以成为信息生产者，如近两年受到欢迎的短视频。新媒体环境下信息传播的互动属性对于激发用户参与热情、增强内容生产活力具有重要意义，如在抖音这一短视频社区中，通过发起非遗合伙人、国乐 Show 等计划，引起大众的广泛关注和参与互动，助力传统文化传播走向深广远。就知识传播领域来看，互动属性的增强将为知识的有效传播、高效传播提供重要助力，以网络直播为代表的互动形式使得用户与知识生产者、传播者之间实现近乎面对面的交流，知识传播效果得以优化。2017 年教育部办公厅发布《教育部办公厅关于 2017—2020 年开展示范性虚拟仿真实验教学项目建设的通知》，其中就提及要在项目建设过程中，综合运用多媒体、大数据、三维建模、人工智能、人机交互等多种技术手段，实现互动式、研讨式教学，倡导合作式、探究式学习。网络空间中的多模态互动为知识创新提供了有利情境，有助于激发各知识传播主体的创新创造灵感，进而实现知识增值。

二、网络空间中大学生知识分享的特点

对于大学生群体来说，新媒体日益成为其学习和进行社会交往的重要工具，探究新媒体环境下大学生知识分享的特点，有利于从宏观角度把握大学生知识分享的发展现状。基于此，本书从大学生知识分享的主体、过程、系统、目标以及范围等方面出发，分析其主要特点。

（一）主体互动性

知识的传播过程同其他信息的传播过程相似，需要有知识传播者和知识接收者，即传播过程中的信源和信宿。新媒体环境下，大学生知识分享过程同样涉及知识传播者、接收者等多个主体，相较于传统的知识分享过程，知识分享主体之间的互动更加频繁和有效。从传播主动权来看，网络空间中，大学生作为知识分享主体实现了自我技术赋权，可以便捷地使用各种新媒体技术手段进行知识传播与分享；从传播过程来看，新媒体的即时性与互动性特征使大学生主体在知识分享过程中可以实现互动，加之大学生较其他群体拥有更多可自由把握的学习与交流时间，为传播各方交流讨论知识提供了机会，因此，各主体之间的互动性更易达成且效率更高，进而有效促进了知识创新与增值；从传播效果来看，有效的交流互动不仅有助于知识接收一方能够更好地理解和领悟知识内容，同时也有助于激发各知识主体的学习和创新创造意识。大学生群体处于知识的集中学习与创新阶段，尤其是近年来在政府引导下，高校积极鼓励大学生进行创新创业，使大学生能够有效参与产学研用的各个阶段，为其提供了良好的互动交流与学习机会，大学生知识传播主体各方通过在线即时交流能够实现知识信息的快速分享，并迅速用于实践指导和理论创新，有效提高知识分享效率。从传播障碍来看，由于不同大学生主体的知识结构或认知能力存在差异，传播障碍与隔阂在所难免。然而，新媒体赋予了知识分享各主体有效互动的权利，尤其是大学生群体中有很多线上知识学习社区，及时沟通交流使知识分享能够继续高效进行。

（二）过程循环性

知识分享是一个包含知识传递、借鉴、应用、创新等众多环节的链式发展过程。在网络空间中，各种新媒体应用为大学生知识分享提供了便捷的渠道与手段，各环节之间的联系更加紧密，并最终形成一个知识传播与增值闭环，从而促成知识分享过程始终处于高效运转和循环状态，知识传播效率更高。大学生的知识分享过程可以分为两个阶段，分别是应用分享阶段和创新吸收阶段。在应用分享阶段，知识分享者向接收者分享和传递知识内容，知识接收者接收到知识后将其运用到具体实践或理论建构中，知识在这一阶段完成了传播扩散和指导实践的任务，相比其他群体，大学生群体主要处于校园环境中，其知识学习氛围更加浓厚，加上拥有大量的实践机会，因此可以将所获取的知识内容及时应用于实践当中；在创新吸收阶段，大学生知识分享各方在互动过程中，或是知识接收者在知识的运用过程中，发现实践应用可以丰富和完善已有的知识体系，进而会把实践经验加入原有知识体系中，通过分析、识别等环节实现原有知识体系对新元素的吸收，从而实现了知识创新。如此循环往复，大学生群体与其他群体相比往往具有更多优势，这是因为高校作为知识产出机构与企业等单位相比，其在知识体系建构与完善方面经验更加丰富，尤其在新媒体环境下，大学生所能获取的知识种类与形式愈发多元多样，这有助于其对知识内容的创新吸收。

（三）系统复杂性

知识分享过程本质上是一个由多重要素所构成的复杂系统，包括知识分享主体、知识客体、知识分享环境等多个子系统。其中，大学生知识分享主体各方都是一个子系统，在知识分享行为发生时，大学生个体会受到自身知识储备、知识结构、知识显性化能力、传播能力、所属群体的知识分享制度、知识管理规则等多重因素的影响。在知识分享行为发生之前需要平衡多种因素，之后才能促成其知识传播行为的发生；在知识接收一方，大学生在吸收知识的过程中，会受到自身认知能力、知识结构、认知条件、吸收转化能力等因素的影响，在克服多重影响因素之后才能完成知识的接收和应用。知识客体即知识分享的内容，其涉及多种类型，在知识分享的过程中，知识客体可能会受到来自分享各方的共同作用，因此，知识客体子系统也将在双方共同作用下发展和演化，使其结构更加完整准确，适用性更强，尤其是不同专业的知识内容差异较大，使知识客体这一子系统显得更为庞杂。知识分享的环境即分享行为发生的具体情境，涉及知识主体的内部环境和外部环境，共同影响着知识分享的效率。新媒体环境虽然为大学生的知识分享提供了极大便利，助力各个子系统实现自我优化升级，使得知识分享更加高效，但是新媒体的互动性与即时性等特征也使得大学生在进行知识分享时所触及的影响因素更多，所面临的复杂和不可控因素增多，知识分享系统也更加复杂。

（四）效益导向性

大学生知识分享的最终目的是实现知识分享各主体之间的知识转移和转化，从而实现知识资源的有效共享，知识传播者的知识显性化、知识接收者的吸收和内化，使得知识资源可以在知识主体之间高效传播和扩散，实现知识的分享、利用和创新。网络空间中，这种效益导向性可以从以下几个方面得到合理解释。首先，在知识分享效率方面，借助新媒体手段，大学生知识主体之间可以快速完成知识内容的显性化、传递和吸收过程，通常可以不用面对面或者借助传统媒介渠道就可以实现知识分享，多元丰富的线上知识社区、群组等都成为很好的媒介渠道，有效提升了知识分享与应用效率，节省了时间、精力等成本；其次，在知识分享效果方面，知识分享的传受双方都是本着效益最大化的目标导向，共同合作完成知识分享，而作为技术驱动型的新媒体应用能有效服务于知识分享过程，其在场感、互动性等方面有效优化和提升了知识分享效果，尤其对于专业性较强的知识内容，大学生的知识分享旨在以最优路径传播知识、丰富知识体系和指导实践，因此有时所分享内容虽是碎片化的，但往往也具有显著的系统归属性；最后，在知识分享主体方面，大学生分享各主体或是为了完成知识扩散，或是能够更好地吸收利用所学习知识进行知识分享，无形中也带动了知识的创新与增值。得益于新媒体所带来的强有力支撑，大学生的知识分享过程不断获得升级，其效益导向也得以实现良性循环。

（五）范围有限性

虽然新媒体为大学生知识分享提供了便捷的手段和方式，为知识的跨时空传输提供了可能，但在新媒体环境下，大学生知识分享的范围仍然呈现出一定的有限性。这种范围的有限性有两层含义。第一层含义是指知识传播存在一定的组织边界。虽然借助新媒体可以实现随时随地的跨时空传播，但这种知识分享主要发生在一定的大学生组织或团体之内，知识内容也只是在相应的群体成员之间进行传播，尤其是专业性较强的知识或者团队内部涉密类知识内容，其分享和传播的范围通常只是在群体成员之间，这是因为不同的大学生往往所属于不同的知识群体，尤其是专业性较强的知识群体之间存在较严密的壁垒，隔绝了知识分享的可能性，虽然组织间的知识分享和流动现象偶尔也会发生，但大部分的知识分享行为都难以突破组织制度等的隔阂。第二层含义是指知识分享行为存在一定的技术边界。因为并非所有的知识内容和形式都适用于以新媒体形式进行传播和分享，一些知识内容难以通过新媒体渠道进行表达和显性化，所以即使在新媒体环境下，这类知识的分享过程也往往难以实现和达成，尤其是一些较为复杂的专业知识，如缜密而又庞杂的实验流程，必须通过实际操作指导才能实现知识的转移和转化。由此可见，新媒体环境下大学生的知识分享在范围上依旧存在局限性。

三、网络空间中大学生知识分享的影响因素

在对已有知识分享研究进行梳理的基础之上，结合新媒体信息环境，

将大学生知识分享的影响因素分为主体因素、客体因素、环境因素以及结构因素。知识分享的主体因素主要是指知识分享行为主体——大学生的个体特征以及动机等因素，知识分享的客体因素主要是指知识内容、知识类型以及其具体特征，知识分享的环境因素主要是指知识分享行为发生的内部环境和外部环境，知识分享的结构因素主要是指知识分享行为主体之间的关系结构以及各自所在的网络位置等。

（一）影响大学生知识分享的主体因素

大学生作为知识分享主体，是知识分享行为发生和开展的首要条件，对知识分享的影响最为关键，知识分享参与各方共同决定着知识分享的成功与否。在知识分享过程中，知识分享主体的态度以及其主观性规范直接影响到主体的知识分享意愿，进而影响知识分享行为与效果。同时，个体的性格取向与知识分享行为具有相关性，内向型性格取向的个体较难以形成和实现知识分享行为，外向型性格取向的个体则较容易形成和实现知识分享行为。除此之外，知识分享主体的内在动机以及他们所处的社会地位也通常会对知识分享行为产生重要影响，如主体具有较为强烈的自我实现欲望，可能会出于帮助他人、实现自我价值、提升自己在同伴中的地位等心理，积极促成知识分享行为。

就大学生而言，其思维模式、认知结构、心理因素等都对其知识分享行为具有重要影响。有研究者将大学生个体认知特征归纳为认知需求和专业化水平两项指标，以实证的研究方法考察了其对大学生知识分享的影响和调节作用，研究发现，大学生的认知需求和专业化水平在其对不同诉求方式的知识内容进行分享决策时发挥着重要影响和调节作用[①]。网络空间中，大学生所面临的信息环境更加开放多元，能否准确了解和把握其个体偏好

---

① 黄楚新，郭海威．论新媒体环境下知识诉求方式对大学生分享决策的影响［J］．出版参考，2019（4）：41-46.

决定着知识分享的效率高低。在校大学生喜欢尝试新鲜事物，其移动互联网人均使用时长同比增长较快，看剧、刷视频、听歌是其主要娱乐方式，偏好兴趣社交、精神社交，且其线上消费能力强，多使用分期付款或借贷进行超前消费。深入挖掘这些数据和现象背后的深层机制，将有助于进一步激发大学生向他人学习、探寻他人观点的欲望和好奇心，同时也有利于更好地激发其分享知识的热情。

（二）影响大学生知识分享的客体因素

在大学生进行知识分享过程中，就知识客体来说，其自身具有增值性、无损耗性以及可转移性等特征，这些特征都有助于知识分享行为的发生。首先，知识具有显著的增值性，作为一种重要的竞争资本，知识可以创造社会和个人价值，并在不断地创新演化中获得发展价值，大学生的知识分享行为能够为大学生个体、所在学习小组或科研团队带来收益，包括能力提升、新研究方法、新研究发现等，这种创造价值的特性成为促成知识分享的关键属性。其次，知识在分享的过程中不会像其他物品一样出现损耗，相反，它具有显著的增值性，知识分享在为他人带来效益和帮助的同时，并不会造成知识提供者一方的成本增加或价值减少，而是能够被重复使用，因此人们在知识分享的过程中也就不会考虑其损耗的可能。最后，知识的可转移性也是促成知识分享行为的客体属性之一，知识内容在不同的大学生主体之间可以自由传递和流动，实现知识的扩散，但是在此需要说明的是，不同类型的知识的转移效率存在差异，如显性知识的转移效果一般要优于隐性知识的转移效果。

在新媒体环境下，知识内容的呈现形式更加丰富多元，丰富的媒体形态为知识的分享传播带来更大便捷，隐性知识显性化、显性知识垂直化趋势更加明显。如中国科学技术协会致力于通过“互联网 + 科普”助力“科普中国”品牌打造，目前已形成跨越多平台、涵盖多样态、包含全品类的科普类知识传播矩阵，取得了良好的传播效果。大学生群体作为接触新媒体较多的一类人群，知识内容在新媒体平台上的多模态呈现在显著增加大学生知识接触频率的同时，往往因为符合大学生群体的信息接触偏好而获得更多关注。至此，知识内容的可呈现程度对大学生进行知识分享的影响趋于弱化，知识内容的呈现形式和风格愈发成为影响大学生知识传播与分享效率的重要因素。

（三）影响大学生知识分享的环境因素

在知识分享过程中，对其产生影响的环境因素通常包括内部环境因素和外部环境因素两种。内部环境因素主要包括所属组织或团体的文化、制度、氛围以及组织框架和管理态度等。如组织的氛围对于知识分享的意愿达成具有显著作用，宽松的组织氛围更容易激发成员之间的知识分享行为，有利于实现组织内部知识的整合与共享；信任度更高或者更加注重信任的组织文化氛围有利于知识分享，成员之间信任度越高，发生知识分享行为的概率也就越大；另外，组织管理层的管理态度对于知识分享水平也会产生影响，如集权度较高的组织内部，其知识分享效果往往不太理想，积极的管理态度以及鼓励会帮助组织成员实现知识分享。在大学生群体中，大学生个体所属的学生组织、社团等无疑建构和影响着其知识分享环境，对这种内部环境的感知将通过一定形式外化并影响到其知识分享行为。网络空间中，这种组织环境已经超出传统的线下组织界限，线上线下协同建构的组织环境对大学生知识分享的影响越来越大。

新媒体环境下，影响大学生知识分享行为的外部环境因素包括社会环境和技术环境两种。首先，就社会环境来说，校园和社会中的知识学习氛围、学术氛围、知识创新氛围、知识产权保护状况以及知识转移转化的政策环境等，共同作为社会环境因素作用于大学生的知识分享行为，成为诱发或抑制其知识分享行为发生的重要因素，如有研究发现在中国和美国不同的社会环境下，知识分享行为发生的频率、程度和效果都存在明显差异。其次，在当前的新媒体环境中，大学生的知识分享行为也会受到技术因素的刺激，新媒体技术自身特点使得一些知识分享更加便捷和高效，大学生作为具有代表性的知识分享主体，受到新媒体的多方面影响，如可以有效降低时间和精力成本、提高分享效率、扩展分享范围、增进与他人的互动等优势都会有效刺激大学生的知识分享行为，相比于传统媒体环境下，知识分享行为更加容易实现，效果更好。因此，大学生所处的学习环境、社会环境以及信息环境等都将对其知识分享产生影响。

（四）影响大学生知识分享的结构因素

近年来，伴随社会网络理论的持续发展，在知识分享研究领域中，有学者开始通过考察知识主体在社会网络中的结构位置来研究其对知识分享的影响。马克·格兰诺维特（Mark Granovetter）提出强联结和弱联结的概念，并借助某一联结上所花费时间、情感投入、亲密程度以及互惠性服务等要素对联结程度进行测量，他提出强联结更容易导致知识的冗余和重复，而弱联结则更有助于新知识的传播和分享。莫滕·T. 汉森（Morten T. Hansen）也对联结的强弱对知识分享的影响做了深入的研究分析，并认为强联结对于隐性知识的分享更加有利，而弱联结对于新知识的分享有显著的促进作用。张敏等探究了不同的社会关系强度对于大学生知识分享行为的影响，同时分析了在不同的关系类型中大学生知识分享行为的差异化特征①。

随着社会网络迅速发展，网络空间信息量不断增加，网络用户交互关系愈发复杂，其对知识分享的影响机制也在发生巨大变化。作为新媒体深度使用者的大学生群体，受到其所在专业、学习小组或社区、科研环境等

① 张敏，向阳，陆宇洋．社会关系强度对大学生微信知识共享行为的影响分析［J］．图书情报工作，2015，59（23）：64-71，50.

的影响，其享受和占有不同的知识资源，这进一步决定了其在知识传播网络中所处的结构位置，进而直接影响着大学生在进行知识分享时的前期认知、态度形成和分享决策达成等环节，也间接决定着知识分享的效果。如何充分调动政府、高校、知识传播平台、大学生等多方主体参与，优化大学生进行知识分享的结构性因素，从而有效促成知识分享行为的发生，是新媒体环境下知识传播各主体需要深入思考的问题。2019 年 3 月，科技部、教育部印发《关于促进国家大学科技园创新发展的指导意见》的通知，旨在充分发挥好国家大学科技园的重要作用，激发高校创新主体的积极性和创造性，为在校大学生更好地参与知识生产、传播、学习、应用等全过程提供了平台基础，助力知识分享更好地实现和达成。

四、网络空间中大学生知识分享优化的路径

通过对网络空间中大学生知识分享特点及影响因素的分析可以发现，大学生知识分享在网络空间中既面临挑战，又充满机遇，能否抓住机遇、直面挑战，不仅关乎大学生知识分享的效率效果，更直接关乎大学生群体的知识水平和综合素质，需要引起重视。基于此，对于网络空间中大学生知识分享的优化可以从以下方面着手。

（一）注重参与，激发知识分享热情

近年来，伴随新媒体应用不断推广普及，用户参与信息生产愈发成为主流趋势，网络空间中的用户生产内容体量持续扩大，其主要原因就在于用户获得话语权，使其被看见、被听见的自我呈现欲望得以展现。新媒体环境下，大学生的知识分享同样受到是否有参与机会的影响，在知识传播与分享过程中，大学生如有更多参与知识内容加工、创新和再生产的机会，将极大刺激并调动其主观能动性，而对其参与过生产过程的知识内容，他

们将具有更高的分享热情与意愿，分享行为也更易达成和实现。但是需要明确的是，大学生知识分享过程中的参与不在于提供参与的可能性，因为新媒体应用自出现伊始就为用户参与提供了机会与可能，这种参与应是尝试建构出大学生参与知识创新与生产的激励机制，如在知识分享小组、社区或平台上建立积分机制，通过构建激励回馈机制，大学生参与知识生产与传播的热情被激发，由此形成良性循环，大学生群体中的知识分享行为将更加频繁，知识学习氛围也将得到进一步优化。

（二）内容优化，拓展知识分享领域

无论在传统媒体环境下，还是在新媒体环境下，优质内容一直都是决定传播效果的首要因素，在知识传播领域同样如此，尤其是针对大学生这一知识密集型、学习型群体，是否有好的内容将直接影响知识分享行为发生的可能性。网络空间中，以大学生知识分享行为达成为目标的内容优化有两层含义。一是将复杂知识简单化，即用通俗易懂的话语表达或可视化的样态形式将专业性较强或较精深的知识内容呈现出来，使大学生能够在现有知识水平上理解和领悟知识内容，从而实现知识学习，并有助于促成知识分享。如可以充分运用图文、H5、短视频、直播等进行全媒体呈现，借助 VR/AR/MR 等智能设备优化大学生的知识接收体验，增进其对知识内容的认同，从而激发和强化其对知识内容的分享意愿。二是将简单知识复杂化，这种复杂化并不是将常识类知识用较高深的话语进行表达，而是对简单知识进行深入挖掘，做垂直化解读，做到透过现象看本质。这两种形式的内容优化均需要知识分享各主体的共同参与，在此基础上，将有效扩大知识传播与分享的对象范围，专业性知识不再囿于固有的知识群体内，常识性知识不再浮于表面，大学生的知识视野将得到大幅拓展，其学习能力与综合素质也将得到有效提升。

（三）技术驱动，实现精准个性传播

从信息过程来看，随着大数据、人工智能、云计算、类脑计算等信息技术飞速发展，针对群体、个体等的用户画像已愈发精确，面向特定群体或个体的信息精准推送已基本能够实现。网络空间中，若要充分激发大学生知识分享意愿进而达成知识分享行为，以技术为驱动，实现知识内容的精准推送将产生极大助益，知识传播的新媒体平台在此承担重要角色。首先，借助前沿信息技术对大学生群体或个体的信息接触与使用行为进行深度探索挖掘，找寻出其知识偏好；其次，将大学生知识偏好同网络空间中的知识内容进行匹配，找出符合其接触和使用偏好的知识内容，并通过客户端、网页等对其进行推送；最后，通过技术监测、追踪与试错，完成对算法的训练升级，同时也更加了解大学生的知识接触与使用偏好。至此，以技术为支撑的精准推送将向大学生输出其最感兴趣的知识内容，满足其知识获取需求，进而将有助于激发其知识分享的意愿，加之新媒体应用完善的信息分享功能，使得知识分享行为达成的可能性增加。

（四）强化协同，提升知识分享效率

大学生的知识分享是一个动态的、系统的信息传播过程，该过程受到主体、客体、环境等多重因素影响。因此，要优化网络空间中大学生的知识分享，必须着力增进和强化知识分享所涉各要素的协同作用，从而有助于实现知识分享效果最大化。具体来看，知识分享协同体的构成应包括大学生、高校、知识传播平台、政府等多个主体，同时需要考虑到当下的信息传播格局与生态，基于对大学生知识分享所涉各要素的综合考察，尝试建构形成能充分调动各方力量、促成知识分享的良性机制与模式。与此同时，各要素之间的协同配合将形成联动格局，迸发强大合力，在为大学生知识分享提供可能的同时，提升知识分享效率。另外，依托功能日益完善、

种类愈发丰富的新媒体应用，各要素之间的协同机制将更加趋于优化，针对不同要素的细分考察也将继续走向深入，从而能够更好地助力协同体促进大学生的知识分享。

整体来看，新媒体环境为大学生的知识分享带来了诸多可能，面对日益复杂的信息传播格局，只有准确把握大学生知识分享的特点，充分了解知识分享过程中各关键因素，及时感知信息传播环境的变化，才能找准切入点，促成并优化大学生的知识分享。

第二节　网络空间中知识诉求方式对分享态度的影响

近年来，得益于互联网信息技术的快速发展，新媒体应用愈发广泛，已经逐渐渗透进人们生产生活的各个方面，新媒体所带来的影响也越来越深刻，知识传播即是受其影响的重要领域之一。在我国实施人才强国战略的时代背景下，大学生作为新媒体使用和知识分享的高频群体，一直是受关注的焦点和重点群体，面对新媒体所带来的信息传播格局变革与生态重塑，大学生的知识分享应引起更多重视。为此，本书以知识内容的诉求方式为切入点，探究大学生知识分享态度的具体形成过程，从而深入了解大学生知识分享行为发生的内在机理，以期为新媒体环境下促进大学生知识分享及社会共识建构提供参考。

本研究将采用扎根理论方法，以新媒体平台上知识内容诉求方式为主题，对大学生进行深度访谈，从而对大学生评价不同诉求方式的知识内容和形成态度的具体过程展开研究，试图建构起大学生对不同诉求方式知识内容的评价和态度形成过程模型，进而明晰知识内容诉求方式对大学生分享态度形成的影响机制。

一、研究问题

不同诉求方式所带来的传播效果差异化一直受到学界广泛关注，也取得了众多研究成果，但是在对不同诉求方式的研究中，已有研究更多聚焦于传播效果，对于受众如何看待和评价不同诉求方式的信息并最终形成态度的过程研究较少。态度的形成过程亦是对事物的认知和意见表达过程，是认知主体按照其特有的价值标准，对于事物的价值以及与事物的相互关系的具体评价。传播效果则是受众评价过程完成之后的结果，是对于某一问题的最终态度。

要深入探究认知主体的具体评价和态度形成机制，则需要以态度形成过程为切入点。首先，主体的态度形成往往受到多种因素的共同影响，主体按照自身的价值标准对事物进行评价，在此基础上，逐渐形成对事物的具体态度倾向。其次，在对事物进行评价和形成态度的过程，主体自身的价值标准和观点往往也会发生变化，从而在认知和评价过程中不断发展和演化。要想了解主体态度的具体形成过程，就必须深入其对事物的评价过程，而不能只停留在对评价结果或是所形成态度的表层，因为这种研究大多是对传播效果的总体规律的探寻，不能有效揭示主体态度的具体形成机制。本研究将就大学生对不同诉求方式的知识内容的具体评价过程进行深入考察，试图建构起大学生对于不同诉求方式的知识内容的评价和态度形成模式，进而为探索新媒体环境下知识内容诉求方式的优化提供参考和指导。

二、研究设计

（一）研究方法

结合所要研究的问题，本研究采用扎根理论方法，该方法是由巴尼·格拉瑟（Barney Glaser）和安塞尔姆·施特劳斯（Anselm Strauss）两位学者于1967年首次提出的。卡迈兹认为，社会科学的研究者们应该先具备问题意识，而不是先确定研究方法，然后去选择和确定问题，要做到从现象中发现问题，而后采取合适的研究方法。他提出只要能做到保证研究步骤清晰合理、材料充实、分析充分，依靠质化研究方法也可以建构可靠的理论。近年来，以扎根理论方法为代表的定性研究方法，在学术研究领域中的应用更加频繁，也愈发受到学者们的重视和欢迎。究其原因，定性研究能够对主体深入的、微观层面的心理活动和状况展开具体的考察与探究，可以较深入地认识到主体的深层想法。以扎根理论方法为例，运用扎根理论方法可以基于某个特定现象的出现、发展和演化的过程来建构相应理论，以此阐释同类的问题和现象。对比来看，扎根理论方法在研究程序和对研究资料的分析方面更加严格和细致。本研究采用扎根理论方法来探究大学生对于不同诉求方式的知识内容的评价过程，可以详细具体地认识大学生的深层评价机制及其态度形成过程，探究其在评价不同诉求方式知识内容时的具体价值取向和态度。具体来说，本研究选取扎根理论研究方法主要基于以下三个方面的考虑。

第一，扎根理论是从所获经验材料中建构理论的研究方法，基于对特定资料的系统性收集整理，探索出能够表示事物特征的关键概念，继而以特定的关联性将挖掘出的概念进行组合，从而建构出相应的理论。运用扎根理论方法，在大学生对不同诉求方式知识内容的态度形成过程的研究中，研究者在开始研究之前没有任何理论假设，而是基于同访谈对象深入交谈所获得的经验性材料，从中归纳和提取出大学生在面对不同诉求方式知识内容的评价过程中的关键概念和命题。因此，研究者可以更加深入和具体地了解研究内容，通过尽量广泛和充分地收集经验材料，较大程度上防止了研究者在研究过程中主观性的影响，最大限度保证了研究结论是建立在对经验材料分析的基础之上。

第二，为了探究大学生对不同诉求方式知识内容进行评价和形成态度所依靠的深层评价机制，研究者需要充分的经验材料做支撑，才能了解到具体的评价和态度形成过程。而这些材料的获取则直接来源于扎根理论方法中的深度访谈。在扎根理论方法中，其首要步骤也是最基础的步骤就是通过深度访谈的方式完成资料的收集工作，深度访谈工作确保了经验材料的完整性与准确性。首先，在研究者与被访者的第一次访谈过程中，研究者可以就具体问题进行深入细致的访问，同被访者展开深入讨论以激发其表达欲望，使其尽可能丰富地展现观点看法，从而有助于研究者准确地了解被访者的心理状况。其次，研究者在对已获取的经验材料进行录入分析的同时，可以就相关问题进行追访或开展新的访谈。如随着对大学生关于不同诉求方式知识内容的态度形成过程的考察不断深入，研究者在前期访谈的基础上，可以根据实际需要对访谈提纲进行修改和完善，针对特定问题与访谈对象进行深入讨论，从而保证访谈内容具有明确的主题指向性和深入性。由此来看，在扎根理论方法中，通过深度访谈所进行的经验材料的收集，可以确保为探究大学生对不同诉求方式知识内容的评价和态度形成过程提供充足的材料支撑。

第三，扎根理论方法操作程序的严谨性最大限度保证了研究结论的客观性和科学性。由于扎根理论方法非常注重操作程序的准确性和严格性，因此也被视作最具科学性的定性研究方法。在本研究中，大学生针对不同诉求方式的知识内容的评价模式是具有非常明显的主观性和个性化特征的，如何从所获取的详细而丰富的经验材料中抽象出具有普遍性的概念类属，是研究者所要解决的最重要的问题。尤其是在深度访谈过程中，被访者在回答问题时往往会把对于不同诉求方式知识内容的评价和态度形成过程同自身的评价结论与最终态度混为一谈，给研究者后续的编码工作带来了很大困难。研究者需要根据扎根理论方法具体的操作步骤，对所获材料进行逐级编码。扎根理论的主要编码步骤有三步：第一步是开放性编码，要求研究者要尽量摒弃个人主观性和已有研究的刻板成见，从资料中发现概念并加以命名，是将材料打乱后整合，从中抽象出概念的操作化过程；第二步是主轴编码，其主要任务是在第一步提取出的概念中发现和建立彼此之间的关联，这种关联可以是因果关系、先后关系、过程关系等，在不断地深入分析过程中，各个概念之间的关联性也会愈发清晰，这将有助于研究者区分被访者的评价原则和评价结果两类信息；第三步是选择性编码，是在上述所有已经发现的概念和范畴中经过系统分析提炼出一个主范畴或称“核心类属”，主范畴应该具有统领性，是可以把一部分相关概念或范畴包含在其范围之内。借助三级编码过程，研究者可以在充分分析资料的基础上发掘相关概念，并建构相关理论模型。

（二）研究思路

本研究大致包括四个环节（图 7-1），其中，第一个环节中的收集访谈数据和第二个环节中的数据分析几乎应该是同步开展的。首先，在选择好研究样本之后，使用事先已经设计好的访谈提纲对被访者进行深度访谈，以收集资料。与此同时，在收集到访谈数据之后，可以开始进入第二个环节的资料分析，对所得资料进行逐级编码，从中不断抽象出概念，并试图建构概念之间的相互关系。随后，在对资料进行编码和分析的基础上，调整访谈内容并增加新的访谈对象，并重复第一个环节和第二个环节，以收集到尽可能多的资料。通过不断补充和调整访谈内容，所获得资料信息不断增加并最终达到饱和状态，由此各种范畴之间的关系不断得到确定并趋于稳定，可以建构出较为系统的理论框架，从而得出大学生对不同诉求方式知识内容的评价模式和态度形成过程，在此基础上分析研究结论。

资料收集过程中需要强调的一点是，研究者要具有和保持高度的理论敏感性。因为扎根理论方法的最终目标是发展和建构理论，研究者在研究设计阶段、研究实施阶段都要始终保持对理论的敏感性，熟悉已有理论成果，并对所收集材料中的新信息保持高度关注，留意材料中可以建构新理论的信息线索。由此，对理论建构始终保持高度的敏感性不仅能让研究者在资料收集过程中坚持正确的方向和重点，同时可以帮助研究者在资料分析阶段特别留意可以概括表述主要信息的概念，尤其是面对松散无序的访谈资料时，可以显著提高工作效率和准确性。

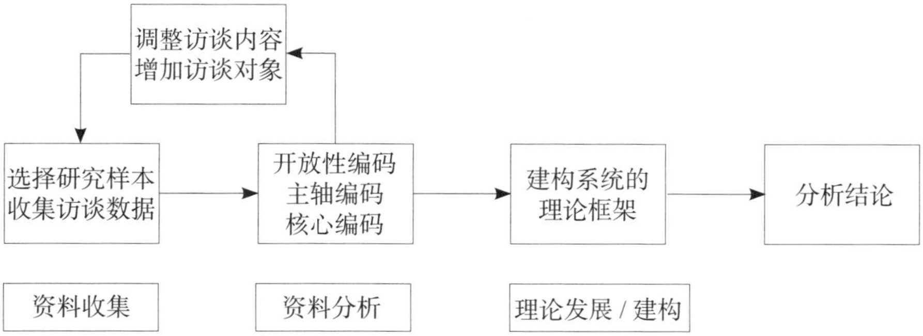

图7-1 基于扎根理论方法的知识内容诉求方式的评价与态度形成过程研究程序

三、资料收集

（一）选择研究样本

本研究是为了探究大学生对不同诉求方式知识内容的评价模式和态度形成过程，因此将研究对象定为本科大二至大四的在校学生，抽样方法采用目的性随机抽样和滚雪球抽样相结合的方式。其中，目的性随机抽样是指根据特定的研究目的对研究对象进行随机性抽样，多用于在确定研究范围以后样本数量仍较大的情况，也被称为立意抽样。滚雪球抽样是一种通过某一名合适的研究对象，访谈结束后向其追问是否有其他合适的研究对象的抽样方法，有助于研究者以较高效的方式找到合适的研究对象。

在样本的选择上，研究者尽可能地同时考虑访谈对象的学科、性别、年级等属性因素，力求使所选样本具有代表性，同时在深度访谈过程中根据所研究内容不断完善和补充访谈提纲，以求保证对所研究主题相关内容的覆盖性和完整性。在研究过程中，中国社会科学院大学、北京大学和清华大学共计 16 名大学生参与了深度访谈。

（二）设计深度内容

在深度访谈内容的设计上，研究结合相关文献资料，考虑到不同诉求方式知识内容给大学生带来不同的刺激反应，选取了相关话题与被访者进行讨论，并在前期访谈结束后不断总结访谈重点以调整访谈内容和访谈对象，从而更加深入地了解被访者对于不同诉求方式知识内容的评价和形成态度的过程，通过对重点问题的整理，深度访谈提纲的主要内容如表 7-1 所示。在访谈时间上控制在人均 50 分钟，以便可以充分全面地了解被访者对不同诉求方式知识内容的评价和态度形成过程，并在被访者同意的情况下进行访谈录音，所得录音资料在后期被转录为文字形式，以便在后续的编码和分析时使用。

表 7-1　访谈提纲

访谈主题	访谈问题	访谈目标	访谈阶段	比例
被访者信息、对知识诉求方式的了解情况	“简单介绍下你的年龄、年级和专业。” “对诉求方式或者诉求方式的概念了解吗？” “在新媒体平台上浏览一些知识内容时，有没有注意到存在不同的诉求方式？”	获取被访者的相关信息，唤起被访者对有关诉求方式问题的印象	“开头”拉近同被访者的关系，引出访谈的主题	15%

续表

访谈主题	访谈问题	访谈目标	访谈阶段	比例
对知识内容不同诉求方式的评价和态度	“你怎么看待传播者会使用某种特定的诉求方式（诉诸感性 / 诉诸理性）进行内容设计？” “接触到不同诉求方式的知识内容，你一般都持什么态度？” “针对不同诉求方式的知识内容，你向其他朋友或者同学转发或分享的意愿是怎样的？” “你认为周围的人转发一些有着显著诉求方式特征的知识内容是出于什么样的心理？” “你觉得哪些人会转发诉诸感性 / 诉诸理性的知识内容？” “你比较欣赏的使用特定诉求方式的知识传播案例有哪些？”	获取被访者看待不同诉求方式的知识内容的态度以及具体缘由	“展开” 引导访谈对象进入访谈主题，并展开详细交流	70%
进一步核实被访者的观点和态度	“在我看来，你对于知识内容以不同诉求方式呈现的大致态度与观点是……，原因是……”	确认是否理解被访者的基本观点	“总结” 总结和提炼上一阶段的访谈内容	15%
补充性问题	“针对上述交流的话题，你觉得还有需要补充的内容吗？”	被访者进行内容补充；访谈者进行提问核实	“补充” 访谈补充，确保访谈内容的完整性	附加

四、资料分析

（一）开放性编码

开放性编码的目的是将深度访谈所得经验材料进行打散分解，然后从这些碎片化的资料中发现具有普遍性意义的概念类属，并对其进行命名。

研究过程中要对资料内容进行详细编码，不断缩小范围，直到不能从材料中提取新的概念为止。扎根理论方法提出，在进行开放性编码的同时，研究者应注意联想和留意概念之间的相互关系，对可能建构的新理论保持关注和思考。

本研究以下从“行为动机”范畴的建构来展现开放性编码环节的具体执行过程。第一步要做的是对所获得的访谈材料进行分解，把体现出相同含义的词句归并到一起，本着全面性、真实性的原则进行编码和概念化命名。例如，有被访者在谈及“针对不同诉求方式的知识内容，向其他朋友或者同学转发或分享的意愿是怎样的？”时表示：“有时候可能（我的）一些微信群和朋友圈里面到处疯转食品（安全）的谣言，就像去年的那些什么棉花肉松、塑料紫菜之类的，虽然已有相关部门出来辟谣，但是不知道是他们没看到还是不相信（这些辟谣信息），那么我就会转发一些权威性的、比较理性解答（这些食品安全谣言）的文章，算是帮助辟谣吧，或者算是科普。”也有被访者在谈到上述问题时说：“我是理科生，可能更偏向于那些理性表达的文章。看到比较有意思的科普文章，比如解读诺贝尔奖（的内容），里面的信息通俗易懂，把前沿物理知识解读得特别透，那我就会转发到朋友圈或者群里面，因为我是学物理的，我觉得我的一些同学朋友都不知道我具体是搞什么（研究方向）的，那么我很乐意把我们专业的这些前沿进展让别人知道。”还有一些与之类似的访谈记录，从中可以提炼出他们都想表达的意思就是想向大家分享知识，无论是大众性的或是专业性的知识，因此，可以用“普及知识”来概括上述访谈材料所要传达的信息，由此归纳为概念 A5。

通过使用上述类似的概念总结和归纳方法，本研究共归纳出 56 个概念类属（A1—A56）。在提炼这些概念类属的过程中，本研究一直关注和留意各概念之间是否存在相互关系，以及存在何种关系，在梳理这 56 个概念的基础上，进一步将其抽象化和概念化。例如，“普及知识”（A5）、“帮助他人”（A6）两个概念表示的含义是被访者在针对不同诉求方式知识内容进行评价和形成态度的过程中是本着利他主义来行动的，因此“利他主义”（B5）也就成了一个初步范畴。“信息缓存”（A10）、“获得个人声望”（A11）、“提升个人品位”（A17）、“社交需要”（A22）这四个概念所要表示的是能否达到或完成“自我实现”。（B6）是被访者对不同诉求方式进行评价和分享的标准之一。再进行深入分析和归纳总结可以发现，“利他主义”（B5）和“自我实现”（B6）这两个初步范畴所共同表达的意义是：在大学生对不同诉求方式知识内容进行评价和形成态度时，行为动机是一个重要的影响因素，因此，基于前期所建构出的“利他主义”（B5）和“自我实现”（B6）范畴，可以归纳建构出统筹这二者的总括性范畴，即“行为动机”（C3）范畴。如表 7-2 所示。

表7-2　开放性编码分析举例

访谈资料	概念化	初步范畴化	范畴化	范畴性质
“比如解读诺贝尔奖（的内容），里面的信息通俗易懂，把前沿物理知识解读得特别透，那我就会转发到朋友圈或者群里面，因为我是学物理的，我觉得我的一些同学朋友都不知道我具体是搞什么（研究方向）的，那么我很乐意把我们专业的这些前沿进展让别人知道。（A5）” …… “有时候我分享的内容都是实习单位老师分享给我的，比如新媒体内容写作编辑之类的，跟我专业比较相符，我觉得确实有用可能就会分享到朋友圈或者群里，主要也希望能被师弟师妹们用到（A6）” ……	A5“普及知识” A6“帮助他人”	B5“利他主义”	以初步范畴 B5、B6 范畴化为范畴 C3“行为动机”	大学生在对涉及不同诉求方式的知识内容进行评价或形成态度的过程中，通常基于两种行为动机，分别是“自我实现”和“利他主义”

续表

访谈资料	概念化	初步范畴化	范畴化	范畴性质
“我是实验室一个兴趣小组的负责人，我会经常在小组群里分享一些关于提升专业技能的小文章，大家也愿意向我咨询，一起讨论，我觉得不管在大家面前还是老师面前，我是挺被（大家）看重的（A11）” …… “像是遇到比较有意思的内容或者最近同学们都在关注的（问题），我发现一个好的东西（内容）肯定愿意跟他们分享，然后也相互讨论嘛，还可以增进感情（A22）” ……	A10“信息缓存” A11“获得个人声望” A17“提升个人品位” A22“社交需要”	B6“自我实现”	以初步范畴B5、B6范畴化为范畴C3“行为动机”	大学生在对涉及不同诉求方式的知识内容进行评价或形成态度的过程中，通常基于两种行为动机，分别是“自我实现”和“利他主义”

在整理和分析资料的基础上，本研究最终总结和归纳出了可以全面、真实反映材料内容的56个概念（A1—A56），12个初步范畴（B1—B12）以及5个范畴（C1—C5），这些初步范畴和范畴能够较为完整、翔实地概括所获得访谈材料的内容，也将是接下来进行主轴编码的关键参考。开放编码结果简表见表7-3。

表7-3　开放编码结果简表

初步范畴	范畴
B1“自己的情绪化影响更大”	C1“倾向于分享诉诸感性的知识内容”
B2“涉及价值观的内容”	
B3“自己的大学生身份影响更大”	C2“倾向于分享诉诸理性的知识内容”
B4“涉及科学知识内容”	
B5“利他主义”	C3“行为动机”
B6“自我实现”	

续表

初步范畴	范畴
B7“周围人普遍做法”	C4“周围环境”
B8“周围人知识环境”	
B9“诉诸理性更具可信性”	C5“价值标准”
B10“反对过度煽情化”	
B11“诉诸理性适合专业知识传播”	
B12“诉诸感性适合大众知识传播”	

（二）主轴编码

主轴编码的目的是建构上述概念和范畴之间的各种关系，从而挖掘经验材料中各部分之间的有机联系。在主轴编码过程中，要求研究者每次只对其中一个范畴进行深度剖析，围绕特定范畴挖掘相关性，因此也被称为“轴心”。扎根理论方法中确立了一种被称作“典范模型”的固定分析模型，就是分析现象、背景、原因、行动与互动策略以及结果之间的逻辑关系。以这个模型为参考，研究者可以将各个主要范畴之间的关系加以建构和呈现，由此，被打散和分解的材料被重新组合到一起。

根据扎根理论方法的典范模型，本研究对上述开放性编码所呈现出来的范畴和初步范畴加以分类和归纳总结，进而可以得到三类范畴：第一类是表示原因的副范畴，即被访者之所以形成分享态度的主要参考因素；第二类是表示背景的副范畴，也就是被访者形成分享态度和意愿的参考标准；第三类是表示行动策略的主范畴，也就是被访者最终倾向于选择分享诉诸感性还是诉诸理性的知识内容。在表示行动策略的主范畴中，存在着“倾向于分享诉诸感性的知识内容”和“倾向于分享诉诸理性的知识内容”两类范畴，而这两类主范畴又各自对应着一系列相应的副范畴。所以，研究建构出针对以上两类行动策略范畴所形成的包含原因、背景和行动策略的范畴框架，图 7-2 对两类主范畴和相关副范畴之间的相关关系做了可视化建构。

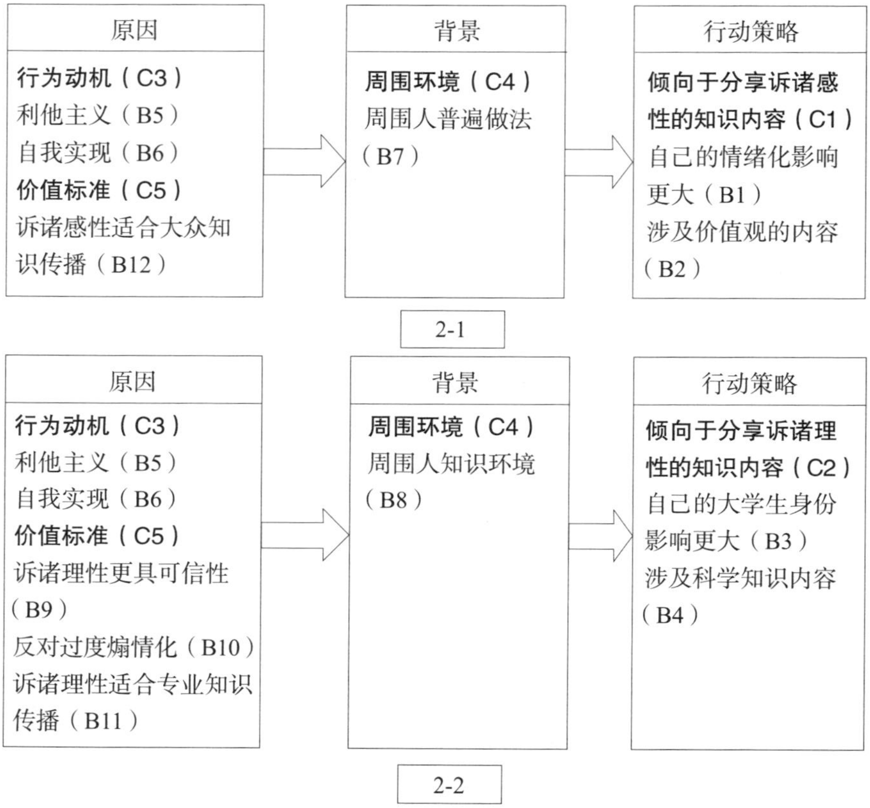

图 7-2　主轴编码结果简图

以图 7-2 中依据“倾向于分享诉诸理性的知识内容”这一具体的范畴所建构的框架为例，其中的“轴心”即为行动策略范畴“倾向于分享诉诸理性的知识内容”（包括自己的大学生身份影响更大、涉及科学知识内容等副范畴），而这种现象产生的原因是大学生从“自我实现”和“利他主义”方面考虑和评价知识内容的诉求方式，并依据自身的价值标准如“诉诸理性更具可信性”“反对过度煽情化”“诉诸理性适合专业知识传播”等做出评价并形成态度，在做出相应评价和选择何种态度时，参考周围的知识环境来验证自己的评价和行为是否“正确”，此时的态度选择并非绝对意义上的正确，而是是否合乎自身的评价标准和逻辑。通过对材料中的信息进行主轴编码，得以将经验材料中的各个层面和角度的信息进行分类归纳，进而形成了研究的初步分析框架。

（三）选择性编码

选择性编码也被称作核心编码，其最终目标是在上述所有已经发现和建构出的概念范畴之间，通过系统全面的分析找出一个核心范畴，同其他范畴相比，核心范畴应具有很强的统领性，可以把上述所有或者绝大多数内容涵盖到其较为宽泛的理论范围之中，对其他概念范畴能够发挥“提纲挈领”的功能。核心范畴应具有明显的中心性、高频性、强关联性、内部差异性、易理论化等特征。选择性编码的关键步骤是要明确和建构一条清晰合理的故事线，从而据此对所要研究的核心问题能够做详细的理论描述。

通过上述主轴编码工作，本研究提出，“大学生对不同诉求方式知识内容的评价和态度形成过程”可以作为访谈材料中所提取出的所有概念和范畴的核心范畴。针对该核心范畴的发展脉络可以做如下梳理：大学生在对不同诉求方式知识内容做出评价和形成态度时，通常主要以行为动机和价值标准作为评价和态度形成的依据，以所处周围环境为参考来检验其评价和判断结果。不同的行为动机、价值体系以及周围环境，决定了大学生对不同诉求方式知识内容的最终评价结果。

在针对评价活动的研究中，学者们针对评价活动过程、评价标准、评价信息、评价方法、评价推理、评价判断、评价检验、评价结论等都做了深入探究。其中，评价推理、评价判断、评价检验、评价结论等都是评价活动的必要和关键环节，本研究以评价理论为模型框架，结合研究已获得的相关概念范畴，将主轴编码中的原因范畴对应于评价推理；将行动策略范畴对应于评价判断，其中将被访者受情绪影响更大还是受大学生身份影响更大归类为“关键影响”，以便建构模型；将背景范畴对应于评价检验；将最终分享态度对应于评价结论，由此可以建构出“大学生对不同诉求方式知识内容的评价和态度形成过程的理论模型”，如图 7-3 所示。

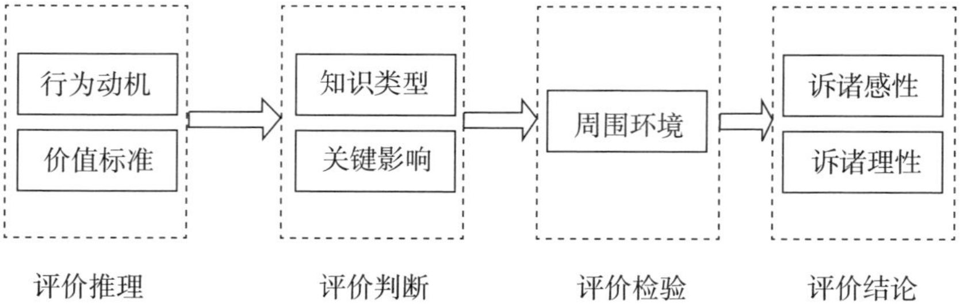

图7-3　大学生对不同诉求方式知识内容的评价和态度形成过程的理论模型

五、研究结论

（一）大学生对不同诉求方式知识内容的评价主要受价值标准影响

通过对访谈材料的分析与模型建构，可以发现，大学生在对不同诉求方式的知识内容进行评价时，主要是基于个人特定的价值标准，如认为“诉诸理性更具可信性”“反对过度煽情化”“诉诸理性适合专业知识传播”“诉诸感性适合大众知识传播”，这些初步范畴是大学生对不同诉求方式的知识内容进行评价的首要标准，同时也是最重要的参考。人们对事物的了解过程通常包含三个阶段，依次是认知、态度和行为，而评价过程则主要针对对事物的认知和态度表达层面，在这一过程中，大学生自身已经形成的价值标准对于大学生评价不同诉求方式的知识内容具有决定性作用，这种价值标准可能是社会上的普遍共识，也可能是由于大学生特定的生活和学习环境作用而形成的特有的价值观，它在此作为大学生评价不同诉求方式知识内容的“基模”或是一种“刻板成见”，决定着大学生进行评价和形成态度的出发点和最终参考系，进而间接影响着大学生对不同诉求方式的知识内容的分享意愿和行为。

（二）大学生对不同诉求方式知识内容的分享态度受多因素共同影响

从材料中所提炼出的概念范畴来看，对于不同诉求方式的知识内容，除了价值标准，大学生的最终分享态度和分享意愿还受到行为动机、周围环境、知识类型和关键影响的共同作用。首先，在行为动机方面，当有利于大学生个人的自我实现或者是出于利他主义的想法时，更容易形成分享态度和分享意愿，缺乏这两点时，分享态度和分享意愿很难达成。其次，在周围环境方面，当大学生所想要分享的知识内容符合周围的知识环境或者周围人也在分享这类知识内容时，分享态度和分享意愿更容易达成，这是因为大学生在分享知识内容时通常会避免显得突兀或者不合时宜。另外，在知识类型和关键影响方面，当大学生受到自身情绪化影响更大或者知识内容涉及价值观时，通常更愿意分享诉诸感性的知识内容，当受到自身身份影响更大或者知识内容涉及科学知识时，通常更倾向于分享诉诸理性的知识内容。从中也可以看出，价值标准主要作用于价值评价过程，或者称为初级评价过程，即只做价值评价和初级态度表达；行为动机、周围环境、知识类型和关键影响等范畴则主要作用于最终分享态度和分享意愿的达成过程，或者称为高级评价过程，即这种评价已经超出简单的价值评价，而开始评估是否可以形成某种知识分享态度或实施相关知识分享行为。

（三）新媒体环境下大学生的知识分享应作为系统工程加以推进

通过对资料的分析研究可以发现，网络空间中大学生针对不同诉求方式知识内容的评价和态度形成受到行为动机、价值标准、知识类型、关键影响以及周围环境等多因素的共同影响，而评价和态度形成又仅是知识分享全过程的前期环节，尚未触及行为层面，由此可见，大学生的知识分享是一个涉及多因素、多环境的复杂系统。因此，在网络空间中，要促进大学生的知识分享，就必须将其视为系统工程，多角度切入、多环节发力，对知识分享所涉因素进行优化。一方面，就新媒体平台的知识传播者来说，要充分利用当前大数据、人工智能、云计算等前沿信息技术，发现并有效挖掘大学生进行知识分享的特点和规律，进而将其运用到知识内容的生产、编辑、传播等过程中，最大限度营造促进大学生知识分享的有利氛围；另一方面，就大学生所处群体来说，高校、科研院所等应努力在具体教学和科研实践中激活大学生的创新创造活力，激发其知识学习与分享热情，并可探索建立相应的激励机制，使大学生能够主动参与知识分享，从而有效优化和完善大学生知识学习环境，提升知识学习效率。

整体来看，大学生对不同诉求方式知识内容的评价和态度形成是一个复杂的动态演进过程，其中涉及多个因素和环节，且新媒体应用所带来的传播变革也对大学生的知识分享具有深远影响。因此，在网络空间中，应把握好大学生对知识内容的评价和态度形成这关键一环，同时充分挖掘和利用各有利条件，以推动大学生知识分享行为的高效达成。

第三节　网络空间中知识诉求方式对社会共识建构的影响

在网络空间中，知识内容的传播者或者管理者最首要的任务就是如何设计知识内容，以一种受欢迎的口吻赢得受众认同。由于无论是何种形式的知识内容都要借助受众的认知差异才能实现真正的差异化，所以，以受众的认知特点为出发点来研究知识内容的诉求方式就显得尤为重要和有意义。本研究将通过两个实验，分别探究大学生的认知需求和专业化水平对知识内容诉求方式与分享决策，以及社会共识建构的影响和调节作用。

一、问题的提出

知识经济时代，知识作为重要的社会资本，逐渐成为社会成员个体和组织获得竞争优势的关键，尤其在大学生这种高频知识摄入与更新的群体当中，借助于新媒体手段，知识分享作为知识管理的关键环节，应该受到更多关注。从目前学界关于知识分享的影响因素研究来看，已有研究成果研究视角多是从个体因素、环境因素或者是从个体视角、组织视角、社会视角等框架来分析影响知识分享行为的主要因素，总结后可以发现以下几方面。首先，针对知识分享影响因素的研究已经较为丰富，但多数是思辨性和梳理性研究，质化研究成果居多，从量化视角对知识分享影响因素进行研究的成果相对较少。其次，在知识分享影响因素的研究中，从行为主体和环境要素出发的研究成果较多，从客体角度出发进行的研究主要集中在知识内容、知识类型等属性特征。知识内容所表现的各种特征对于知识分享行为的决策选择影响至关重要，知识内容的诉求方式正是知识客体的重要特征之一，但关于内容诉求方式的研究多集中在广告、宣传等过程的说服功能，在知识分享领域的研究中较少涉及。最后，目前研究中对于个体因素对知识分享的影响多停留在理论探索阶段，主要涉及的是个体的性格、态度、动机等属性，针对个体认识属性的研究较少，且没有真正从实证角度深入地挖掘和探索个体的认知特点可能对其知识分享决策的影响。

已有研究表明，个体因素包括个体性格、态度、动机等都会对最终的知识分享行为产生关键作用，个体因素会直接影响其对知识内容的态度和选择，同时也决定着其最终的分享意愿和行为决策。与此同时，有研究表明，个体的专业化水平也会影响其最终行为决策，如在日常浏览信息时，人们往往会更多地关注与自己涉足领域相关的内容，而对于自己专业化水平不高、了解较少的领域，则很少有兴趣和关注欲望。深入挖掘个体因素及知识客体特征因素的影响作用对于研究明晰知识分享过程具有重要意义，因此，为了丰富知识分享理论研究，本研究探索性地引入了个体认知特征的两个重要变量——认知需求和专业化水平，以及知识客体的变量——诉求方式，并通过实验法的研究设计，详细、系统地探究这两项个体特征要素是如何影响和调节知识内容诉求方式与大学生知识分享决策之间的关系的。

研究的关键着眼点是将知识内容的诉求方式与大学生认知特征的关键变量相结合，通过实证研究来发现和探索大学生的认知特征是如何影响其对知识内容的态度及分享意愿的，目的是希望可以更加动态性地展现大学生的个人特征对诉诸感性和诉诸理性的知识分享决策的影响，从而进一步拓展个体认知变量在知识分享研究领域的应用，为深入、全面和细致地了解大学生知识分享的内在决策机理提供充实的实证资料和理论支撑。具体而言，本章试图探讨的问题是：面对不同诉求方式的知识内容，大学生的认知需求与专业化水平是如何影响和调节大学生的知识分享决策机制的。以下将首先对与所要探究的诉求方式问题相关的理论进行梳理回顾，进而提出本研究的假设。随后，按照实验设计进行相关实验并对实验所得数据进行分析和介绍。最后对于由实验法所得研究结果与研究结论进行讨论。

（一）诉求方式研究的理论基础

爱泼斯坦（Seymour Epstein）[①] 在 1973 年提出了认知经验自我理论，它是早期的信息双加工模式的理论分支之一。爱泼斯坦等人 [②] 在 1992 年提出，

① EPSTEIN S. The self-concept revisited：oratheory of atheory［J］. Ampsychol，1973，28（5）：404-416.

② EPSTEIN S. Integration of the cognitive and the psychodynamic unconscious［J］. American psychologist，1994，49（8）：709-724.

人类具有截然不同但是相互关联的两个信息处理系统，一个是基于事实证据和逻辑规则的理性系统，另一个是基于过往经验和情感反应的经验系统，这两种信息处理系统也就自然对应着两种不同的信息加工方式，即理性加工和经验加工。结合个体特征，不同诉求类型的信息会激发个体不同类型的系统活动，进而影响后续的信息处理和加工。

20 世纪 80 年代理查德・E. 派蒂（Richard E. Petty）等人[①]所提出的精细加工可能性模型将人们的态度改变缘由总结为两种主要路径。该模型指出，中枢说服路径是把态度改变看作人们对信息进行全面、细致和综合性考虑的结果，而边缘性说服路径则认为人们对客体事物的态度的改变并非依赖于客体本身的特征或表现，而是将其与其他相关性因素联系后综合考虑。从中可以看出，在中枢路径中，个体通常会主动对客体信息进行搜集、整理并进行精细加工，而在边缘路径中，个体对客体信息的搜集和挖掘较少，更多依靠外部相关信息或线索进行浅层次的信息加工。认知需求作为一种个体重要特征，能够反映出个体在认知动机上的不同。认知需求涉及人们的信息处理过程，并对人们在信息的接收、提炼、简化和评估的过程中发挥着重要作用，可以帮助了解不同个体在面对不同信息时认知动机的差异化，这种差异决定着个体对信息的加工是深层次还是浅层次的。另外，专业化水平也是影响个体信息加工的关键要素，专业化水平的高低对个体的信息加工程度起着重要作用。由于大学生的知识分享决策是建立在其信息加工基础上的，大学生的认知需求和专业化水平共同作用于其知识分享的决策表现。

（二）研究假设

1. 专业化水平对知识内容诉求方式和分享决策之间关系的影响

专业化水平不同的人们对不同信息具有差异化的知识水平和认知能力，

---

① CACIOPPO J T，PETTY R E. Central and peripheral routes to persuasion：the role of message repetition［M］. Hillside：Lawrence Erlbaum Associates，1985：91-111.

当个体的专业化水平较高时，其对于所遇到的相关信息，可以依据其拥有的相关较完善的认知结构以及知识储备，以高效而准确的方式加以分析和处理①。研究表明，个体的专业化水平在其信息处理和加工过程中起着至关重要的作用②。在信息处理过程中，专业化水平较高的人们通常会依据更全面和关联性更高的线索对信息加以解读，其受制于刻板印象或者社会普遍意识的影响较小，其完善的认知结构为其透过现象看本质提供了重要的内在支撑，因此不会仅仅停留在表面信息或者不经深入思考就轻易做出评价和判断，会试图扩展所接收信息的关联网络，尽可能全面地认知信息内容，在信息处理加工过程中，自身介入程度较高；而专业化水平较低的人们在接收到相关信息时，其处理过程也往往是经由边缘路径，以感性系统来对相关信息进行感性加工，往往停留在所看到信息的表面，不愿意花费精力或努力去搜集其他相关信息来对信息进行深层次、系统性的考虑，同时也容易受到自身刻板印象或者社会普遍意识的影响，倾向于简单化处理信息，不会主动或自发地触发或拓展信息刺激所能影响到的相关关联网络，在信息处理加工过程中，自身介入程度较低③。基于此，研究认为大学生的专业化水平会对诉求方式及分享意愿的关系产生一定的影响作用。具体来说，当大学生的专业化水平较高时，即使对于诉诸感性的知识内容，其同样可以依据其中的具体信息做出相关评价和分析行为；而当大学生的专业化水平较低时，诉诸理性的知识内容对其具体态度和分享意愿影响较为显著。由此，提出假设 H1a、H1b。

---

① SUJAN M. Consumer knowledge：Effects on evaluation strategies mediating consumer judgments［J］. Journal of consumer research，1985，12（1）：31-46.

② ALBA J W，HUTCHINSON J W. Dimensions of consumer expertise［J］. Journal of consumer research，1987，13（4）：411-454.

③ MAHESWARAN D，STERNTHAL B. The effects of knowledge，motivation，type of messageon ad processing and product judgments［J］. Journal of consumer research，1990，17（1）：66-73.

H1a：相对于诉诸感性的知识内容，专业化水平低的大学生会对诉诸理性的知识内容给予更高评价；而诉求方式对于专业化水平较高的大学生的知识内容评价不会产生显著影响。

H1b：相对于诉诸感性的知识内容，专业化水平低的大学生会对诉诸理性的知识内容产生较高的分享意愿；而诉求方式对于专业化水平较高的大学生的知识分享意愿不会产生显著影响。

2. 认知需求对知识内容诉求方式和分享决策之间关系的影响

认知需求是个体特征要素的一种，主要是指人们在信息处理和加工过程中是否愿意进行细致全面的权衡，以及是否可以从认真考虑的过程中获得享受。它是个体在信息处理过程中进行主动思考的内部认知动机，所表现的是个体自发的并乐意进行信息加工和思考活动的一种倾向性，对于个体在分解、组织、提炼和评估信息方面有重要作用。认知需求所反映的是个体信息处理的认知过程，对于分析不同大学生在接收到不同信息时的不同的认知动机具有重要意义。认知需求高的人们更愿意主动搜集整理和精细加工信息内容，探索信息内容中潜在的逻辑关系，倾向于选择较为复杂困难的信息内容并乐于投入精力，以求能够深入认知信息内容；认知需求低的人们倾向于回避深层次的信息加工，同时也不会主动投入更多的精力去探索信息，更多使用倾向于以往经验和自身的情感反应的感性加工系统，也通常会忽略重要信息或是错误解读信息[①]。而在本研究中，大学生对于知识分享的决策是建立在对于相关知识内容所呈现信息的处理和加工基础之上的，所以大学生的认知需求会对其在知识分享决策过程中产生重要影响。

在认知需求研究领域中，有学者发现认知需求较高的人们通常有更为复杂和丰富的认知结构，所以对于相关信息也就具有更高的认知能力和理解接受能力，可以更加准确合理地理解如文字或视觉中的信息内容。与之

① CACIONOPPO J T，PETTY R E. The need for cognition［J］. Journal of personality & Social psychology，1982，42（1）：318-329.

相反，认知需求低的认知结构相对较为简单，往往由于信息内容过多而处理困难，而更倾向于在行为决策过程中依赖表面信息或者常规性和浅层次信息，不愿投入更多的认知精力①。所以，高认知需求的人们倾向于全面、细致和系统地对所见到的信息进行深层次的加工处理，由此，信息的差异化通常不会对这些认知需求较高的人的最终决策产生明显影响；然而具有低认知需求的人们由于往往不愿意对信息进行深入、全面和系统的精细加工，更愿意从表面层次去解读信息，所以信息内容的差异化通常对他们最终决策的影响较大。基于此，提出研究假设 H2a、H2b。

H2a：同诉诸感性的知识内容相比，认知需求低的大学生对诉诸理性的知识内容评价更高；而无论诉诸感性还是诉诸理性，对于认知需求高的大学生来说，他们对于知识内容的评价不会产生明显差异。

H2b：同诉诸感性的知识内容相比，认知需求低的大学生对诉诸理性的知识内容的分享意愿更高；而无论诉诸感性还是诉诸理性，对于认知需求高的大学生来说，他们对于知识内容的分享意愿不会产生明显差异。

二、实验一：专业化水平对不同诉求方式的知识分享决策的影响

本实验是为了验证大学生专业化水平的高低对不同诉求方式的知识的分享意愿产生的影响。

（一）实验设计

考虑到隐私安全是大学生们接触和关注较多的一个领域，研究决定将

① MARTIN B A S，LANG B，WONG S. Conclusion explicitnessin advertising：the moderating role of need for cognition（NFC）and argument quality（AQ）on persuasion［J］. Journal of advertising，2003，32（4）：57-65.

隐私安全作为本次实验的刺激因素。根据前文进行的深度访谈所得资料，研究决定在实验开始前设计三条诉诸理性和三条诉诸感性的隐私安全知识内容。在前测中，首先把这些诉诸理性和诉诸感性的知识内容呈现给 16 名大学生，并提示这些大学生要对每一条内容进行打分，打分的标准是：在您看来，这条内容的表达方式是诉诸理性还是诉诸感性，以及在多大程度上诉诸理性 / 感性？要求被试者在提出诉诸理性或诉诸感性结论后，在程度上给内容打分，1 分表示“非常不明显”，7 分表示“非常明显”。测试结束后，分别列出认为诉诸理性和诉诸感性的不同材料，随后对两类材料分别进行计分（总分或平均分），两类材料中得分最高者被选为后续实验中所用的诉诸理性和诉诸感性的实验材料。其中，诉诸感性的材料题目为“几乎所有互联网重要隐私都泄露了，想黑你还真的躲不掉”，诉诸理性的材料题目为“进入手机人工智能时代，如何保护你的隐私安全”。本次实验的实验设计是“2（诉求方式：诉诸理性 vs. 诉诸感性）×2（专业化水平：高 vs. 低）”组间设计，参考已有的关于个体专业化水平方面的研究成果，对大学生的专业化水平测量采用主观测量的方法，之后基于中位数的值，对参加实验者进行专业化水平高、低两组的分类[①]。在实验样本的选择上，考虑到样本的代表性和样本选择的便捷性，本研究中的两次实验均采用立意抽样（或称目的抽样）的抽样方法，选取中国社会科学院大学部分本科生作为本研究的实验参与者。本次实验共有中国社会科学院大学 78 名大学生参与，被随机分配在四种实验环境中参与实验测试。其中男生有 37 名，占比 47.4%，女生 41 名，占比 52.6%；被试者年龄的平均值为 20.58。

在实验的过程中，要求被试者之间不能相互讨论和交流，各自阅读材料后独立填写问卷内容，实验过程约 15 分钟。参加实验的大学生首先被

① MALAVIVA P. The moderating influence of advertising context on ad repetition effects：The role of amount and type of elaboration［J］. Journal of consumer research，2007，34（1）：32-40.

带到实验环境中，然后向大家告知：在实验过程中希望被试者能够对问卷真实回答，答案没有对错之分，且所获实验结果仅用于研究使用，问卷进行匿名填写，请被试者放心填答。之后，开始操作实验，使被试者进入实验过程。在不同的实验小组，向被试者呈现事先准备好的实验材料，包含标题和具体内容，不同诉求方式的材料在结构上保持一致性。当被试者阅读完实验材料之后，要求其开始完成实验所给的测量量表。对于他们的分享意愿是通过下面三个问题来测量和体现的："在多大程度上您会认真思考这份材料中的内容？""在多大程度上您会向周围好友分享材料中的内容？""在多大程度上您会和周围朋友讨论材料中的内容？"三个问题均使用李克特 7 级量表进行测量。被试者对于材料的态度测量同样使用李克特 7 级量表，其中 1 分表示非常无聊等，7 分表示非常有趣等。针对被试者的专业化水平测量使用 Malaviya 关于专业化水平的测量量表，通过以下项目完成测量："与周围朋友相比，我认为自己对隐私安全方面的知识了解比较多 / 比较少。""总体来看，我认为自己对于隐私安全知识的了解比较多 / 比较少。""我平时对于隐私安全知识方面的信息搜集比较多 / 比较少。""与周围朋友相比，我对自己运用隐私安全知识的信息更强 / 更弱。""我对隐私安全知识比较陌生 / 比较了解。"其中专业化水平量表的信度水平为 0.91，根据该量表的得分，进而可以将被试者分为具有高低专业化水平的两个小组。与此同时，在上述问题打完分之后，为了更好地检验实验材料的准备性，补充问题是：在您看来，这条内容的表达方式是诉诸理性还是诉诸感性，以及在多大程度上诉诸理性 / 感性？要求被试者在提出诉诸理性或诉诸感性结论后，在程度上给内容打分，1 分表示"非常不明显"，7 分表示"非常明显"，结果也证实了材料选择的适当性：诉诸理性小组成员均认为材料诉求方式为诉诸理性，"$M_{诉诸理性}=5.41$"；诉诸感性小组成员除一位同学外均认为材料诉求方式为诉诸感性，"$M_{诉诸感性}=5.26$"。至此，实验一结束。

（二）数据分析

1. 知识态度分析

检验发现，针对材料中知识态度的测量量表显示有效（α=0.83）。基于实验设计“2（诉求方式：诉诸理性 vs. 诉诸感性）×2（专业化水平：高 vs. 低）”的方差分析显示知识内容诉求方式与大学生的专业化水平之间的相互作用具有显著性，“$F(1, 74)=4.36$，$p<0.05$”。在专业化水平较高的实验组中，知识内容的诉求方式的差异对大学生的知识态度没有产生显著影响［“$M_{诉诸理性}=4.29$，$M_{诉诸感性}=4.33$，$F(1, 38)=0.40$，$p>0.50$”］；而在专业化水平较低的实验组中，大学生的知识态度在面对诉诸理性影响时的评分要明显高于面对诉诸感性影响时的评分［“$M_{诉诸理性}=4.65$，$M_{诉诸感性}=3.72$，$F(1, 36)=5.26$，$p<0.001$”］。由此，假设 H1a 被验证正确。

可见（图 7-4），相对于诉诸感性的知识内容，专业化水平低的大学生会对诉诸理性的知识内容给予更高评价。这是因为当大学生在该领域的知识储备较少时，其对相关领域的就缺乏系统的解读能力，难以从专业化的角度来详细理解和评价相关材料，而大学生作为知识水平相对较高的社会群体，在面对知识类的具体问题时，其理性系统往往会超越感性系统而占据评价和解读信息的主导地位，更愿意从理性系统的逻辑思维来理解问题。

在专业化水平较高的大学生中，知识内容的诉求方式对其内容评价的影响并不显著。这是因为这类大学生对材料所涉主题认知较详细和深入，相关的专业知识积累较丰富，因此在面对不同诉求方式的知识内容时，都能以自身的理性思维来看待和思考问题，诉求方式的差异对其最终的知识内容评价和态度并没有造成太大影响。

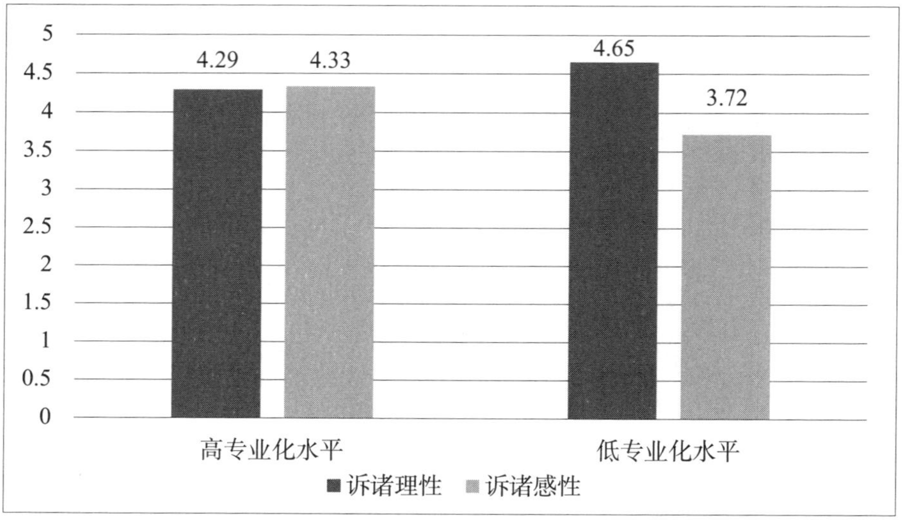

图7-4 被试者的知识态度

2. 分享意愿分析

检验发现，对于大学生分享意愿的测量项目的信度水平较高（α=0.89）。基于实验设计“2（诉求方式：诉诸理性 vs. 诉诸感性）×2（专业化水平：高 vs. 低）”的方差分析显示，知识内容诉求方式与大学生的专业化水平之间的相互作用具有显著性，“$F(1, 74)=4.01$，$p<0.04$”。分析结果表明，在专业化水平较高的实验组中，知识内容的诉求方式对大学生的分享意愿影响没有明显差异［“$M_{诉诸理性}=4.16$，$M_{诉诸感性}=4.25$，$F(1, 38)=0.32$，$p>0.50$”］；而在专业化水平较低的实验组中，受诉诸理性影响产生的分享意愿要明显强于受诉诸感性影响所产生的分享意愿［“$M_{诉诸理性}=4.39$，$M_{诉诸感性}=3.52$，$F(1, 36)=7.26$，$p<0.01$”］。

由此可以得出结论（图7-5），相对于诉诸感性的知识内容，专业化水平低的大学生会对诉诸理性的知识内容产生较高的分享意愿；而诉求方式对于专业化水平较高的大学生的知识分享意愿不会产生显著影响。因此，假设H1b被验证正确。

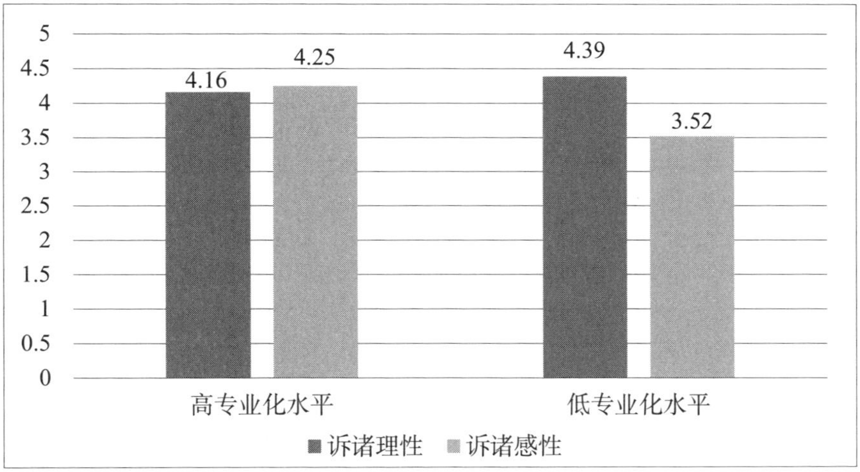

图7-5　被试者的分享意愿

在专业化水平较低的大学生中，其对实验材料的主题认知较少，因此在分享态度形成过程中更多依靠理性系统来解读，而在分享意愿的达成过程中，其对诉诸理性的材料产生更高的分享意愿，可以从两方面来解释，一是所涉知识内容具有一定的认知门槛，对专业能力有一定要求，二是受到自身大学生身份的影响，因此其对理性材料的分享意愿更强。而在专业化水平较高的大学生中，由于其对材料主题的认知较充分和完备，此时不同诉求方式的知识内容对其来说应用价值相当，无论是诉诸理性还是诉诸感性，都能够清晰地阐明事实，因此其在分享意愿方面没有显著差异。

三、实验二：认知需求对不同诉求方式的知识分享决策的影响

本实验是为了验证大学生的认知需求对于诉求方式影响分享意愿的作用。

（一）实验设计

研究考虑到大学生群体普遍对于抑郁症知识的专业化水平差距较小，

因此研究选择抑郁症相关知识作为本次实验的刺激因素。与前一个实验材料的选择过程同步，研究事先提供三条诉诸理性和三条诉诸感性的抑郁症知识内容，通过前测结果分析，研究选择了“抑郁症的几种治疗方法分析”和“我没事，只是生病了而已”两段材料分别作为诉诸理性和诉诸感性的内容。本次实验的实验设计是“2（诉求方式：诉诸理性 vs. 诉诸感性）×2（认知需求：高 vs. 低）”，本次实验一共有 80 名大学生参与，并被随机分配到四个不同的实验小组。其中女生 44 名，占比 55%，男生 36 名，占比 45%；参与实验者的年龄平均值为 22.15。

实验二的过程与实验一保持一致：参加实验的大学生首先被带到实验环境中，然后向大家告知，在实验过程中希望被试者能够对问卷真实回答，答案没有对错之分，且所获实验结果仅用于研究使用，问卷进行匿名填写，请被试者放心填答。之后，开始操作实验，使被试者进入实验过程。在不同的实验小组，向被试者呈现事先准备好的实验材料，包含标题和具体内容，不同诉求方式的材料在结构上保持一致性。当被试者阅读完实验材料之后，要求其开始完成实验所给的测量量表。随后，被试者对相关量表进行填答，包括知识态度、分享意愿和认知需求以及操作检验问题，其中关于测量被试者认知需求的量表采用“大学生认知需求量表”进行测量，并按照测量结果将所有样本分为两组，即认知需求高和认知需求低①。

（二）数据分析

1. 知识态度分析

实验数据结果显示，关于知识态度测量量表的信度水平较高（α=0.90），基于本次实验设计“2（诉求方式：诉诸理性 vs. 诉诸感性）×2（认知需求：高 vs. 低）”的方差分析结果显示，诉求方式与被试者的认知

① 邝怡，施俊琦，蔡雅琦等．大学生认知需求量表的修订［J］．中国心理卫生杂志，2005（1）：57-60.

需求之间存在较为明显的交互作用，“$F(1, 76)=5.97$，$p<0.03$”。在认知需求较高的实验组中，知识内容的诉求方式的差异对大学生的知识态度没有产生显著影响［“$M_{诉诸理性}=4.81$，$M_{诉诸感性}=4.74$，$F(1, 38)=0.06$，$p>0.50$”］；而在认知需求较低的实验组中，大学生的知识态度在面对诉诸理性影响时的评分要明显高于面对诉诸感性影响时的评分［“$M_{诉诸理性}=5.02$，$M_{诉诸感性}=4.36$，$F(1, 38)=13.20$，$p<0.001$”］。

由此可见（图 7-6），相对于诉诸感性的知识内容，认知需求低的大学生会对诉诸理性的知识内容给予更高评价；而诉求方式对于认知需求较高的大学生的知识内容评价不会产生显著影响。所以，假设 H2a 被验证正确。

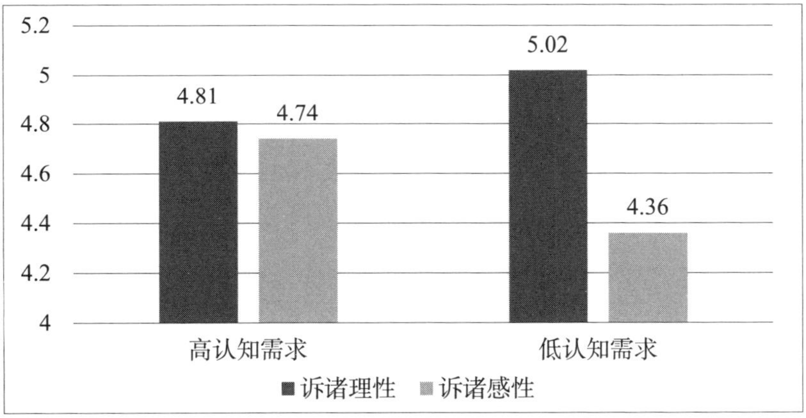

图7-6　被试者的知识态度

对于认知需求低的大学生来说，其对材料所涉主题的认知欲望较弱，加之材料主题专业性相对较高，当遇到类似知识内容时，不会主动去搜寻和梳理相关信息以获得更准确全面的认识，而是更愿意以现有的诉诸理性的内容实现较系统性的认知。同时，相比诉诸感性的材料，诉诸理性的知识内容逻辑性更加严谨，且论述也更系统合理，因此其对认知需求较低的大学生来说，有效帮助其在不做过多努力的情况下对事物实现较完整的认识。对于认知需求较高的大学生来说，其对事物的认知欲望相对较强，因此在面对不同诉求方式所呈现的主题时，都会在其基础上充分运用中枢路径进行信息处理，因此其在态度倾向方面并没有表现出显著差异。

2. 分享意愿分析

实验数据结果显示，关于知识内容态度评价的测量量表信度水平较高（α=0.92），基于本次实验设计“2（诉求方式：诉诸理性 vs. 诉诸感性）×2（认知需求：高 vs. 低）”的方差分析结果显示，知识内容的诉求方式与认知需求之间存在显著的交互性，“F（1，76）=4.26，p<0.05”。在认知需求较高的实验组中，知识内容的诉求方式的差异对大学生的知识分享意愿没有产生显著影响［“$M_{诉诸理性}$=4.36，$M_{诉诸感性}$=4.29，F（1，38）=0.06，p>0.50”］；而在认知需求较低的实验组中，大学生的知识分享意愿在面对诉诸理性影响时的评分要明显高于面对诉诸感性影响时的评分［“$M_{诉诸理性}$=4.66，$M_{诉诸感性}$=4.07，F（1，38）=13.20，p<0.001”］。

由此可见（图 7-7），同诉诸感性的知识内容相比，认知需求低的大学生对诉诸理性的知识内容的分享意愿更高；而无论诉诸感性还是诉诸理性，对于认知需求高的大学生来说，他们对于知识内容的分享意愿不会产生明显差异。所以，假设 H2b 被验证正确。

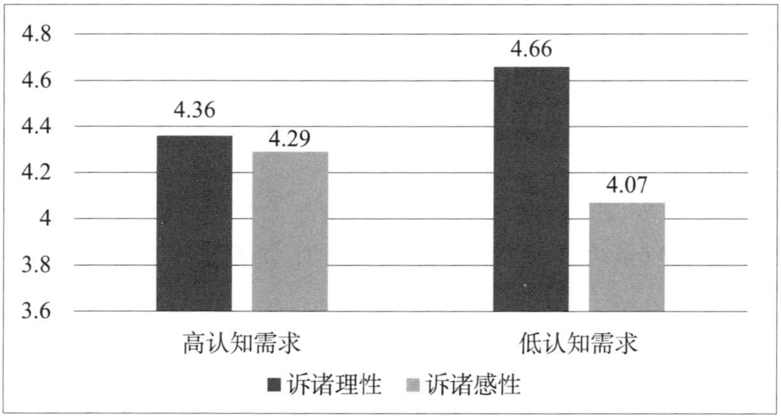

图 7-7　被试者的分享意愿

分享意愿建立在态度达成的基础之上，根据前文分析，认知需求较低的大学生在面对诉诸理性的知识内容时，其态度评价更高，偏向于选择诉诸理性的知识内容，由此通过边缘路径进行信息处理，同时获得对相关主题的系统性认识，在此基础上，其分享意愿最终达成，即更倾向于分享诉诸理性的知识内容。而在认知需求较高的大学生中，其无论对于何种诉求方式的知识内容，都倾向于使用中枢路径进行信息处理，因此，其在知识分享意愿的达成方面并未受到知识内容诉求方式的影响，对于诉诸感性和诉诸理性的知识内容的分享意愿没有出现显著差异。

四、研究讨论

（一）研究结果

本研究通过引入专业化水平和认知需求两项个体特征，检验了这两个变量与诉求方式共同作用于大学生对于知识的评价和分享态度。

实验一的研究结果显示，专业化水平较低的大学生倾向于受到诉诸理性内容的影响而做出评价，而诉求方式的不同对于专业化水平较高的大学生来说没有明显影响；专业化水平较低的大学生更容易对诉诸理性的知识内容展现分享意愿，而诉求方式的不同对于专业化水平较高的大学生的分享意愿并没有显著影响。这也表明了大学生的专业化水平决定着其是否更多依靠外部信息来进行处理和加工信息，从侧面也佐证了认知经验自我理论和精细加工可能性理论。大学生在面对诉诸理性和诉诸感性的不同知识材料时，诉求方式及其专业化水平触发了自身的信息处理系统，他们往往都会根据自身所具备的条件来选择理性系统或是感性系统进行信息处理和加工，或者说是倾向于选择中枢路径还是边缘路径处理信息。显然，专业化水平较低的大学生更多倾向于诉诸理性的知识内容，因为这类内容通过清晰的叙事逻辑以及全面翔实的论证，使得这类大学生不用过多努力和搜集其他相关信息就能够处理信息，也就是仅仅使用感性系统或者边缘路径就可以完成信息处理任务。而专业化水平较高的大学生受诉求方式的影响则不明显，因为他们往往愿意主动搜集其他补充信息，通过自我努力寻找事实证据和逻辑推论。

实验二的结论显示，认知需求低的大学生更倾向于诉诸理性的知识内容，且相比于诉诸感性，他们更愿意分享诉诸理性的知识内容；而对于认知需求高的大学生来说，他们在知识分享方面受诉求方式的影响就不明显。这一结论同样可以用精细加工可能性理论和认知经验自我理论来解释，在验证研究假设的同时也进一步为理论提供了实证支撑。

（二）理论扩展

研究基于认知经验自我理论和精细加工可能性模型理论，探究了诉求方式对大学生知识分享态度的影响，并详细探究了个体的专业化水平和认知需求两个变量与诉求方式的不同组合方式对于知识分享决策的影响，在一定程度上丰富了知识分享的理论框架，扩展了知识分享的研究领域。首先，研究从个体具体特征角度出发，在已有研究的基础上，通过实验法对个体认知特征因素影响知识分享行为进行了实证考察和验证，为知识分享中的个体影响因素提供了事实依据，也拓展了个体认知特征要素变量在知识分享研究领域中的应用。其次，研究探索了知识分享过程中知识客体特征对于知识分享决策的影响，具体阐释了基于知识客体特征的影响因素对于知识分享的作用，对于理解和揭示知识分享行为的背后过程具有深刻意义，也为人们理解知识分享行为的内在决策机制提供了实证的资料参考。

（三）实践推广

研究结果为知识管理者和传播者进行有效的知识传播提供了积极有效

的参考和借鉴，提示知识管理者在知识的传播过程中应该利用各种条件充分了解知识受众的个体特征差异，根据不同的认知特征差异对知识受众进行细分，在此基础上制定有效的知识传播策略，并可将其用于建构和巩固社会共识过程中。如对不同类的知识受众使用不同的诉求方式，从而正确刺激其信息处理系统，有效诱发其知识分享与共识凝聚行为。在这个过程中，不仅要考虑知识客体，也应考虑知识的目标受众的特征，进而有效保证知识的高效传播。

在当前的新媒体信息环境下，大数据、云计算等技术的发展和应用日渐成熟，这些技术目前已经开始运用到互联网用户识别、精准推送等领域，对于知识传播与分享以及社会共识建构同样适用。借助互联网前沿技术识别不同类型的知识内容和各类受众，实现知识内容的精准匹配和推送，无疑将为知识分享与共识形成带来助力。

诚然，在获得上述研究结果的同时，本研究也存在一定的局限性，有待后续的进一步完善。首先，为了更加清晰地呈现诉求方式对知识分享决策的影响，本研究的实验材料中只分为诉诸感性和诉诸理性的两种材料，与现实环境中还存在的同时诉诸感性和理性的材料现象有所差异，所以其外部效度较低。在之后的研究中可以通过增加实验小组以加入同时诉诸感性和理性的材料，从而可以更好地贴合知识分享的现实的决策环境。其次，本研究以纸质材料的方式让被试者进入假想的新媒体环境，同真实的知识分享环境有所差异，后续研究应致力于尽可能真实地模拟研究内容所涉及的环境。另外，本研究为了排除其他相关因素对知识分享意愿的影响，是将标题与内容同时呈现给被试者，然而在新媒体环境下的知识分享过程往往先看到标题，而非内容，今后应考虑其他变量与诉求方式的组合对于知识分享意愿的影响。

第八章

互联网语境下国际传播体系的构建思路

当前，国际秩序持续发生深刻变革，各国相互依存、共同应对全球性挑战的人类命运共同体理念引发广泛共鸣。在南北权力重新配置过程中，大国竞争、地缘政治、地区冲突等的紧张态势持续加剧，不同利益、规范、思潮和价值观方面的博弈日益激烈，亟须探寻建立兼具公平性、包容性、多样性的交流对话机制，形成更具韧性的双多边关系。高效的国际传播体系有助于全球各国在复杂国际环境下更有效地互动与合作，并确保即使在关系紧张或困难时期，亦能保持沟通渠道畅通。

第一节　着力加快构建更有效力的国际传播体系

党的二十届三中全会提出“构建更有效力的国际传播体系”。这既是党中央基于对国际舆论形势、国际传播格局统筹把握做出的重要战略部署，亦是我国迎战霸权主义和强权政治的战略因应。全面深化改革、推进中国式现代化离不开良好的国际舆论生态，以更有效力的国际传播体系为纽带，将进一步促成不同国家和地区有关人类命运共同体理念的情感共鸣与价值认同，让中国高质量发展与全球可持续发展紧密融合、互为启发，进而为中国的全球叙事赋予可行性与可信度。

一、筑牢构建国际传播体系的基础底座

全球范围内的传媒生态、舆论格局不断发生深刻变化，尤其随着生成

式人工智能广泛介入数字内容生产与传播流程，国际舆论场充满变数，推动国际传播秩序动态调整。构建更有效力的国际传播体系即主动求变、积极应变，旨在有组织、有步骤、有协同地开展国际传播，以对话增进理解、以合作化解分歧、以互信消除风险，为推动构建人类命运共同体提供话语支撑。构建更有效力的国际传播体系作为一项系统工程、长期工程，需要在明确目标、突出重点的基础上，坚持系统集成、统筹推进，扎实筑牢国际传播体系的基础底座。

（一）建强用好国际传播矩阵，重构国际传播格局

面向丰富多样的新媒体应用、众声喧哗的舆论生态、庞杂无序的用户数据、偏好各异的国际受众，打造广泛覆盖、互为支撑、创新驱动的国际传播矩阵，是推进国际传播格局重构的关键一步，亦是加快构建更有效力国际传播体系的题中应有之义。要积极拓展国际传播阵地，掌握在国际舆论场发声的渠道控制权，加快构建多渠道、立体式对外传播格局。主流媒体要进一步夯实主责主业，深化国际传播机制改革创新[①]，强化国际舆论引导能力，要统筹处理好集约与分散、共通与差异、优质与高效、激励与监管的协同关系，要继续加深与国外主流媒体的交流合作，优化国外社交媒体布局。要着力建强用好主流媒体自主可控的社交平台，扶持商业社交平台，加快构建在全球范围内具有较强竞争力和影响力的社交媒体平台。

（二）构建中国话语和叙事体系，争取国际话语权

国际话语权决定传播主动权。作为国家传播体系的重要组成部分，构建中国话语和叙事体系，旨在形成同我国综合国力和国际地位相匹配的国

① 胡正荣，郭海威 . 共建“一带一路”语境下主流媒体的传播实践与效能提升［J］. 电视研究，2023（11）：20-24.

际话语权，进而在中国形象塑造、中国立场阐释和中国方案宣介上掌握主动权。加快构建中国话语和中国叙事体系，就是要以中国话语阐释中国道路、中国主张、中国实践、中国经验，推动中国国家形象建构由“他塑”转向“自塑”与“共塑”①，着力提高国际传播影响力、中华文化感召力、中国形象亲和力、中国话语说服力、国际舆论引导力。构建中国话语和中国叙事体系，要着力创新话语表达、改进叙事技巧、提升叙事本领，充分考虑中外语言差异、文化差异，打造融通中外的新概念新范畴新表述，聚焦人类社会普遍关注的共通性议题，以共情传播对外讲好中国故事，向世界展现真实、立体、全面的中国②。

（三）积极践行全球文明倡议，深化文明交流互鉴

习近平总书记在中国共产党与世界政党高层对话会上提出全球文明倡议，倡导不同文明包容共存、交流互鉴。建设全球文明倡议践行机制，凸显了中国号召不同文明相互尊重、和谐共处的价值追求，也是推进构建更有效力的国际传播体系的必然要求。践行全球文明倡议，即要以宽广胸怀理解和尊重世界文明多样性，以文明交流超越文明隔阂、文明互鉴超越文明冲突、文明包容超越文明优越，旨在通过交流对话增进文明互信，推动不同文明和衷共济、平等相待，为构建更有效力的国际传播体系奠定价值基础。人类文明具有内容丰富性、形态多样性、发展阶段性特征，加快构建更有效力的国际传播体系，就是要在对人类文明的地域分布、内涵差异、认知鸿沟进行准确理解、系统把握的基础上，建立协同高效的文明交流互鉴机制，防范和化解文明对抗与冲突风险。

---

① 陈玉聪，罗健．构建中国话语和叙事体系的立场、要旨与路向［J］．学校党建与思想教育，2024（14）：4-8.

② 韩春苗．围绕“三重叙事”加快构建中国话语体系［J］．国际传播，2024（1）：28-34.

（四）畅通中外沟通对话渠道，扩大人文交流合作

构建更有效力的国际传播体系，最终应落脚至基于沟通对话的相互理解，因此畅通中外沟通对话渠道对于提升国际传播能力与国际传播体系效力意义重大。一方面，要不断扩展和畅通沟通对话的线下渠道，围绕国际共同议题拓宽交流合作领域，通过举办国际交流活动、论坛等形式，为中外沟通对话搭建平台、畅通渠道[①]，为更大范围、更深层次的“走出去、请进来”创造便利条件，形成促进国际人文交流合作的更大合力，营造开放共建的国际人文交流环境。另一方面，要适应互联网发展趋势，建强用好数字化交互共享平台，打造和畅通沟通对话的线上渠道网络，同时确保数字平台建设与高质量数字内容供给互为促进、协同发展，形成不同文明相互启迪、优秀文明成果共享、借鉴吸收与创新转化同频的良性循环，为扩大国际人文交流合作创造机遇。

二、推进国际传播格局重构的价值面向

全球竞合视野下，国与国的综合较量并不局限于军事上的正面交锋，国际传播格局作为国家软实力分布的重要表征与映射，亦是大国较量的关键场域。面对世界百年未有之大变局所折射的不稳定性、不确定性，推进国际传播格局重构具有多重价值考量。

（一）提升国际局势洞察力，倡导新的全球秩序

世界多极化发展趋势下，既往由西方国家主导建构的经济社会发展逻辑叙事，正受到越来越多南方国家的抵制与瓦解，全球南方国家的自

① 鄢传若斓，邢丽菊．新形势下的国际人文交流合作：机遇与挑战［J］．对外传播，2024（2）：27-31.

我身份认同得以恢复和增强，并出现诸多替代性的发展叙事。正如更多国家申请加入金砖国家合作机制，其不仅佐证了中国所提出全球发展倡议的强大吸引力与号召力，亦映射出西方国家所主导国际秩序与全球发展期待的疏离，世界正向竞争与合作相结合的新全球秩序过渡。然而，伴随双多边合作加深，地缘战略竞争与地缘经济碎片化仍将长期存在，全球合作发展充满变数。基于此，推进国际传播格局重构，加快构建多渠道、立体式对外传播格局，旨在深刻洞察动态变化的国际局势，找寻人类社会发展规律与未来方向，并于更广范围、更高视野对外分享和解读中国发展经验，向世界传递和阐释合作共赢的发展愿景，影响和推进国际秩序的转变。

（二）深化中华文明影响力，建立新的对话机制

中国提出的设立“文明对话国际日”决议获第 78 届联合国大会一致通过，体现出中国倡议促进全球文明对话的努力。党的二十届三中全会提出“建设全球文明倡议践行机制”，进一步阐明了中国在倡导文明多样性和文明交流合作议题上的价值主张。中华文明历来坚持兼收并蓄、求同存异理念，提倡并尊重文明多样性，这也是中华文明历久弥新、源远流长的关键所在。在当今世界发展过程中，文明间的对话障碍仍然存在，“文明中心论”“文明冲突论”甚嚣尘上，其挑战性与偏见性将加大人类不同文明间的理解鸿沟，且易造成进一步的文明撕裂。对此，以国际传播格局重构和国际传播能力建设赋能提升中华文明影响力显得至关重要，即对外广泛深入阐释中华民族开放包容、相互成就的文明主张，驱动建立新的文明对话机制，为文明交流互鉴提供有力支撑，进而弥合不同文明间的理解差异，化解猜疑、消除敌对[①]。

① 张昆，张晶晶．构建中华文化国际传播体系：时代语境、价值要义与战略布局［J］．中国编辑，2024（4）：4-9.

（三）增强中国话语穿透力，塑造新的国家形象

党的二十届三中全会提出“加快构建中国话语和中国叙事体系”。话语体系和叙事体系是对外表达中国价值观念、发展愿景的中介和工具，旨在让世界更好地认识中国和理解中国。从中国对外传播话语实践来看，尊重、理解、透明、合作、规则、互不干涉等表述特征及叙事模式，在全球范围内引发广泛共情和接续传播，让世界看到中国为人类文明进步与和平发展做出的切实贡献。面对新一轮的全球竞合，增强中国话语穿透力是推进国际传播格局重构的重要目标和关键落脚点。构建中国话语和中国叙事体系，是要以人类命运共同体理念作为中国对外传播的叙事基础，将各国发展所面临的共通性议题融入中国概念和符号体系，探索中国发展模式与人类发展目标的共鸣点[①]，进而增强中国话语的全球感召力与穿透力，塑造新时代中国作为全球发展与治理的参与者、引领者而非干预者、破坏者的国家形象。

（四）拓展中国符号连接力，打造新的接触模式

上合组织、金砖合作机制、“一带一路”倡议等作为中国广泛连接世界、凝聚共识的载体，正愈发成为塑造新的全球秩序与规则的重要支柱。多边合作框架下，数字基础设施建设、气候适应、冲突解决、能源安全、粮食生产、流行病防范等作为大国输出的标签符号，是新形势下中国国家形象的真实写照，也是中国作为负责任大国的有力注脚。与西方国家不同的是，中国符号凸显共赢性而非侵略性、凸显合作性而非挑战性、凸显包容性而非霸权性，这一点从中国近年来的对外援助项目及联合发布的多项《北京宣言》中可见一斑。锚定构建更有效力的国际传播体系，推进国际传播格局重构，有助于进一步拓展中国符号的辐射力、连接力，基于对中

① 程曼丽 . 从元话语理论看国际传播中的话语体系建构逻辑［J］. 对外传播，2023（9）：4-8.

国同全球南方国家建立良好合作关系的宣介，既能有力反驳国际舆论场中的对华不友好声音，亦有助于在交流互鉴中探索打造新的接触模式与合作机制。

三、全面提升国际传播效能的策略路径

未来较长一段时期，适应国际舆论环境变化、推进国际传播格局重构，仍将是构建更有效力的国际传播体系的重要面向。对此，需要从系统性、全局性视角出发，适时调整和优化国际传播效能提升的实施方略，从而在新的国际舆论场中保持战略优势和定力。

（一）健全评估研判机制，强化风险防范意识

面对动态演进的国际舆论场，围绕涉党和国家重大议题，要着力健全舆情监测、评估、研判、预警及应对机制，强化政府部门、主流媒体、智库机构、行业组织等相应主体的协同配合，认清战略评估在新一轮信息战、舆论战中的关键作用。对于国际舆论场中的不友好声音和破坏企图，应确保相关专题研究、议题研判具备跟进性、前瞻性、预判性，而非长期处于迟滞状态。要在舆论战视野下对西方国家的反华、遏华战略进行全面审视和系统考量，找寻其制定对华政策的逻辑规律，及时研判、预测未来风险。针对重点议题、重点事项、重点领域、重点群体做到提前摸底，把握潜在风险，厘清我方优势与短板，分级做好各类应急预案。要对舆论战中的人机协同攻击保持警惕和防范，构建跨领域、跨部门的协同攻关团队，确保对舆论攻击苗头快速识别、有力回应。

（二）优化议题设置机制，加强有效内容供给

面对新形势下国际格局的深刻调整变化，要在国际舆论场中占据优

势，就必须积极争取话语主动权、主导权。既要主动讲好中国式现代化故事，亦要聚焦世界大势、国际事件和重大时代命题，主动设置国际议题。在叙事策略方面，应准确把握国际舆论场中的舆情发酵规律、社交传播规律及受众情绪反应，构建多主体协同的议题传播策略，对关键议题开展深度、系列解读，从而在国际范围内引发讨论，把控和引导涉华舆论走向，力争在关键议题领域打造“话事权”。应着力构建系统科学的内容评价机制，提高权威理性内容在国际舆论场的传播声量，改变西方主导、流量主导、情绪主导的舆论局面。要加强主流媒体、智库机构的国际传播能力建设，培养推出具有国际知名度的意见领袖，聚焦国际社会关注的重点议题进行优质内容输出，增强我国向国际舆论场提供权威信息、发表专业观点的能力①。

（三）建立交流合作机制，提高国际利我声量

大国博弈视角下，推进国际传播体系建设，需要进一步巩固壮大我国在国际上的“朋友圈”，于全球范围内加强战略合作，积极争取包括西方国家在内的国际社会中的知华友华亲华力量，凝聚形成舆论合力。着力优化同国际社会各方力量、平台等的交流合作机制，既要在重要国际平台主动发声，亦要促成具有较大影响力的国际角色“为我发声”②，多方协作塑造新时代大国形象。要抓住和创造各类机遇，在现有国际体制及重要国际机构中争夺领导权，塑造和壮大中国影响力。要进一步加强同相关国际组织的联系，积极争取中方人员在国际组织中任职，确保关键时刻能为中国发声。围绕国际传播体系构建，要积极参与制定和维护国际规则，掌握战略主动，

① 张志强，陈秀娟，韩晔．社交媒体时代中国智库国际传播机遇、现状与提升路径［J］．中国科学院院刊，2024，39（4）：771-784.

② 高晓林，梁永涛．缘起·内涵·价值：论加强国际传播能力建设的守正创新［J］．暨南学报（哲学社会科学版），2024，46（3）：19-33.

从而刺破西方国家为中国设置的话语屏障。

（四）构筑防御应对机制，保障话语权适配度

舆论战视野下，面对来自西方国家的强劲意识形态攻势和舆论攻势，需要采取积极的战略防御策略。对于西方国家挑起的舆论战话题，要有理有据有节地给予回击，注重用好国际传播矩阵，做到第一时间发现和回应，防止因释疑不及时或应对不力，导致谣言或抹黑信息在国际受众中建立刻板印象。针对西方国家酝酿或即将发布的相关调查报告、标准及法规，及其拟举办的重要国际论坛，要进行动态追踪、对等反制。围绕西方国家对华舆论战中的多样化叙事，要着力构建分级、高效的舆情响应机制，并建立由政府部门、主流媒体、智库机构、行业协会等多元主体参与的专业性合议机制，提高舆论战应对的科学性、及时性、有效性。要加强中央媒体与地方媒体、主流媒体与商业媒体、国内媒体与境外媒体、政府部门与智库机构等多部门多层次联动聚焦涉华议题及时释疑解惑，引导国际社会情绪。

随着中国综合国力及软实力的提升，中国的国际影响力亦显著增强。作为全球化的倡导者和践行者，中国在推进全球连通、进步与繁荣方面做出重要贡献，所发起的全球发展倡议、全球安全倡议、全球文明倡议等议题在国际社会引发广泛共鸣，与全球各国一道重新定义和构建世界秩序。着眼国际舆论场，中国议题正愈发深刻贯穿和影响世界各国政治议程，其在映射中国影响力的同时，亦表征着中国或面临更多舆论攻击，涉华议题讨论泛化风险加大。此外，依靠科技进步，人机协同已经下场开始对华舆论作战，在社交媒体表现活跃，今后其将愈发成为西方国家狙击中国影响力的有力武器①，尤其是生成式人工智能可较准确研判对华舆论斗争态势并

① 胡正荣，孟丁炜．给算法以文明：算法治理赋能国际传播效能测定［J］．对外传播，2023（10）：4-7.

制定有效策略，将辅助西方国家在国际舆论场对华“挂图作战”，造成严重舆论破坏。

基于此，构建更有效力的国际传播体系既是形势所迫、大势所趋，亦是我国争取国际话语权、把握发展主动权、打造利我叙事格局的重要战略部署。未来视野下，以国际传播体系建设为支撑，中国将更好发挥全球发展与治理的引领者角色，广泛连接全世界发展主体，为人类文明发展进步提供中国样本，于更大范围内凝聚认可与认同，切实提升国家公信力与影响力。

第二节　跨文化视域下中国叙事体系的转型与创新

习近平总书记在党的二十大报告中指出：“加快构建中国话语和中国叙事体系，讲好中国故事、传播好中国声音，展现可信、可爱、可敬的中国形象。”新时代背景下，围绕立足新发展阶段、贯彻新发展理念、构建新发展格局，我国在经济发展、科技创新、生态保护、社会治理等方面取得诸多成就，综合国力持续提升，国际影响力随之增强。然而，从国际舆论场的声量分布来看，中国声音的国际传播力、穿透力仍然偏弱，国际传播能力建设仍有较大提升空间，尚未完全建立与综合国力及国际地位相匹配的国际话语权。原因在于，一段时期以来，对外传播作为对内宣传的外部延伸，未能充分做到于跨文化视野下开展中国国家形象叙事，对外传播理论与方法具有一定局限性，难以适应和满足不同国家、区域及群体受众差异化、多元化的信息接收与理解方式。

新时代背景下，面向“两个大局”，讲好中国式现代化故事，需要准确把握和适应全球政治、经济、文化、社会等发展变化，坚持与时俱进、守正创新，尝试以跨文化传播、全球传播视角，不断创新国际传播理念与模式，加快推进中国叙事体系的现代化转型与创新，以国际受众可理解、可接受的叙事逻辑与框架、语态及形式阐释中国理念，进而在文化理解与认可中获得认同、凝聚共识，切实提升中国话语的传播力、影响力与引导力。

一、跨文化传播视域下中国叙事体系构建的现实观照

基于全球互联互通，要开展好跨文化传播及交流，构建中国叙事体系至关重要，事关新时代中国国家形象建构与国际舆论格局塑造，事关中国国际传播能力强化与提升，事关中国在国际传播格局中的地位与作用凸显。因此，加快构建中国叙事体系，既是中国国际传播体系建设的题中应有之义，亦是对复杂多变国际传播形势的战略应对。

（一）迫切需要解决对外传播的本领恐慌问题

当前，国际传播格局中西强我弱的总体态势并未发生根本改变，我国对外传播的整体效能仍有较大提升空间。从我国国际传播能力建设历程来看，相关政府部门、媒体等主体在国际传播方面做出诸多努力与尝试，对外传播阐释中国理念、展现中国式现代化发展进程，以期获得更多认可与认同，但收效仍显缓慢，对外传播过程中缺乏有效的理论观照与实践技巧，加之部分传播主体由于原来涉足国际传播较少，面临能力水平不足、本领恐慌、对国际舆论环境把握不准等问题。从文化交际方式来看，中西方存在高语境文化与低语境文化的交际差异，尤其在跨文化传播背景下，国际传播场域不断发生新变化，构建中国话语和中国叙事体系亦不断面临新形势、新任务、新要求，目前虽初步实现基于传播对象国选择“适销对路”的传播模式与策略，但是分众化、对象化传播水平仍有较大提升空间[①]。以

① 徐艳玲．人类命运共同体理念的智能化国际传播：意义向度、传播体系与路径［J］．社会科学辑刊，2023（6）：79-89.

全球视野讲好中国式现代化故事，目前仍面临焦虑和不自信问题，尤其在面对国际舆论场中重大舆论风险挑战、意识形态纷争等问题时，各传播主体的斗争能力与斗争本领仍有待增强，中国国家形象的自塑能力弱于他塑能力，由此亦可看出，于跨文化传播视野下加快构建中国叙事体系更显迫切[①]。

（二）应对新型国际舆论格局的题中应有之义

加快构建中国叙事体系，旨在改变和扭转我国在国际传播格局中的弱势与被动地位，摆脱美西方操纵国际舆论的尴尬处境。近年来，随着我国综合国力不断增强，国际影响力显著提升，招致西方国家特别是美国对其国际地位被撼动的担忧，进而不时于国际舆论场中对中国进行造谣抹黑、攻击贬低，意图从话语层面对中国予以压制。加之新时代背景下，“全球南方”持续崛起，建设多极世界的呼声渐长，“人类命运共同体”倡议愈发在全球范围内引起共鸣，世界上越来越多人希望从更深层次了解中国、认识中国，因此亟须建强用好适应国际舆论新格局、体现中国特色和时代特色的叙事体系，讲好自身发展故事，进而在国际舆论场中把握主动、占据主导，推动中国国家形象建构由他塑转向自塑与共塑[②]。新形势下，创新构建兼具中国特色与全球视野的叙事范式，既是对我国跨文化传播需求的积极响应，亦是对国际舆论格局复杂演进的有力回应，对于推动中国在新型国际舆论格局中占据更大主动、提升抵御和化解舆论安全风险能力具有重要意义。

（三）全方位立体化展示真实中国的重要抓手

后真相时代，美西方媒体长期有选择性地报道中国，一些关于中国的

---

① 王亚囡．中国有声语言国际传播的制约与突破［J］．甘肃社会科学，2023（5）：116-125.

② 许向东，丁兆钰．中国式现代化元话语的建构及其国际传播［J］．对外传播，2023（9）：9-12.

新闻报道往往是单一、片面的，甚至是不真实的，导致其受众也大多基于固有观念和情感解读中国，共同形成异化的中国形象。如在 2022 年北京冬奥会期间，一些西方媒体不是将镜头对准高规格的赛场、舒适的运动员驻地、不断涌现的比赛佳绩，而是聚焦赛场外的“新疆人权”“人造雪”“奥运村封闭管理”，将体育赛事政治化，恶意碰瓷中国国家体制。西方媒体对于中国的片面、负面、虚假报道既有文化差异、认知障碍的原因，更有媒介环境、意识形态和政治刻板印象的综合作用，在短期内难以完全摆脱这一片面、有色“框架”。中国叙事体系的现代化转型与创新构建，肩负着回应质疑、消除偏见以及立体展现真实中国的使命任务，从而解决我国既往国际传播工作中针对性不强、对象化传播水平不高等问题[①]。对此，近年来海南国际传播中心在叙事体系创新方面做出诸多尝试，通过打造《爱乐之岛》《洞见 · Insight》等精品国传节目，以及引进外籍主持人、授聘“海外传播官”等活动，让世界在海南自贸港这一中国式现代化建设的生动缩影中，了解和认识充满生机与活力的中国。

（四）推动媒体智库建设以更好应对两个大局

当前，国际受众不再青睐一般性信息报道，而是对现象级节目或者个性化、极致型报道更感兴趣。然而由于存在路径依赖，我国还有不少媒体以大众传播思维开展对外传播工作，关注传输覆盖率、新闻报道量，而在打造精品节目进而增强传播影响力方面存在不足。美西方国家试图通过“脱钩”“去风险”孤立中国，不仅在经济与科技领域不断强化壁垒限制，还试图通过网络战、心理战、舆论战、认知战建立所谓“全面竞争优势”[②]。

① 姬德强，闫伯维 . 主体性探寻：“一带一路”与国际传播研究的想象力［J］. 传媒观察，2023（9）：28-35.

② 叶俊 . 大变局时代的国际舆论态势与国际传播策略［J］. 陕西师范大学学报（哲学社会科学版），2023，52（5）：143-151.

在此形势下，我国国际传播所处媒介环境与外部舆论环境经历深刻变化，唯有加快改革创新，尝试以新路径新模式为驱动，才能着力突破内部路径依赖、外部发声无力的桎梏。近年来，我国媒体智库建设不断取得新进展，基于其丰富的传媒人才、渠道、内容等资源，同时有效聚合相关领域的优势资源，在推动国际传播能力建设方面发挥重要作用。推动构建中国叙事体系，将进一步推动媒体智库迈向跨越式、高质量发展，以新型话语体系和叙事体系为参照及研究对象，有助于驱动媒体智库面向国际传播新格局新生态，探索形成具有现实指导意义的传播方案及理论体系，从而于“两个大局”视野下探寻提升国际传播能力效能的新思路、新方法。

二、跨文化传播视域下中国叙事体系构建的思路转变

面向全球政治、经济、文化、科技等领域的重要变革，国际舆论场不断涌现新议题，传统叙事体系已难以满足新时代信息传播与内容消费需求。因此，为适应这些变化并实现高质量国际传播、提升国际传播效能，我国叙事体系构建正从观念、思路和行动上发生转变。

（一）由传统新闻叙事转向智能传播叙事

传统新闻叙事面向大众传播，多为媒体的一元主导，单向传播特征显著，受众难以将信息接收的感受有效反馈给传播者，不利于后续新闻内容的改进与优化。随着人工智能、大数据等技术深度嵌入新闻传播领域，以此类技术为支撑的数字化、智能化媒体建设能够通过用户行为大数据分析和预测其内容消费偏好而实现精准传播，在一定程度上提升了传播效率与效能。面向跨文化传播，我国在推进叙事体系创新构建过程中，正着力借助数字化、智能化技术实现叙事逻辑与思路转向。如云南省南亚东南亚区域国际传播中心借助超写实数字人建模、AI 实时面部动作生成、智能翻

译、智能交互等技术，打造推出缅甸语和老挝语的AI数字人，是人工智能在国际传播领域的有益尝试。聚力在国际舆论场中的分众化、对象化传播水平提升，新时代中国叙事体系建构正着力依托智能传播的精准性与强交互两大突出优势，使新闻叙事更好契合用户个性化、差异化的消费需求，从而更易与用户产生共鸣，实现传播效率最大化[①]。随着人工智能、大数据、云计算等技术应用将人类社会带入万物互联、智慧传播的新阶段，智能媒体成为媒介融合发展的重要趋向，从机器主播、机器人新闻到算法推荐、生成式人工智能，智能传播技术应用愈发广泛，智能传播叙事的影响也愈发深刻。因此，构建中国叙事体系，必须加快推进新闻叙事的智能化转向，进而准确把握智媒时代国际传播活动发生、发展规律和逻辑，从而更好地厘清加强国际传播能力建设、提升国际传播效能的思路和策略。

（二）由宣传灌输导向转向柔性价值引领

在过去较长一段时期，我国传播叙事以口号为主的宣传倾向较为明显。口号型叙事在特定时代背景下既是必要的，也是有效的，能够于较大程度上团结民心，增进认同，增强民族凝聚力和向心力。然而，伴随传播生态变化，国内外用户对于信息获取的渠道与手段呈现出多样化特征，单纯的口号式宣传在一定程度上或给人以空洞、教条的印象，甚至引发用户反感，导致传播效能不升反降。而融合“两面提示”的引导性、感召性叙事往往能对持抵制态度者产生较好的说服效果，且在传播说服之后产生“免疫”，从而巩固和增强国际传播效果的持续性与稳定性。当前传播语境下，用户更愿意用自己的思考对所接收的传播信息做出判断，且基于用户自我思考所产生的结论、结果也往往对其本人而言最具可信性。相较于直接将观点强加给用户，媒体等传播主体应尝试使用象征性影响，辅以具有适当引导

① 胡正荣，孟丁炜 . 给算法以文明：算法治理赋能国际传播效能测定［J］. 对外传播，2023（10）：4-7.

性的角色话语，使用户能够基于自身理解和思考悟出传播叙事中所蕴含的主流价值。如在中央广播电视总台《乡村振兴中国行》节目中，柔性叙事并没有直接宣传党和政府工作的重大意义，而是以农民为主角，让观众从村民视角感受到乡村振兴战略为百姓生活带来的翻天覆地的变化，并对此感同身受，潜移默化中将主流价值内化于心、外化于行。

（三）由媒体主导叙事转向多元话语共构

近年来，我国新闻传播领域不断尝试探索传播叙事的范式更迭与创新，但具体来看，目前仍有相当多的传播实践拘泥于宏大叙事。如围绕人权、生态等议题在国际舆论场同美西方进行辩论交锋时，中国媒体的相关报道多凸显地区经济发展所取得的巨大成就，且多以系列数字予以佐证。这些系统性报道、宏观叙述固然是事实，但于海外受众而言，由于内容较为严肃、说理性较强，导致其对相关新闻内容难以实现共情。锚定增强中国式现代化故事的传播力、影响力、感召力，相应的传播叙事不能总是只让受众看到“森林”，却不见具体的“树木”，而应让受众看到每棵树的纹理与质地，亦即要将传播话语权给到具体的“人”，以差异化的个体叙事，见证、讲述和展现中国式现代化的发展进程与成效。如北京中轴线主题国际传播纪录片《京之轴》，通过展现发生在北京中轴线上不同国家人物间的故事，让各国观众在了解北京中轴线的同时，认识和理解中华优秀传统文化，进而推动文化交流与情感融通。从宏大叙事转向个性化、差异化表达，日益成为新闻媒体提升传播效能的重要手段，同时也是国际传播叙事范式的重要演进方向[①]。如在短视频《丁真的世界》中，并没有直接宣传中国宜人的山水、深厚的文化底蕴、人民的安居乐业，而是从一位少数民族小伙的视角出发，展现其眼中的家乡与生活。以差异化的个体视角为切入点，将

---

① 沈悦，金圣钧．中国特色国际传播叙事的多维转向与进路优化［J］．云南社会科学，2023（6）：173-185.

普通个体观察和体验到的日常美好生活点滴呈现在观众眼前，生动而有力地呈现出中国社会的欣欣向荣，不同个体的差异化叙事，共构出中国全面小康的盛世景象。这种个体性、多样化的传播叙事则更易在舆论场中产生共鸣、引发情绪共振，从而实现“自己人效应”的良好传播效果。

三、跨文化传播视域下中国叙事体系构建的创新路径

构建中国话语和中国叙事体系既是一项系统工程，也是一项长期任务。在推进实施过程中，应着力在话语风格转变、深化文化互鉴、强化技术支撑、推进理论研究方面下功夫，面向跨文化传播，不断推动中国叙事体系的现代化转型升级，进而讲好中国式现代化故事，传递和阐释好人类命运共同体理念。

（一）转变话语风格，增强中国理念阐释的贴近性

聚焦中国叙事体系构建，应着力在既往的传播话语风格上守正创新，增强中国理念对外传播的贴近性与易理解性。面向舆论场中差异化、多样性的信息接收偏好与消费需求，新型传播叙事应在凸显专业性与权威性的同时，增强传播的亲和力和感染力，以用户乐于接受的话语表达阐释中国理念、传播中国智慧、发出中国声音，从而在系统认知的基础上建构认同①。在当前我国的对外传播实践中，“文化折扣”问题不容小觑，一些媒体等传播主体在开展对外传播工作过程中，并未对传播对象国受众语言习惯有准确认知和把握，直接生搬硬套对内传播的内容与方法，使用高语境叙事模式对低语境文化场景中的受众进行传播叙事，这类叙事模式往往因面临严重的文化差异而导致国外受众对我国媒体所传播内容的不理解甚至曲

---

① 邓祯．跨媒介叙事：中国故事国际传播的升维［J］．中国编辑，2023（10）：79-84.

解，从而影响和制约传播效果。基于此，于跨文化传播视野下建构中国叙事体系，要深入理解、系统把握、熟练应用对象国的传播语境，适时转变调整叙事的话语风格，避免因传播与接收的语境差异造成认知分歧。

（二）深化交流互鉴，打造融通性共鸣性概念表述

跨文化传播场景中，加快构建中国叙事体系，应进一步深化不同文明间的交流互鉴，寻找和建构融通性的概念表述，于不同文化语境中建立认同[①]。一是要进一步深化国家和社会层面的经济往来、文化交流，增进其他国家民众对中华文明的认识与理解，为融通性概念建构与达成建立共通的认知基础。二是在政府与民间层面的文化交流中做好传播对象国的受众调研，深入了解目标受众更喜欢哪种形式、哪些内容，基于受众兴趣打造输出具有较强传播力和影响力的传播内容，从而提升国际传播效能。三是在交流互鉴中注重让“外嘴”说话，将其纳入中国叙事体系建构的整体框架内，以外国受众视角讲述中国故事，减少传播者与受众之间的心理距离，从而使传播对象国受众更易产生代入感，而非站在局外人或普通看客视角浅显地认识中国。四是在交流互鉴过程中，围绕中国叙事体系建构，在凸显中国特色、强化底线意识的同时，选择性参考借鉴其他国家叙事范式建构的成功案例，取长补短，建构完成适合新传播生态的中国叙事体系。基于上述方法路径，加快构建中国话语和中国叙事体系，应着力打造融通中外的新概念、新范畴、新表述，使其在国际传播中具有较强吸引力，从而在较大范围内引发国际舆论关注和讨论，推动增强我国的舆论引导力与影响力。

（三）重视技术赋能，构筑强科技感的传播新景观

数字化时代，面向跨文化传播推进中国叙事体系构建和国际传播效

① 周庆安，刘勇亮 . 以中国为方法：全球化格局下国际传播效能再探讨［J］. 中国出版，2023（13）：13-18.

能提升，要着重强化技术支撑，探索打造体现较强科技感、交互感、未来感的全新传播景观。科技创新应用对于媒介传播带来的影响显而易见，无论是智能推荐、聊天机器人，抑或是虚拟现实、数字人等，无不从方方面面改变着媒体传播形态、重塑着信息传播范式，新传播技术代表着新时代的传媒生产力。如 OpenAI 于 2024 年 2 月发布的文生视频大模型 Sora，能够生成具备较高视觉品质的视频内容，其在国际传播领域无疑具有巨大应用潜力。基于此，构建中国叙事体系，应进一步强化新技术应用在传媒领域的嵌入融合，兼顾自主研发与协同研发，以技术突破赋能媒体高质量发展，同时重视推进技术之间的叠加共振，力求实现一加一大于二的协同效应。技术创新与突破要落实到各层次的媒体融合发展实践中，强化交流培训，让媒体工作者能够熟练掌握并在日常业务实践中用好这些技术，不断释放和放大新技术应用的可能性，在此基础上，推动打造全媒体、多模态、深交互的现代传播体系。增强技术赋能，亦要注重不同媒体的特质相结合，于全媒体传播体系视野下凸显媒体的差异性、多样性，有助于避免因同质化传播造成用户的审美疲劳。

（四）推进理论研究，紧盯传播要素变化指导实践

理论是实践的指南。于跨文化传播视野下推动中国叙事体系构建，实现中国叙事体系的现代化转型与创新发展，需要加大对跨文化传播、叙事学、符号学和修辞学等领域的理论研究，并将相关理论研究成果运用至中国的对外传播实践之中。对此，一方面，学界和业界要加强交流，业界在具体传播实践中遇到的问题应基于多元渠道及时反馈至学界，学界基于系统性研究建构理论框架、完善理论体系，为解决问题提供思路参考，从而对于未来的传播实践创新提出建设性意见。另一方面，学界亦应坚持凸显前瞻性思维，于实践之前探索理论研究前沿，充分发挥好理论的指引作用，赋能媒体融合及传播实践。进而，在产学研间建立良性互动的基础上，以

期实现传播创新、叙事创新的良性循环。推进中国叙事体系的理论建构，还需要紧盯传播要素的变化，要将传播主体、手段、内容、渠道、形式等的变化纳入中国叙事体系理论研究的整体框架内，探索建构符合时代发展趋向与新传播需求的、具有现实指导意义的理论架构。在数字传播、智能传播时代，国际国内舆论场中传播要素不断发生新变化，且针对不同受众、不同区域、不同议题，新闻传播的叙事模式、策略和方法也应有所差异，没有一成不变的叙事模式，亦没有放之四海而皆准的传播技巧，跨文化传播视野下，推进中国叙事体系与时俱进，就是要根据目标地域和目标受众的文化背景、思维模式及信息消费习惯，采取行之有效的叙事模式和表达方式，讲好中国故事。

第三节　人工智能驱动提升国际传播可及性的机制与路径

党的十八大以来，习近平总书记高度重视国际传播工作，就加强国际传播能力建设、提升国际传播效能多次做出重要论述，寄予殷切期望。习近平总书记在中共中央政治局第三十次集体学习时强调，“要采用贴近不同区域、不同国家、不同群体受众的精准传播方式”。数字化、智能化传播环境下，人工智能技术在国际传播领域的应用愈发广泛深入，为实现精准国际传播，促进国际传播内容及价值可达受众、可及人心提供了新的方式。

可及性（Accessibility）理论作为一个学术概念，较早用于医疗卫生服务领域，表征公民获取服务的便捷性、公平性[①]。之后可及性概念及应用范

① ANDERSON R. Behavioral model of families’use of health services［M］. Chicago：University of Chicago Press，1968：125.

围不断拓展，有学者将其引入传播学领域，用以考察媒体融合议题[①]。就理论概念本身而言，可及性即可到达性、可理解性、可接受性、可认同性，这无疑与我国国际传播能力建设目标有相通之义，“推进中国故事和中国声音的全球化表达、区域化表达、分众化表达”，就是要在强化与优化国际传播内容供给的基础上，促使中国话语抵达全球受众，进而赢得认可、促成共识，推动构建人类命运共同体。

当前，人工智能作为推动产业变革和理念转型的战略性技术，向国际传播领域持续渗透延伸，成为新形势下宣介国家主张、传播民族文化、开展舆论斗争的神兵利器，为国际传播效能提升带来诸多机遇。然而，事物往往具有双面性，人工智能技术同样如此，在其应用于国际传播过程中，一些新问题、新挑战也随之涌现。在把握人工智能赋能国际传播的内在机制的基础上，全面审视人工智能环境下国际传播面临的发展困境，进而思索如何基于人工智能提升国际传播可及性，成为当下和未来一段时期迫切需要解决的重要问题。

一、人工智能视角下国际传播的生态变革

国际传播承载着国家成就展示、国家形象建构以及文明交流互鉴的责任使命，尤其随着我国在全球范围内影响力不断提升，推动国际传播高质量发展、对外讲好中国故事的重要性更加凸显。人工智能在促进国际传播能力提升方面正发挥越来越重要的作用，自然语言处理、机器学习、语音及图像识别、算法推荐等技术，有力保障着跨文化、跨媒介、多模态、精准化的国际传播，推动国际传播提质增效扩容。

---

① 王晓红，郭海威 . 可及性：一个观察媒体融合的理论视角［J］. 新闻与写作，2023（11）：24-33.

（一）引入智能技术元素，提升传播精准性

国际传播过程中，了解舆情动态及受众反馈至关重要，人工智能技术能够实现对新闻网站、社交媒体等平台的实时监测和挖掘分析，及时掌握受众群体情绪与热点话题[①]。以此为支撑，传播者可以及时调整传播策略，响应受众关切，提高国际传播针对性与时效性。同时，人工智能参与的内容生成，也有效提升了国际传播效率。近年来兴起的ChatGPT、Gemini、文心一言等大语言模型正深度参与国际传播，可根据输入的关键词或大纲指令，智能生成结构清晰、内容丰富的文本，并基于受众差异化需求，对内容进行本地化处理，满足多样化的国际传播需求。

以数据为驱动，人工智能技术在数据挖掘分析及可视化呈现方面的能力，可以为国际传播提供较为有力的决策支持。基于对传播大数据的挖掘与分析，人工智能能够揭示受众行为模式、内容传播路径及影响因素，这些深层次洞见有助于传播者制定科学有效的国际传播策略。如基于对不同地区和群体阅读偏好及交互习惯的分析，可以针对性调整内容主题与传播渠道，实现内容的精准投放。目前，国际舆论场中各方势力高度重视数据驱动及推荐算法，尤其在TikTok、Facebook、Instagram、YouTube等主流社交平台展开角逐，旨在提高传播精准性、增加内容曝光率与点击率、抢夺受众注意力，进而在国际舆论场中占据先发地位、赢得主导优势。

图像与视频作为国际传播的重要媒介，也是当前智能化元素嵌入较多的板块。人工智能技术可以实现对图像与视频的有效识别和分析，并对内容进行标签化分类管理，提升内容管理、生成与检索效率。如媒体可以基于人工智能技术对新闻视频原始素材进行自动编辑、标注关键帧、生成标题及摘要，在提升内容生产效率的同时，契合舆论关切和受众偏好。而当

① 胡正荣，于成龙．新一代人工智能与国际传播战略升维［J］．对外传播，2023（4）：4-8.

人工智能与VR、AR等技术融合交织，或借助元宇宙赋能，新的国际传播形态能够为受众打造深沉浸、强交互的内容消费体验，打破时空限制，让受众“亲临”现场，感受新闻现场的真实氛围。近年来，我国非遗、影视、文旅等主题内容依托人工智能、元宇宙、VR等技术进行出海传播，为文明交流与文化理解开辟了新的空间[①]。

（二）增加数字叙事比重，强化舆论抗逆力

抗逆力作为学术概念与社会韧性有相通之义，指涉某类主体抵抗逆境的主动性能力，并着重强调事前预防的能力建设[②]。伴随全球化进程加速及国际关系复杂化，国际社会仍将在较长时期面临较多不确定性、不稳定性。从全球视野来看，逆全球化、霸权主义、极端主义、民粹主义等思潮呈抬头之势，大国之间的地缘政治竞争、贸易战、军备竞赛愈演愈烈，为全球治理体系带来混乱和瓦解风险，国际合作亦面临重大挑战。中国作为现代化大国，不可避免地被卷入全球竞争大潮中，在国际舆论场中亦面临各种造谣、抹黑、攻击等风险。而随着人工智能在国际传播中的应用越发广泛，其通过增加数字化叙事比重，有效强化了主流舆论在国内国际舆论场中的传播韧性与抗逆力。

智能传播环境下，数字化叙事主要是指运用全媒体技术，通过文字、图像、音视频等传播形态来传递信息或讲述故事。相较传统的单一媒介形态，数字化叙事能够更加生动、直观、立体地呈现内容、表述观点，在不同思想与观点的竞合中建构共识、凝聚认同。具体实践中，基于人工智能的内容生成、多模态传播、本地化叙事有效提升了国际传播声量与专题内

① 姬德强，白彦泽．平台范式：数字出版推动文化走出去的路径选择［J］．中国编辑，2024（6）：44-49.

② 芦恒．重大公共危机应对与社会韧性建构：以“抗逆性”与“公共性”为中心［J］．南开学报（哲学社会科学版），2020（5）：97-105.

容供给，进而强化特定议题或观点的国际影响力[①]。当此类观点或意识形态在国际舆论场面临来自其他势力的质疑和冲击时，其往往具备了一定的抗击冲击和被消解的能力，进而也就使相关观点或意识形态在国际舆论斗争中表现出较为显著的传播韧性和稳定性。

从我国国际传播具体应用层面来看，基于人工智能的数字化叙事主要通过以下方式增强舆论抗逆力。在数据分析与情感分析方面，人工智能通过实时监测社交媒体、新闻媒体及其他网络社区的用户行为数据，以大数据驱动挖掘分析公众情绪与舆论走向，从而帮助传播者及时调整传播策略、关注探讨国际舆论热点、回应国际社会关切，并有针对性地开展舆论斗争，提升中国在国际舆论场中的话语权。在辟谣与事实核查方面，人工智能技术能够对国际舆论场中的谣言、虚假信息、抹黑内容进行有效识别、溯源，为我国进行舆论反击、捍卫国家形象提供了有力依据，维护中国声音在国际舆论场中的公信力与影响力。

（三）打破语言壁垒限制，增进跨文化沟通

人工智能在国际传播中的应用，在一定程度上打破了语言壁垒限制，促进了跨文化沟通与传播。这种赋能机制不仅体现在基于人工智能的语言翻译方面，亦包括智能化的内容适配与精准传递，为全球化传播与交流提供新的可能性。

做好国际传播面临的首要挑战即语言障碍，人工智能则可基于机器翻译和自然语言处理（NLP）技术，较大程度上减少由于语言差异造成的信息误解。如谷歌翻译、DeepL、ChatGPT 等翻译工具可借助神经网络技术，结合上下文内容进行较为精准的翻译输出，能够在国际传播中有效提升跨语言交流效率。NLP 技术能够实现对文本内容的自动分析、理解和提取关

① 涂凌波，张萌 . 技术突围与数字交往：人工智能背景下精准化国际传播突破方向［J］. 中国出版，2024（10）：9-14.

键信息，帮助传播者快速掌握信息要点，并进行多语言的信息发布。同时，一些智能翻译工具能够实现对不太常见的语言或方言的有效识别和翻译，将其运用于国际传播中，能够在较大程度上扩大各种语言群体对国际传播内容的可访问性。在语言翻译输出结果方面，基于人工智能的翻译工具能够结合传播对象的文化传统、社会规范、话语风格等，在一定程度上进行精准化、差异化输出，在翻译结果上体现出区域针对性，既表现出对区域文化或语言惯习的尊重，亦能够在内容传播及交互上产生共鸣，助力提升国际传播效果。

国际传播不仅要解决常规性语言互译问题，亦要对有语言沟通障碍的特殊人群予以观照。国内外多家头部人工智能企业陆续在该领域布局探索，基于图像识别、语音识别等技术开发出一系列智能应用，为有语言障碍的用户提供了认知世界和参与交互的新方式。如 GnoSys、SeeingAI、OrCam、Alexa、讯飞听见等智能应用程序，分别在手势或手语识别、唇读算法、受损语言修复、图像语音转换等方面体现出比较优势，使语言障碍用户能够较独立地与周围环境进行有效交互，实现技术普惠。人工智能技术的进步与应用，让更多听障人士等特殊群体可以无障碍接触和理解国际传播各项议题，进一步促进了跨语言、跨文化、跨媒介沟通交流，提升国际传播的连通性、包容性与参与度。

（四）提高信息传播效率，实现全域化覆盖

人工智能技术在国际传播领域介入程度不断加深，进一步促成了传播方式、舆论生态及媒体格局的深层次转变，国际传播智能化水平及信息传播效率得以提升，为传播内容的全域化传播与渗透提供了可能。

基于人工智能技术应用，国际传播领域形成强劲的全程融合力。全程即指国际传播内容生成与消费的全时空流程，人工智能技术使新闻媒体等传播主体逐渐打破既有的时空局限性，如近年来智能化的报道方式

在全国两会相关议题上广泛应用，消除了新闻传播与内容消费的地理区隔和时间区隔，在国际舆论场中引发关注和热议。人工智能驱动传播流程的扁平化、集约化转型，其实时性、高效性特征不仅缩短了内容生产周期，亦能够对重要国际议题做出迅速反应、密集发声，为国际传播注入新的活力。

人工智能技术与信息多模态相碰撞，能够有效激发国际传播的全息创新力。全息指的是媒体信息格式的多元化，信息呈现形式更为立体。国际传播智能化发展趋势下，国际受众接受信息的方式正从听读看发展至更加复合的体验形态，如人工智能技术带来的传感器新闻、临场化新闻等，有效延展了传播场景，让国际受众能够跨时空感知新闻现场。人工智能技术在大幅拓展信息呈现与接收方式的同时，其语义识别、图像识别等手段能够对素材内容进行有效的价值判断、意义重组和关联分析，进而在信息监管方式上实现创新。

人工智能在提升国际传播效率的同时，亦深刻激发了全员生产力。基于自然语言处理和机器学习算法，人工智能能够较为精准地生成和推荐相关内容，这种定制化、个性化传播模式有助于吸引用户关注，增加用户与传播者之间的互动性，进而参与议题讨论及衍生内容的生产传播，实现价值共创[①]。

聚焦国际传播效能提升，人工智能技术有助于提升其全效传播力。全效指多元化的新闻传播产品同时出现在国际舆论场，与传统渠道共同发声的新型信息平台正在成为全球化的数据总汇和运营枢纽。依托人工智能、大数据、云计算等技术，传播主体可以较精准地评估传播效果，进而推动更加多样的新闻产品与媒介类型协同发挥效力。

---

① 胡正荣，孟丁炜．给算法以文明：算法治理赋能国际传播效能测定［J］. 对外传播，2023（10）：4-7.

二、人工智能环境下国际传播面临的现实挑战

人工智能在国际传播中不断展现出巨大潜力，为国际传播领域开辟诸多新的可能性空间。然而在具体应用过程中，技术理性与人文精神受主观或客观原因，常常处于失衡状态，为国际传播的效能提升与效果优化带来挑战与阻碍。

（一）过度倾向工具理性，制约创意涌现

人类的创新创造能力主要源于情感交流、抽象思维及想象过程，而人工智能作为一种追求性能优化和减少误差的技术应用，其更多基于现有数据集与思考模式进行训练，通常不会轻易跳脱思维定式或冒险进入未知领域。究其本质，人工智能的内容输出实为预存数据的重组。在此情形下，基于人工智能的内容输出表现出较显著的同质性，缺乏独特性与原创性。从人工智能应用实践来看，当前国际传播中存在对技术过度依赖的问题，工具理性在内容生成与传播过程中占据较大比重，导致相关国际传播内容多来自人工智能的自动化生成，缺少创新性，难以匹敌人类基于情商与直觉的创造力，造成传播者与用户之间难以建立有效连接并逐渐脱节的情况，这无疑将冲击传播影响力及用户参与积极性。

于创作者而言，由于其具有跳脱固有思维模式的能力，其内容生产创意的涌现往往具有偶然性，尤其是特定甚至极端情境更易激发其创新意识，这一点是目前的人工智能应用难以企及的。对智能化程序或工具的过度依赖，容易使其逐渐脱离真实的国际舆论环境，难以真切感知国际舆论场的复杂态势及各类风险，减少了能够激发创造性见解和观点的偶然时刻，进而面临对热点议题、舆论安全风险、意识形态安全风险等感知敏感性的弱化，亦难以提升舆论斗争能力与本领。人工智能应用于国际传播过程中，

工具理性的过度凸显，势必造成人文精神的融入不足，从而限制创作者批判性思维和创新创造能力的发挥，内容创作与传播者缺少在复杂国际舆论环境中的斗争经验，从长远来看或将造成其自我发展停滞。

就技术本身而言，人工智能在一定程度上能够帮助人类找寻潜在联系、启迪新知，但前提仍是人类创造力的主动介入。如人工智能可以基于对数据的过滤、分组、排序等操作，建构知识图谱，挖掘事物的潜在关联性，为形成新的解决方案提供启发。尤其随着算法优化、数据充实，人工智能将在发现和厘清复杂关系方面释放更大潜力，为包括国际传播在内的各领域提供更为广阔的发展视野。因此，在国际传播实践中，要注重强化人工智能与人类创新创造的有机协同，防范因过度依赖人工智能而造成工具理性与价值理性的失衡，进而抑制人类创造力的展现与发挥，容易造成国际传播固守成规、缺乏新意。

（二）人机互动占据主导，侵蚀情感纽带

数字时代，人们线下社交关系的数字化转移，以及线上新型社交关系的建立，都表明人的社交需求没有减弱，而是在新的媒体环境下利用数字技术找寻社群与归属，从而消除自身的社会边缘化风险。人工智能环境下，人与机器之间的界限愈发模糊，人机交互改变与重塑着人们理解自我、认识世界的方式。人工智能基于大数据、算法于某种程度上满足了人们的交往需求，其通过相对自然、贴近人们日常表达习惯的话语模式与用户展开对话，甚至机器本身也成为有自己专有名字的“虚拟人”。然而，从本质来看，人工智能在同理心与情感表达方面仍与真人有一定差距，而情绪理解与情感表达亦是人际交往与沟通的重要组成部分，这就造成人机互动在建立和巩固情感连接方面处于劣势。

国际传播中对人工智能的过多依赖，容易造成智能与人工的失衡，人机交互在传播过程中愈发占据主导地位，有人情味的人际交流则变得越来

越少。在当前国际舆论场中，一些媒体机构依托社交机器人与用户展开交互，但由于人工智能尚不能完全理解和满足用户的情感需求，因此难以建立有效信任。人机交互往往更加注重效率而于某种程度上忽视人与人沟通时的情感要素，这种交互模式下，用户接收的是大量而冰冷的机械式回复，导致传播者与用户之间难以建立真正的情感联系，同时亦会对既有情感纽带形成侵蚀，降低用户对传播内容与形式的满意度，进而影响信息传递与沟通的有效性。

就人工智能在国际传播领域的应用实践来看，其容易受到操纵而导致谣言、虚假信息等的泛滥，对国际传播环境造成污染与损害。如美西方借助社交机器人账号开展对华舆论攻击与抹黑行动，严重损害中国国际形象。如此而言，当人工智能技术被滥用于国际传播，其不仅会误导舆论导向，亦将对既有的情感认同与信任带来冲击。

（三）算法偏见影响认知，固化刻板印象

人工智能应用于国际传播，不可避免地会出现算法偏见，其主要是指由于受到数据影响或设计者自身价值偏向影响，导致内容生成或推荐等传播决策出现不平衡或不公平的现象。就数据影响而言，机器学习算法需要依赖大型数据集予以改进优化，然而这些训练数据主要来源于现实世界中用户行为轨迹，这些行为本身可能存在性别、种族、地理位置、文化、意识形态等方面的偏见或歧视，反映了特定的价值观和文化规范，如若所采集数据中包含此类价值观，算法则可能无意中习得并在后续决策中有所体现，延续偏见或歧视[①]。就算法设计而言，受到设计者自身生活经历、文化

① MENZIES J，SABERT B，HASSAN R，et al. Artificial in telligence for international business：Itsuse，challenges，and suggestions for future research and practice［J］. Thunderbird international business review，2024，66（2）：185-200.

背景等因素影响，算法设计者在算法开发过程中，可能有意或无意中将自身价值导向融入其中，从而导致偏见在算法中得以存续。国际传播中，从国际主流新闻媒体及社交平台的传播实践来看，近年来虽在涉华议题报道中逐渐淡化某些偏见，但深层次的意识形态歧视并未消除，有关中国发展的正面报道被推荐较少，而攻击、抹黑中国的信息则屡次在国际舆论场中形成舆论旋涡，影响或误导国际受众对华认知，这与算法操纵不无关系。

当前国际传播中，新闻媒体、社交媒体等主体常利用平台的智能算法指导或直接介入内容生产与传播流程，以用户既有行为数据为依据，研判其内容消费偏好，并有针对性地予以满足。然而，相关算法模型常受到流量、经济效益等因素影响，刻意迎合和满足用户需求，对其大量推送其感兴趣的内容，导致用户长期暴露于与其既有观点或价值观念相符的信息环境中，在一定程度上强化了他们对于特定群体或观点的刻板形象①。在此基础上，算法或将进一步强化信息过滤气泡效应，使用户所接触到的信息局限在某一范围内，多样化的观点则愈发难以进入气泡或圈层内部，造成刻板印象的进一步固化。需要警惕的是，这种算法偏见不仅存在于国外传播主体，国内媒体在开展外宣工作时亦会受到自身的偏见影响，如我国部分宣传主体存在思维局限性，加之对国外受众偏好数据挖掘不足，对外宣介中国时仍大量着墨于熊猫、非遗、美食等议题，对中国式现代化进程中的当代性叙事较少，部分国外受众的对华认知仍停留于清末民初时期。

（四）文化识别存在偏差，难以产生共鸣

在国际传播过程中，人工智能技术的有机融入能够快速识别传播对

① 徐艳玲．人类命运共同体理念的智能化国际传播：意义向度、传播体系与路径［J］．社会科学辑刊，2023（6）：79-89.

象国受众的信息接收与理解偏好，继而反馈至内容生产与传播环节，提高信息传播的精准性和有效性。尽管人工智能技术在持续迭代更新，但其在文化背景的识别方面仍存在局限性和误差，导致对传播对象国文化传统及表达习惯的理解较之本地受众会有细微差别，从而在指导内容生产或观点呈现过程中，未能契合当地话语习惯，阻碍沟通的有效性，难以形成共情传播。

人工智能对于不同文化的识别判断主要基于大数据和机器学习模型。然而，在面对某些文化的特有表达、隐喻或文化符号时，机器学习可能无法准确理解或翻译，进而将这种误解传导至内容生产。这类误解在涉及特定地域或社群的社交礼仪、历史象征等文化符号时，表现得尤其显著。同时，人工智能在处理复杂多样的文化背景及场景时，往往会进行普遍化或简化处理，从而忽视对不同文化的深层次理解及其情感表达，致使所生产内容在真实性、生动性上有所欠缺，难以触及受众的情感共鸣点。数据采集及训练样本也会对人工智能的文化识别产生影响，如训练数据中缺少某些文化群体或少数族裔的数据，算法输出结果则容易偏向主流文化表达，忽略、误读甚至歪曲某些少数文化的独特视角与诉求。因此，人工智能技术对于文化识别的偏差或误判，不仅可能影响信息传播的精准性，也有可能加剧文化误解和文明分歧。

从当前人工智能在国际传播中的应用实践来看，部分人工智能生产内容以中国口吻对外讲述中华优秀传统文化、中国式现代化建设进程，较之国内传播内容的差异更多体现在语言、内容形式方面，然而一些措辞仍保留中文话语习惯，其中亦不乏存在一些词组或表述仅在中文语境中出现和使用，而国外受众常常对其表示不解。人工智能生产内容对效率的过分追逐，容易造成对文化差异化的考虑有所不足，进而使所传播内容疏离于传播对象认知之外。人工智能于一定程度上促使国际传播打破了语言障碍，但在弥合文化差距、突破认知屏障方面仍有较大发展空间。

三、基于人工智能提升国际传播可及性的策略建议

以人工智能技术为支撑，聚焦加强国际传播能力建设、提升国际传播可及性，是一项系统工程，需要统筹把握新形势下国际传播的主观需求与客观规律，着力推动人工智能在国际传播领域发挥最大效用，在实现渠道可及、内容可及、场景可及的基础上，促成国际传播的价值可及。

（一）凸显共通性元素，增进情感可连接性

当前复杂的国际形势下，国际舆论场中的冲突与较量此起彼伏，长时间霸占着人们的注意力，干扰甚至误导人们对世界的认知。在数字化、智能化发展背景下，增进有效沟通、建立情感连接较以往时期更加重要。然而，聚焦国际传播，进行跨文化交流、建构价值认同并非易事。基于算法、大数据的人工智能应用则为此提供了重要机遇，如何训练和利用好人工智能的情绪感知功能，以共通性要素唤起情感共鸣，是提升国际传播可及性、凝聚广泛认同的有效途径。

以各类情绪表达数据集为基础对人工智能系统进行训练，可促使其较准确识别和解读人类情感，培养人工智能系统在国际传播过程中的同理心，继而提示或协助传播主体在适当情境下对受众情绪予以回应或刺激[①]。凸显人类社会普遍认可的共通性元素，能够有效激发国际受众的情绪反应，这对于实现共情传播、增进情感连接将有较大助益。如围绕亲情、爱情、友情、对生活的热爱、对生命的尊重等议题讲述故事，可以跨越国界与民族使传播者与受众或受众之间形成较统一的情感认知，人工智能则可基于对

① ARORA M，SHARMA R L. Artificial intelligence and bigdata：ontological and communicative perspectives inmulti-sectoral scenarios of modern businesses［J］. Foresight，2023，25（1）：126-143.

相关议题的热点事件的及时感知、迅速捕捉和定向再投放，唤起和撼动受众心灵。要在国际传播实践中对人工智能的情感识别、表达与回应进行持续性训练和优化，使其跳脱出简单的工具角色，成为能够理解和共情的传播搭档、交流伙伴。

文化敏感性在人工智能驱动的国际传播中同样至关重要。利用人工智能抓取和突出共通性元素过程中，要注重培训其文化敏感性，要强化训练数据库的全面性、垂直性与精准性，从而使人工智能能够识别和适应不同语言、沟通风格和偏好方面细微的文化差别，避免在制定共情传播策略时出现文化偏差[①]。要进一步提升人工智能理解不同文化语境的能力，以确保其所参与的国际传播内容尊重不同受众群体的文化差异，并引发情感共鸣，促进有效的情感沟通与信任。同时，应注重技术应用与人类团队的协同合作，充分发挥二者的比较优势，进而为国际传播策略优化与效能提升提供最优解。

（二）发掘本地化议题，确保内容可理解性

于技术本身功能及特质而言，人工智能作为技术工具，其应用能力及范围具有全球性，然而就其治理与监管而言，则往往会体现出地方主义色彩。全球治理视野下，有关人工智能地方主义的探讨引发诸多关注。从技术赋能视角来看，人工智能驱动高质量国际传播，亦需要秉持“算法地方主义”“数据地方主义”“内容地方主义”理念，深入挖掘和聚焦本地化议题，根据传播对象国或地区独特的经济、社会和文化结构量身定制传播内容，乃至根据特定群体较关注的议题进行分众化、对象化传播，以传播内容的生动性、贴近性增强其在地化传播优势，确保内容的可理解性。

基于人工智能发掘本地化议题并讲述当地发展故事，于技术操作层面

---

① 吴炜华，黄珩．技术增量、文化跨越与安全防范：AIGC 在国际传播领域的应用思考［J］．国际传播，2024（2）：19-29.

来看较为简单可行且成本低廉，但需注意到其中因文化背景不同和认知差异可能带来的传播风险。结合本地化议题来讲述故事、传播理念，不仅涉及语言表述，同时还涉及符号、颜色、音乐等其他传播元素，如红色在中国文化中多表征好运、积极，然而在西方文化中则较多与危险相关。受训练语料库等因素影响，人工智能在国际传播中虽较为擅长发掘本地热点议题，但对传播对象国或地区的语言和文化的了解容易出现偏差、造成误解，因此需与了解当地语言和文化的人进行合作，从而使传播内容符合目标受众的文化背景、消费偏好，为其提供量身定制的内容体验。

本地化作为提升国际传播分众化、对象化传播水平的战略响应，也是复杂国际舆论形势下寻求全球对话、增进文化互信的重要组成部分。以人工智能驱动国际传播可及性提升，需要兼顾和平衡好本地化与全球化，既要通过本地化议题与目标受众建立联系，亦要在推动文化交流互鉴中提炼共性，使在地化传播与全球性对话互为呼应，进而弥合国际传播与全球受众之间的认知鸿沟，以价值共鸣提升国际传播影响力。同时，要借助人工智能对在地化传播效果进行系统评估，并将评估结果反馈至后续传播策略制定及内容生产过程中，从而凭借技术力量提升对传播效果的感知灵敏性、评估精准性，以更好地服务国际传播。

（三）创新生活化表达，增强场景可交互性

人工智能通过挖掘分析海量的用户行为数据，能够从中提取与目标受众相关的日常生活场景及话题，进而将其纳入国际传播内容生成与传播环节，与目标受众之间建立有效关联。如人工智能可基于社交媒体平台上的相关数据，识别目标受众的生活方式、行为偏好等，并在后续内容生成过程中予以体现，以贴近目标受众生活常态的表达方式讲述故事，并引导其参与话题讨论，提升话题关注度。结合人工智能的话题筛选功能，传播者亦能够较为及时地获取与目标受众日常经历紧密相关的话题线索，了解公

众情绪和普遍态度，这种了解将为反映和再现目标受众的日常叙事提供可能，于国际舆论场中打造具有较强吸引力和强交互的传播情境。

在场景打造方面，人工智能驱动的扩展现实场景实现了虚拟现实模拟、物理世界与数字世界融合等的全方位覆盖，具备高水平的交互响应能力，已然开启沉浸式内容高质、高效、泛用的全新时代。聚焦提升国际传播可及性，可进一步挖掘人工智能与扩展现实在传播情境建构及叙事模式方面的可能性空间，推动人工智能与AR、VR等技术的深度融合，精准分析、实时调整传播元素，这种动态性、快响应、超真实的传播环境，能够为目标受众提供自适应、深沉浸的内容消费体验，提升其与传播场景、传播者及其他主体的交互性。如近年来我国借助网游“出海”进行国际传播的探索步伐加快、势头迅猛，在基于人工智能、扩展现实、3D等技术打造的游戏情境中，创新融入大量中式美学，立体展现新时代的中国形象，让海外受众沉浸体验和探讨中国文化。

另外，要增强国际传播场景的可交互性，亦应着重训练提升人工智能系统的数据素养，使其具备敏感的数据发现能力、强大的数据挖掘与分析能力。应结合不同传播场景建立系统且垂直的数据库，并对数据库进行动态更新，训练人工智能对不同场景数据的抓取、整合与提炼能力，使其面对复杂数据集时能够为传播者做出明智的决策辅助。同时，也要着力提升作为传播者的人的数据素养，使其具备对人工智能的数据挖掘、分析进行纠偏和补足缺失信息的能力，确保国际传播话语表达与场景建构契合受众认知，从而进行良好对话，而非因观点偏颇、信息失真引发舆论纷争，背离在友好交流中建立信任、获得认同的初衷。

（四）建构当代性叙事，拓展认知可持续性

人工智能环境下，国际传播要实现效能提升、可及性塑造，需要用好数据导向和效果导向，以人工智能为工具，揭示和回应目标受众当下所关

注的传播议题，从而有效吸引其关注和讨论。如聚焦增强中国国际传播影响力，要充分利用人工智能、大数据、云计算的技术协同优势，并辅以可视化工具，向目标受众讲述现阶段的中国故事，使其了解发展的、前进的中国，而不能仅停留于某一项或某一类表征中国的符号之上，防止其陷入有关中国的信息茧房。应更好地释放和放大人工智能在国际传播中的决策辅助作用，将中华优秀传统文化、中国式现代化等细分议题与目标受众的价值观和兴趣紧密结合，以当代性叙事宣介新时代的中国形象，拓宽目标受众有关中国的认知范围。

国际传播不仅需要主动宣介，亦需要针对外部攻击滋事回以坚决、连贯、鲜明的反叙事与竞争性叙事。如针对美西方在国际舆论场中针对中国所挑起的舆论争端，要尝试利用人工智能技术对热点议题善于挖掘、及时捕捉的优势，第一时间予以回应和反击，以中国式现代化各项发展成就驳斥和击破美西方的虚假叙事、嫁祸叙事，维护好中国国家形象。同时，要善于利用人工智能进行中外比较叙事，抢占舆论主动权，尤其要在目标受众重点关注的议题方面做文章，以可视化形式对比呈现中外发展理念、治理思路、建设成效的区别，用数据说话，在对美西方涉华挑战性叙事主动出击的同时，塑造目标受众对华认知的第一印象，凝聚广泛认同。

锚定中国国际传播能力建设，基于人工智能构筑国际传播的当代性叙事，旨在使目标受众对中国文化和中国国家形象的认知表现出成长性、发展性和可持续的特征，使其在我国国际传播议题、内容、模式、策略等的流变中，看到中国之变、世界之变和时代之变。需要注意的是，虽然生成式人工智能在国际传播领域应用愈发广泛，然而媒体人才的专业性仍不可替代，正如人人养生但有病仍需求医，建构国际传播的当代性叙事离不开专业化的媒体人才力量，其对某些传播议题微妙作用或文化差异性的感知灵敏度和准确度，是目前人工智能应用所无法比拟的。

当人工智能与国际传播的融合程度不断加深，其对提升国际传播可及性、增强国际传播影响力的作用也持续放大。人工智能为解决国际传播过程中的基础性工作、重复性任务、个性化需求、情境化内容提供了有效支撑，并可基于对目标受众的偏好分析找寻价值契合点，进而在情感碰撞与共鸣中收获理解与认可。而由人工智能驱动的扩展现实叠加层则进一步增进了国际传播内容与场景的可视化和交互性，以更为新颖和引人入胜的方式为目标受众留下深刻的第一印象，在潜移默化中塑造和固化其对传播内容与理念的认知，在促成可连接、可理解、可交互、可持续的过程中，实现国际传播渠道、内容、场景及价值的全面可及，推动提升国际传播效能。

在拥抱人工智能的同时，亦要警惕盲目的技术乐观主义陷阱。目前，对于人工智能应用已出现且争议较多的茧房效应、算法黑箱、数据安全、谣言传播等问题，应着力予以消除或将负面效应降至最低程度，及时发现和化解人工智能应用风险，从而确保人工智能应用与国际传播能力建设目标一致。对于国际传播中人工智能的具体应用，后续亦应探索构建系统性的评估体系，实时监测研判人工智能应用程度、效果及风险点，找到人工智能与人类智慧相结合的平衡点，进而为提升国际传播穿透力、感染力和影响力奠定扎实基础。

参考文献

［1］苏红娟 . 建构网络意识形态安全的逻辑理路与路径选择［J］. 网络安全技术与应用，2024（8）：158-160.

［2］付龙海 . 高校网络意识形态话语权的意义、挑战与建设［J］. 高教论坛，2024（7）：5-9，97.

［3］魏苏倩，黄家康 . 人工智能时代网络意识形态风险防范机制探构［J］. 领导科学论坛，2024（7）：77-80，84.

［4］马昕 . 生成式人工智能技术对网络意识形态话语权的影响、挑战及其应对［J］. 陕西师范大学学报（哲学社会科学版），2024，53（4）：170-176.

［5］秦博，徐浩铭 . 利用机器学习技术防范网络意识形态风险的理论模型与逻辑进路［J］. 党政研究，2024（4）：4-13，124.

［6］王罡 ."大思政课"格局下红色场馆育人路径研究［J］. 天津城建大学学报，2024，30（3）：228-231.

［7］邵鹏，魏松昊 . 出圈与突围：互联网国际传播视角下的国家可见性［J］. 浙江工业大学学报（社会科学版），2024，23（2）：198-204.

［8］方兴东，顾烨烨，吴可儿 . Sora 冲击波下的媒体融合：重新理解媒体融合的理论与实践［J］. 未来传播，2024，31（3）：2-14，131.

［9］周葆华，吴雨晴．生成式人工智能影响下的国际传播：实践进展与影响路径［J］．对外传播，2024（6）：4-8.

［10］阎庆宜，吴璟薇．新技术下的共情：人工智能时代国际传播的情感范式［J］．对外传播，2024（6）：28-30.

［11］郑保卫，郑权．习近平媒体融合发展重要论述的发展逻辑与实现路径［J］．传媒观察，2024（6）：5-14.

［12］李潇．习近平总书记关于新时代网络意识形态安全重要论述的三维阐释［J］．领导科学论坛，2024（6）：22-25.

［13］王鹏，祝新宇．推荐算法与网络意识形态治理深度融合：应然图景、实然困境、纾解思路［J］．湖北经济学院学报（人文社会科学版），2024，21（6）：10-13.

［14］方兴东，钟祥铭，谢永琪，等．全球共通：重新定义国际传播：重估国际传播的本体与时代使命［J］．传媒观察，2024（6）：48-57.

［15］何天平，蒋贤成．平台时代的复调传播：文明交流互鉴视域下的国际交往模式变革［J］．新闻与写作，2024（6）：36-46.

［16］祖国胤．加强研究生学风建设 大力弘扬科学家精神［J］．高教学刊，2024，10（16）：21-24.

［17］贾英健，贾茗琛．从话语受众的接受视角把握网络意识形态话语权［J］．理论学刊，2024（3）：151-161.

［18］管婧婧，周荣．红色文化场馆具身体验对青年德育的影响机理研究［J］．湘潭大学学报（哲学社会科学版），2024，48（3）：91-96.

［19］张三元．网络文化生产与社会主义核心价值观的大众化［J］．探索，2024（3）：142-156.

［20］谢若扬，宋俭．红色历史文化资源在高校思政课实践教学中的优

化运用：基于红色场馆的考察［J］. 学校党建与思想教育，2024（9）：71-74.

［21］张昭 . 在守正创新中充分发挥红色场馆的宣传教育功能［J］. 政工学刊，2024（5）：90-91.

［22］党德强，靳琳琳 . 总体国家安全视域下网络文化安全治理的实践省思与完善路径［J］. 中共南昌市委党校学报，2024，22（2）：91-98.

［23］王永华 . 新时代网络意识形态风险：样态、来源、治理［J］. 世界社会主义研究，2024，9（4）：94-103，131-132.

［24］刘师妤 . 科学家精神融入高校思想政治教育的实践路径［J］. 学校党建与思想教育，2024（8）：42-44.

［25］张志强，陈秀娟，韩晔 . 社交媒体时代中国智库国际传播机遇、现状与提升路径［J］. 中国科学院院刊，2024，39（4）：771-784.

［26］龙小农，杨涵 . 中国式现代化视域下的媒体融合与国家治理现代化［J］. 新闻爱好者，2024（4）：23-27.

［27］肖瑶，钟宪章 . 总体国家安全观视阈下的网络文化安全治理论析［J］. 行政与法，2024（4）：43-55.

［28］黄蕊，赵子辛 . 文化产业虚拟集群对我国省域网络文化软实力的影响［J］. 经济问题，2024（5）：106-114.

［29］张春林 . 论国际舆论场中网络意识形态斗争的道义制高点［J］. 海南师范大学学报（社会科学版），2024，37（2）：114-123.

［30］许琛，束永睿 . 高校网络意识形态的话语分析研究［J］. 学校党建与思想教育，2024（7）：84-87.

［31］向征 ．“黑镜”中的对垒：生成式人工智能背景下网络意识形态风险与防范［J］. 社会科学战线，2024（4）：18-24.

[32] 蒋伊柔 . 机理、嬗变与路径：对科学家精神的三维解读［J］. 河北软件职业技术学院学报，2024，26（1）：77-80.

[33] 李博瑞，蒋晓俊 . 新时代高校网络意识形态安全治理的现实困囿与优化路径［J］. 山西高等学校社会科学学报，2024，36（3）：53-58.

[34] 郭清 . 论科学家精神的中国特色与时代价值［J］. 中国高校科技，2024（3）：100-106.

[35] 白月 . 传统电视与新媒体融合发展的战略分析［J］. 中国报业，2024（2）：154-155.

[36] 胡正荣，孟丁炜 . 从"自在"到"自为" 构建以马克思主义新闻观为基石的国际传播自主知识体系［J］. 对外传播，2024（3）：51-54.

[37] 朱江丽，左雯榕 . 结构中的创新：媒体融合创新模式及其影响因素的扎根研究［J］. 新闻记者，2024（3）：10-26.

[38] 水茂榕，杜朝举 . 论高校网络意识形态话语权建设的困境及其破解［J］. 领导科学论坛，2024（3）：124-128.

[39] 严功军 . 国际传播共同体：理论本质、内涵阐释与实践路径［J］. 现代传播（中国传媒大学学报），2024，46（3）：44-49.

[40] 董慧，王若汀 . 科学家精神的生成脉络、时代内涵及弘扬路径［J］. 红色文化学刊，2024（1）：33-40，110.

[41] 高明，刘皆成 . 网络语言视域下"大思政课"引导大学生网络意识形态路径研究［J］. 高教学刊，2024，10（7）：181-184，188.

[42] 唐薇 . 政府有效运用媒体融合提升社会治理水平探讨［J］. 中国广播电视学刊，2024（3）：71-72，134.

[43] 段鹏，彭晨 . 数智时代短视频助力中华文明国际传播的内在逻辑与创新路径［J］. 中国编辑，2024（3）：4-10.

［44］张新俏，杜智涛．科学家精神的具象化传播：叙事体系、媒体矩阵与互动机制［J］．科技智囊，2024（2）：1-9.

［45］李舒沁，林腾，严佳君．科学家精神的分层传播策略［J］．科技智囊，2024（2）：10-17.

［46］徐亚文，陈梅园．网络文化安全领域法构建问题研究［J］．广西社会科学，2023（9）：130-137.

［47］邢国忠，屈靓雅．算法技术赋能网络意识形态安全探赜［J］．思想政治教育研究，2024，40（1）：40-46.

［48］杨达．总体国家安全观视域下的高校网络意识形态安全：内涵、方法与应对［J］．党政干部学刊，2024（2）：42-49.

［49］顾青青，姚旖．科学家精神：内涵意蕴、历史图景与时代价值［J］．长春理工大学学报（社会科学版），2024，37（1）：68-74，78.

［50］胡正荣，李涵舒．“数字在场”：社交媒体时代视觉图像的传播范式重构［J］．传媒观察，2024（2）：64-71.

［51］汪长明．科学家精神的历史逻辑、理论逻辑、实践逻辑［J］．湖北社会科学，2024（2）：5-19.

［52］盛思琦．生成式人工智能赋能网络意识形态治理现代化的逻辑进路［J］．南方论刊，2024（2）：107-109，112.

［53］周艳．新时代网络意识形态阵地建设的理论基础与现实需求［J］．中国广播电视学刊，2024（2）：42-46.

［54］曹天航，司雨．“流量明星”现象引发的网络意识形态风险及其化解［J］．思想理论战线，2023，2（6）：72-79.

［55］邹欣星．新时代巩固网络意识形态斗争领导权的理论逻辑和实践探索［J］．探求，2024（1）：13-20，39.

［56］易旭，张意梵．意义、困囿与纾解：全球化时代建构网络意识形

态话语权的三维考量［J］. 山西高等学校社会科学学报，2024，36（1）：63-70.

［57］刘丽华 . 网络文化与网络意识形态安全机制建构研究［J］. 公关世界，2024（1）：40-42.

［58］张毓强，姬德强 .“全球地方”视角下的中国国际传播新格局［J］. 对外传播，2024（1）：66-70.

［59］马振清，张格 . 新时代高校网络文化育人的内蕴解构与策略优化［J］. 领导科学论坛，2024（1）：128-132.

［60］罗心欲 . 同心圆论域下的网络意识形态风险防控［J］. 理论导刊，2024（1）：45-51.

［61］董扣艳 . 生成式人工智能对网络意识形态安全的挑战及应对［J］. 实事求是，2024（1）：79-85.

［62］杨清虎 . 网络文化教育对智能社会治理的影响［J］. 边疆经济与文化，2024（1）：17-20.

［63］胡正荣 . 习近平文化思想指导下中国新闻出版事业的使命任务［J］. 编辑之友，2024（1）：5-11.

［64］白林，朱丽雅 . 加强意识形态在网络文化安全建设中的作用探析［J］. 成都行政学院学报，2023（6）：86-95，119-120.

［65］李娟 . 自我与他者：国际传播认识论的内在理路［J］. 现代传播（中国传媒大学学报），2023，45（12）：55-65.

［66］吴宝晶，张晓委 . 习近平总书记关于网络意识形态安全重要论述的实践生成、核心要义与价值意蕴［J］. 重庆理工大学学报（社会科学），2023，37（11）：7-16.

［67］朱江丽，郭歌 . 基于新闻行动者网络的开放式创新：对媒体融合地区差距的解释［J］. 新闻与传播研究，2023，30（11）：38-59，127.

［68］陈先红，汪让 . 评估 · 建构 · 超越：中国故事社交媒体国际传

播的效能研究［J］. 现代传播（中国传媒大学学报），2023，45（11）：55-65.

［69］徐丽燕 . 数字时代网络意识形态安全治理探析［J］. 学校党建与思想教育，2023（21）：76-79.

［70］杜艳 . 新时代人工智能赋能网络意识形态治理的理论基础、现实样态与实践要略［J］. 重庆社会科学，2023（12）：115-127.

［71］朱春阳，刘波洋 . 媒体融合的中国进路：基于政策视角的系统性考察（2014-2023 年）［J］. 新闻与写作，2023（11）：12-23.

［72］胡正荣，孟丁炜 . 给算法以文明：算法治理赋能国际传播效能测定［J］. 对外传播，2023（10）：4-7.

［73］邓祯 . 跨媒介叙事：中国故事国际传播的升维［J］. 中国编辑，2023（10）：79-84.

［74］王海涛 . 定位演进 · 功能拓展 · 价值重构：我国媒体融合十年的三重意蕴和实践取向［J］. 中国出版，2023（20）：3-8.

［75］姬德强，邹宇 . 国际传播的情感结构与干预路径［J］. 现代传播（中国传媒大学学报），2023，45（10）：52-59.

［76］蒋梦真 . 当代青年网络文化消费：特征、成因与引导［J］. 广西青年干部学院学报，2023，33（5）：81-86.

［77］孔蕊蕊，薛忠义 . 智媒时代网络意识形态话语权建构的风险与路径［J］. 学校党建与思想教育，2023（19）：78-81.

［78］胡正荣，郭海威 . 转场与缝合："一带一路"影像传播与中国国家形象建构研究［J］. 中国电视，2023（10）：5-12.

［79］汪长明 . 科学家精神融入大学生思想政治教育：价值、资源及践履［J］. 重庆理工大学学报（社会科学），2023，37（9）：13-23.

［80］李厚锐 . 面向"Z 世代"的精准化国际传播［J］. 上海交通大学学报（哲学社会科学版），2023，31（9）：53-62.

[81] 赵子忠．媒体融合和全媒体传播体系［J］．视听界，2023（5）：5-8.

[82] 杨栋盛，孔勇．基于虚拟现实技术下沂蒙红色文化虚拟场馆的构建研究［J］．建筑科学，2023，39（9）：171.

[83] 龙小农，韩鹏飞．中国式媒体融合与中国式现代化［J］．现代出版，2023（5）：78-89.

[84] 韦路，陈曦．AIGC 时代国际传播的新挑战与新机遇［J］．中国出版，2023（17）：13-20.

[85] 李贵，周雪梅．以新时代法治思想引领网络文化法治化路径探析［J］．思想政治教育研究，2023，39（4）：163-168.

[86] 詹海宝，孙江，郭梦圆．基于人机协同的网络文化安全治理新模式［J］．传媒，2023（15）：75-77.

[87] 胡正荣，樊子塽．历史、变革与赋能：AIGC 与全媒体传播体系的构建［J］．科技与出版，2023（8）：5-13.

[88] 胡正荣，李涵舒．颠覆与重构：AIGC 的效用危机与媒介生态格局转化［J］．新闻与写作，2023（8）：48-55.

[89] 郭海威，王晓红．全媒体传播体系下地市级媒体融合发展研究［J］．中国广播电视学刊，2023（8）：86-91.

[90] 张铮，刘钰潭．记忆的弥散：延安纪念场馆中红色文化的空间生成［J］．南京社会科学，2023（7）：142-150.

[91] 黄楚新．全方位融合与系统化布局：中国媒体融合发展进路［J］．现代传播（中国传媒大学学报），2023，45（7）：1-7.

[92] 李秋华．用户核心的媒体融合："自利式用户"+ 智能场景匹配［J］．编辑之友，2023（7）：60-65.

[93] 程越岳，张星．全媒体视域下大学生网络文化消费研究［J］．合肥学院学报（综合版），2023，40（3）：81-86.

［94］顾烨烨，方兴东．中国媒体融合 30 年：基于政策的视角［J］．传媒观察，2023（6）：13-24.
［95］洪晓楠，刘媛媛．全媒体时代网络意识形态风险的基本特征、现实表现与治理策略［J］．思想教育研究，2023（5）：69-75.
［96］贾博，郭丽丽．新时代我国网络文化安全治理的实践路径研究［J］．大众文艺，2023（8）：220-222.
［97］刘迪．新时代高校网络意识形态领域风险应对策略研究［J］．思想理论教育导刊，2023（4）：146-152.
［98］侯劭勋．网络意识形态安全的结构、风险及其防范［J］．思想理论教育，2023（4）：99-105.
［99］田维钢，温莫寒．媒介化与结构化：我国媒体融合研究的知识演进（1999-2022）［J］．当代传播，2023（2）：17-22，28.
［100］陈为化．基于高校校园网络文化的大学生精神文明建设研究［J］．文化创新比较研究，2023，7（7）：68-72.
［101］李建国，董晓绒．高校网络文化的育人功能及其实现路径［J］．百色学院学报，2023，36（1）：120-126.
［102］李春会，唐盼．党的二十大精神融入思想政治课教学的三重维度［J］．思想政治课教学，2023（2）：4-7.
［103］郭海威，任晓刚，刘菲．科技创新赋能网络文化安全建设［J］．新闻战线，2023（3）：76-79.
［104］曾祥敏，董华茜．媒介认知、深度融合辨识与数字具身共存：2022 年媒体融合研究综述［J］．现代出版，2023（1）：28-42.
［105］杨章文．元宇宙技术嵌入网络意识形态治理的双重效应及其调节优化［J］．探索，2023（1）：171-184.
［106］陆书剑，程倩．网络文化消费主义影响下的青年精神生活透视［J］．思想教育研究，2022（11）：110-116.

［107］洪晓楠，刘嫒嫒．人工智能时代网络意识形态安全建设的发展契机、潜在风险与调适进路［J］．思想教育研究，2022（10）：138-144.
［108］王宝鑫．总体国家安全观视域下高校网络意识形态治理研究［J］．马克思主义理论学科研究，2022，8（10）：93-101.
［109］李广霄．新时代思政工作发挥网络文化育人功能刍议［J］．学校党建与思想教育，2022（18）：52-55.
［110］苏海新．红色文化场馆在党史学习教育中的角色与定位研究：以湖南省炎陵县红军标语博物馆为例［J］．老区建设，2022（17）：23-29.
［111］董志勇，李成明．党的百年科技创新理论探索历程、实践经验与新时代政策导向［J］．理论学刊，2022（5）：49-57.
［112］杨章文．网络文化消费主义：现实表征、本质透视及诊治理路［J］．思想教育研究，2022（1）：91-97.
［113］辛向阳．党的理论创新的动力源分析［J］．贵州师范大学学报（社会科学版），2022（1）：11-17.
［114］杨帆，余晓钰．红色场馆新媒体建设研究——以重庆“红岩革命历史博物馆”为例［J］．中国广播电视学刊，2021（12）：17-20.
［115］舒义平．基于深度学习的红色场馆研学活动［J］．教学与管理，2021（29）：14-16.
［116］廖祥忠．总体国家安全观视阈下网络文化安全的内涵特征、治理现状与建设思考［J］．现代传播（中国传媒大学学报），2021，43（6）：1-7.
［117］王晓红，谢妍．中国特色网络文化安全观的五个辩证统一［J］．现代传播（中国传媒大学学报），2021，43（6）：7-11.

［118］张洪生．“十四五”规划背景下网络文化安全与文化建设问题［J］．现代传播（中国传媒大学学报），2021，43（6）：11-13.
［119］王琴．网络文化安全视域下女性青少年媒介素养教育探析［J］．现代传播（中国传媒大学学报），2021，43（6）：16-18.
［120］石云霞．中国共产党百年思想理论教育的历史经验研究［J］．思想理论教育，2021（5）：18-26.
［121］高宏存．网络文化内容监管的价值冲突与秩序治理［J］．学术论坛，2020，43（4）：82-88.
［122］刘兴华，李冰．国际安全视域下的网络文化与网络空间软实力［J］．国际安全研究，2019，37（6）：73-103，155.
［123］李凯，刘贵占．新时代高校网络文化育人的探索与实践［J］．思想理论教育导刊，2019（11）：144-147.
［124］刘玉拴．网络文化安全治理体系研究［D］．北京：中共中央党校，2020.
［125］李永胜，张紫君．十九大报告对新时代党的建设的八大理论创新［J］．北京工业大学学报（社会科学版），2018，18（4）：48-54.

后　记

新一轮科技革命和产业变革趋势下，互联网愈发成为社会的重要组成部分。其不仅关乎信息传播与社会认知，更关乎国家安全、社会稳定与经济高质量发展。然而，技术发展与应用往往具有两面性，伴随社交媒体广泛普及，以及人工智能、大数据、云计算、物联网等技术催生的数字化、智能化转型，网络空间中虚假信息、网络犯罪、恶意攻击、不良思潮渗透等问题日益突出，不稳定、不确定因素增加，构建韧性、长效的网络空间治理机制的必要性愈发凸显。

本书尝试全面深入地探讨中国网络生态建设中的关键问题，着眼于网络文化、舆论引导、科技创新、智能算法等的综合治理，分析了当前网络生态建设与治理所面临的复杂性、动态性风险难题。围绕如何保障网络空间安全稳定、应对技术变革、推动网络文化高质量发展等重要议题，本书力求做到理论研究与实证分析相结合、国内视野与国际视野兼顾，基于中国网络生态建设实践，探索出具有一定现实指向性和可操作性的解决方案。

一方面，本书立足党的创新理论和国家发展战略，强调以党的创新理论为指引，进而对中国网络生态建设与治理进行系统临摹。网络空间的健康发展不仅依托技术进步，更需要在社会主义核心价值观引领下，坚守正确政治方向和舆论导向，不断完善网络综合治理体系。以红色文化和科学家精神的传播实践为切入点，尤其基于对网络红色场馆建设与科学家精神跨媒介传播的探讨，网络生态建设与国家主流意识形态的紧密关系得以有力呈现。中国网络生态建设与治理进程中，无论是巩固壮大主流舆论，还是加大优质网络文化内容供给，最终目的在于构建牢固的“主流价值底座”，为社会和谐稳定、经济高质量发展与国家安全奠定坚实基础。

另一方面，本书着重分析了科技创新对网络生态的赋能机制，尤其是在短视频、直播、媒体融合等领域，探讨了技术创新如何助力构筑良好的网络文化环境。针对短视频创作者的职业发展与转型、数字治理与挑战，以及如何通过跨媒介叙事提升科学家精神传播效能，如何借助智能算法防控、化解网络空间中意识形态风险等问题，本书做了深入解析，力求以科学性、创新性视角理解网络生态建设与治理的发展变革。

网络生态建设与治理是一项系统性工程，在探讨上述研究议题的同时，本书还关注了资本影响媒体生态、社会共识建构、国际传播体系建设等内容，以期较为立体、系统地剖析当下中国网络生态。本书不仅包含对中国网络生态建设与治理的理论解读和实践总结，也包含对未来网络治理模式的探索与展望。未来视野下，当全球互联网格局变化与中国数字化转型的交织互构愈发深刻，网络生态建设与治理所涉及领域、主体、议题亦将更加广泛。因此，以系统性、科学性、前瞻性视角对中国网络生态建设与治理进行全方位考察与思索，是中国式现代化建设进程中必须面对和解决的一项重要任务。

这本书的完成让我收获颇丰。通过不断学习、调研、访谈、研讨，我对中国网络生态的理解愈加深刻。尤其在网络文化、舆论引导、科技创新与社会治理等多领域的融合思考中，我发现了诸多值得进一步深耕的议题。未来，我希望能在理论研究的基础上，继续深化对现实问题的剖析，并加强与相关领域专家、政策制定者的对话，推动学术研究与实践的紧密集合。

在本书撰写过程中，我深刻意识到自己在学术研究和实践探索中的不足。作为一名年轻学者，我在面对如此复杂且庞大的网络生态建设和治理课题时，虽充满热情与责任感，但在思考深度、视野广度和理论体系的构建上还缺乏更多的跨学科视角，在一些细节的论证上亦有待进一步精准化，尤其在如何更好地将理论与实践结合，提出更具操作性的政策建议方面，仍有较大提升空间，诚请各位前辈、同人批评指正。在后续研究中，我将积极提升自己，努力弥补以上不足，继续关注网络生态建设与治理的前沿问题，力求在这个日新月异的领域中，做出更多有益的探索与贡献。

郭海威

二〇二四年十二月八日

图书在版编目（CIP）数据

中国网络生态的韧性建设与长效治理 / 郭海威著. 北京：中国国际广播出版社，2025.4. --ISBN 978-7-5078-5674-3

Ⅰ. TP393.4

中国国家版本馆CIP数据核字第20241R1E41号

中国网络生态的韧性建设与长效治理

著　　者	郭海威
责任编辑	屈明飞
校　　对	张　娜
版式设计	陈学兰
封面设计	赵冰波
出版发行	中国国际广播出版社有限公司［010-89508207（传真）］
社　　址	北京市丰台区榴乡路88号石榴中心1号楼2001 邮编：100079
印　　刷	天津市新科印刷有限公司
开　　本	710×1000　1/16
字　　数	320千字
印　　张	22.5
版　　次	2025 年 4 月　北京第一版
印　　次	2025 年 4 月　第一次印刷
定　　价	48.00 元